AF293804

Thomas Raphael: Umweltbiotechnologie

Springer
Berlin
Heidelberg
New York
Barcelona
Budapest
Hongkong
London
Mailand
Paris
Santa Clara
Singapur
Tokio

Thomas Raphael

Umweltbiotechnologie

Grundlagen, Anwendungen und Perspektiven

Mit 69 Abbildungen

 Springer

Dr. Thomas Raphael
Am Truxhof 20
D-44229 Dortmund
e-mail: bio@raphael.do.eunet.de

ISBN-13:978-3-642-64426-9   Springer-Verlag Berlin Heidelberg New York Tokio

Die Deutsche Bibliothek – CIP-Einheitsaufnahme
Raphael, Thomas:
Umweltbiotechnologie: Grundlagen, Anwendungen und Perspektiven / Thomas Raphael. – Berlin;
Heidelberg; New York; Barcelona; Budapest; Hongkong; London; Mailand; Paris, Santa Clara;
Singapur; Tokio: Springer, 1996
   ISBN-13:978-3-642-64426-9   e-ISBN-13:978-3-642-60485-0
   DOI: 10.1007/978-3-642-60485-0

Herstellung: Renate Münzenmayer
Umschlaggestaltung: E. Kirchner
SPIN 10493035   30/3136-5 4 3 2 1 0 – Gedruckt auf säurefreiem Papier

*"Wir treten, ob wir es wollen oder nicht,
in ein Jahrhundert der Umwelt ein.
In diesem wird jeder, der sich Realist nennen möchte,
gezwungen, seine Handlungsweise als Beitrag
zum Erhalt der Umwelt zu rechtfertigen."*

Ernst U. von Weizsäcker

Geleitwort

Die klassischen Geschäftsfelder der gewerblichen Mikrobiologie sind die Anwendungen in der Pharmazie und der Lebensmittelherstellung. In jüngerer Zeit hat sich ein drittes großes Feld entwickelt: die Umweltbiotechnologie. Der neue Geschäftsbereich hat in der öffentlichen Wahrnehmung noch keine klaren Konturen. Das liegt einfach daran, daß die umwelttechnologischen Anwendungen noch neu und zugleich sehr vielfältig sind. Das darf nicht verwundern. Schließlich treten Schadstoffe der verschiedensten Art in Böden, Gewässern und Luft auf. Um die biotechnologische Entfernung oder Entgiftung von diesen Schadstoffen geht es in dem vorliegenden Buch.

Hier tut sich ein ganzes Universum segensreicher Anwendungen auf. Wir könnten uns zahllose zivilisatorische Annehmlichkeiten überhaupt nicht leisten, wenn es nicht zuverlässige Verfahren gäbe, um die dabei anfallenden Schadstoffe wieder unschädlich zu machen.

Die Umweltbiotechnologie entwickelt sich für deutsche Unternehmen - ähnlich wie für japanische - zu einem Exportschlager. In den rasch wachsenden Schwellenländern steigt die Schadstoffbelastung unerträglich an. Gleichzeitig ist die Bereitschaft, hohe Kosten für die Schadstoffkontrolle zu akzeptieren, gering. Die Biotechnologie kann mit teilweise sehr eleganten und kostengünstigen Lösungen einspringen.

Die Schadstoffkontrolle am Ende des Prozesses wird auch dann nicht überflüssig, wenn es gelingt - teilweise wieder mit biotechnologischer Hilfe - den prozeßintegrierten Umweltschutz in großer Breite durchzusetzen. Viel zu groß ist die Zahl der Altlasten und immer noch weltweit zunehmenden Neulasten.

Die Umweltbiotechnologie wird der Biotechnologie insgesamt zu erhöhter öffentlicher Akzeptanz verhelfen. Diese Akzeptanz muß aber immer wieder neu verdient und darf nicht verspielt werden. Die naheliegende Idee, die Umweltbiotechnologie gentechnisch zu erweitern, ist im Falle von Freisetzungen neuartiger Mikroorganismen nicht ohne schwerwiegende Risiken. Das berühmt gewordene *Klebsiella*-Experiment von Elaine Ingham in den USA ging zugleich wissenschaftlich völlig überraschend und ökologisch nur um Haaresbreite gut aus: Eine gentechnisch veränderte *Klebsiella*-Variante sollte aus Ernteabfällen Ethanol gewinnen, doch wo sie sich im Boden ausbreiten konnte, tötete sie - gänzlich unerwartet - alle Weizenpflanzen ab, vermutlich weil sie die Mykorrhizenflora schwer schädigte. Zum Glück konnte die Verbreitung des zunächst als völlig harmlos eingestuften Gentechnikprodukts verhindert werden.

Mit Recht verwahrt sich der Buchautor Thomas Raphael gegen die politisch ebenso populäre wie leichtsinnige Gleichsetzung von Biotechnologie und Gentechnik.

Dem äußerst verdienstvollen Buch ist weiteste Verbreitung in Fachkreisen und vor allem in der Wirtschaft zu wünschen.

April 1996   Ernst Ulrich von Weizsäcker

Vorwort

Ziel des vorliegenden Buches ist es, knapp und allgemeinverständlich aufzuzeigen, was die Umweltbiotechnologie heute leistet und welches große Potential dieses noch junge Fachgebiet hat. Es soll zu einem erweiterten Verständnis der Umweltbiotechnologie beitragen, um neue, bisher unbeachtete Einsatzgebiete zu erschließen.

Dazu werden ohne irgendeine Wertung einige ausgewählte, bereits am Markt existierende Verfahren und Produkte beschrieben, um dem Leser einen Einblick in die vielfältigen Anwendungen und Marktperspektiven zu verschaffen. Eine komplette Darstellung der Verfahren und des Marktes wäre für den hier gewählten Rahmen nicht angemessen.

Daß ich mit meiner Einschätzung des Standes der Umweltbiotechnologie nicht alleine dastehe, zeigt eine Studie der OECD (Organisation zur wirtschaftlichen Zusammenarbeit und Entwicklung) aus dem Jahr 1994. Frei übersetzt kommt die OECD-Studie zu folgender Quintessenz:

"Die Biotechnologie entwickelt eine dritte, möglicherweise größte Domäne. Nach der Pharmazie und der Produktion von Lebensmitteln, die bisher die wichtigsten Anwendungsbereiche waren, steht bei der Umweltbiotechnologie der Schutz und die Restaurierung der Umwelt als Ziel von Naturwissenschaft und Umwelttechnik im Vordergrund. Umweltbiotechnologie wird immer bekannter, weil biologische Reinigung und Sanierung wie auch biologische Recyclingverfahren, im Vergleich zu herkömmlichen chemisch-physikalischen Verfahren kosteneffizient arbeiten.......Das Marktvolumen umweltbiotechnologischer Anwendungen wird sich in den OECD-Staaten in den neunziger Jahren auf 75 Milliarden US$ verdoppeln."

Es gibt also viele Gründe, der Umweltbiotechnologie mehr Aufmerksamkeit zu schenken und sie aus verschiedenen Perspektiven zu beleuchten.

Trotz ehrlicher Bemühungen ist es mir im folgenden bestimmt nicht immer gelungen, mich einer persönlichen Meinung zu enthalten. 10 Jahre intensiver Beschäftigung mit umweltbiotechnologischen Fragen in Forschung, Entwicklung und Praxis sind viel, berechtigen jedoch sicher noch nicht dazu, als Experten bezeichnet zu werden. Es sind jedoch genau die 10 Jahre, in denen sich dieses Gebiet schnell zu dem entwickelt hat, was es heute ist.

Diese Entwicklung habe ich mit großer Anteilnahme, ja mit Begeisterung verfolgt und mit Hoffnungen und Enttäuschungen begleitet.

Wer mich daher der Schwarzweißmalerei bezichtigt, wird nicht ganz unrecht haben. In der täglichen Praxis - und hier muß sich die Umweltbiotechnologie vielfach noch bewähren - stellen sich viele Dinge häufig in einer sehr vereinfachten Form dar und werden leider auch nicht immer auf der Basis reiner wissenschaftlicher Kriterien entschieden.

Durch gelegentlich anklingende Kritik sowie durch die subjektive Auswahl der Themen, Verfahren und Perspektiven hoffe ich keine Personen, Firmen, Vereinigungen oder Institutionen und Projekte ungerechtfertigt auf- oder abgewertet zu haben. Angesichts der Neuheit und Komplexität der Thematik sind die

X

stellenweise angedeuteten Fehlentwicklungen ohnehin eher als Teil einer normalen Entwicklung anzusehen.

Da die Umweltbiotechnologie noch am Anfang ihrer Entwicklung steht, ist es schwer, bereits jetzt besonders relevante Schwerpunkte der Anwendungen herauszuarbeiten. Obwohl sie manchmal mit der Entwicklung der modernen elektronischen Kommunikationstechnologie verglichen wird, kann bei der Umweltbiotechnologie schon die mittelfristige Entwicklung nur noch schwer vorhergesagt werden. Beispielhaft hierfür steht die biologische Bodensanierung mit nahezu jährlich wechselnden Perspektiven.

Ziel der Einführung in die eingesetzten Verfahren ist es auch, die Umweltbiotechnologie deutlich von der Biotechnologie abzugrenzen. Sicher hat auch die Einstufung der produzierenden Biotechnologie als "Zukunftstechnologie" mit hohen Forschungsförderungen zu einer Verkennung und Verdrängung der Umweltbiotechnologie geführt. Da sogar der Begriff Gentechnologie mittlerweile manchmal mit Biotechnologie gleichgesetzt wird, erscheint es um so erstrebenswerter, die Umweltbiotechnologie als eigenes Wissenschaftsfeld von der Biotechnologie abzugrenzen. Im englischen Sprachraum haben sich Begriffe wie Bioremediation, Biotreatment und Bioreclamation für Teilgebiete der Umweltbiotechnologie bereits durchgesetzt. Eine einheitliche Definition existiert bisher nicht. Differenzierungen bei den verwendeten Begriffen gibt es bei uns erst ansatzweise.

Über Kritik in jeder Form und Menge würde ich mich sehr freuen, am liebsten in konstruktiver Form.

Mein aufrichtiger Dank gilt daher dem Springer-Verlag, der es mir ermöglicht, in diesem Buch das Gebiet der Umweltbiotechnologie aus meiner persönlichen Sicht darzustellen.

An dieser Stelle bedanke ich mich auch herzlich bei allen anderen, die mir bei diesem Projekt geholfen haben. Insbesondere bedanke ich mich bei Herrn Dr. Peter Strohmenger, Dortmund, und Frau Doris Engelhardt für die hilfreiche Durchsicht des Manuskriptes und bei Herrn Hendrik Baschek, Herten, für die Erstellung von Abbildungen. Auch bei den vielen Wissenschaftlern und Praktikern, die Abbildungen bereitgestellt haben, bedanke ich mich dieser Stelle.

Besonders danke ich schließlich meinem akademischen Lehrer Herrn Prof. Dr. Carl J. Soeder, der mir während meiner Zeit im Institut für Biotechnologie des Forschungszentrums Jülich alle erdenklichen Freiheiten gelassen hat, mich mit der Umweltbiotechnologie zu beschäftigen und mit ihr auseinanderzusetzen. Ihm verdanke ich maßgeblich mein Interesse und meine Kenntnisse über diese neue und zukunftsträchtige wissenschaftliche und technische Disziplin. Seine Durchsicht des Manuskriptes erbrachte wertvolle Änderungsvorschläge.

Juni 1996   Thomas Raphael

Inhaltsverzeichnis

1 Einführung

Umweltprobleme als Folge fortschreitender Industrialisierung, Zersiedlung und intensivierter Landwirtschaft prägen zunehmend das Gesicht der uns umgebenden Landschaften und unsere heutige Gesellschaft. Umwelttechnik zur Beseitigung und Vermeidung von Umweltbelastungen ist in Deutschland ein wichtiger Wirtschaftsfaktor und stellt mittlerweile auch eine bedeutende Exportbranche. Schadstoffe und Belastungen lassen sich überall auf der Erde nachweisen. Neben lokalen und regionalen Problemen rücken zunehmend globale Beeinflussungen von Natur und Umwelt in das Bewußtsein von Wissenschaft und Bevölkerung.

Auch die politische Bedeutung des Umweltschutzes nimmt seit vielen Jahren beständig zu. Grüne Politik ist den Kinderschuhen entwachsen und wurde in Teilen in die Programme aller etablierten Parteien aufgenommen. Selbst multinationale Konzerne berücksichtigen bei unternehmerischen Entscheidungen die umweltpolitische Willensbildung der Bevölkerung. Nicht immer werden allerdings rational begründete Lösungen gesucht. Emotionen spielen eine nicht zu unterschätzende Rolle.

Die Probleme und insbesondere deren Wahrnehmung wachsen mit dem Anstieg der Weltbevölkerung, besonders auch in den Entwicklungsländern, und mit steigendem Energieverbrauch.

Bei der Bekämpfung der unerwünschten Folgen der Umweltbelastung steht häufig noch die Verschiebung der Probleme - oft sogar wörtlich: der Stoffe - im Vordergrund. Erst wenige Ansätze verfolgen eine Strategie der kompletten Schadstoffvermeidung bzw. deren umweltverträgliche Beseitigung.

Aufgrund der Vielzahl der zu bearbeitenden Schadstoffe und Schadstoffquellen und der damit verbundenen Fragestellungen ist schon heute absehbar, daß zukünftig neben der Vermeidung von Umweltbelastungen nur noch sehr kostengünstige Umwelttechniken einen umfangreichen Sanierungsbeitrag leisten können. Neben der Wirtschaftlichkeit zeigt sich auch die öffentliche Akzeptanz von durchzuführenden Maßnahmen als zunehmend wichtiger werdender Faktor.

Ein Ziel von Umweltaktivitäten ist die Erhaltung der Natur und natürlicher Stoffkreisläufe. Es liegt daher für Forscher und Anwender biologischer Verfahren nahe, gerade dort nach den entsprechenden Mechanismen zur Problembeseitigung zu suchen und diese zu erforschen und weiterzuentwickeln. Schon lange kennt man aus der Gewässerkunde den Begriff der "biologischen Selbstreinigung", der letztlich Grundlage aller umweltbiotechnologischen Aktivitäten ist.

Die Umweltproblematik hat in den letzten Jahren zur Entwicklung einer neuen biologisch-technischen Fachrichtung geführt: der Umweltbiotechnologie. Diese erforscht natürliche Zersetzungs- und Umsetzungsprozesse auf ihre Anwendbarkeit bei der Beseitigung bzw. Vermeidung von Umweltbelastungen.

In der wissenschaftlichen Bearbeitung bemüht man sich, natürliche biologische Umsetzungen von Schadstoffen in Gewässern, in Böden und in der Atmosphäre besser zu verstehen und, falls möglich, zu quantifizieren. Die Beurteilung und Einstufung insbesondere von Xenobiotika, die in der Umwelt verbreitet sind, wird erst auf dieser Grundlage möglich. Xenobiotika sind chemisch-synthetisch hergestellte

Stoffe, die in ihrer Struktur naturfremd sind, d.h. es existieren keine gleichen Verbindungen in der Natur. Es ist daher bei jedem Xenobiotikum fraglich, ob es einem biologischen Abbau unterliegt. Auch deshalb sind die Xenobiotika das Ziel eines Großteils der Aktivitäten der Umweltbiotechnologen.

Wichtig sind Kenntnisse über die natürlichen Umsetzungen, damit Ökotoxikologen auf dieser Basis die Folgen potentieller Anreicherungen von toxischen Stoffen in der Nahrungskette einschätzen können. Vor der Freisetzung von Xenobiotika sollte bekannt sein, unter welchen Bedingungen und in welchen Zeiträumen sie biologisch abgebaut werden oder auch durch chemische oder physikalische Umsetzungen zerfallen.

Die Umweltbiotechnologie hat heute nach übereinstimmender Meinung erhebliche Perspektiven, da sie in sich umweltverträglich ist. Durch die Nutzung natürlicher Umsetzungen entstehen stets Produkte oder Reststoffe, die einem weiteren biologischen Um- und Abbau zugänglich sind. Neben Um- und Abbau können durch umweltbiotechnologische Verfahren aber auch Produkte hergestellt werden, z.B. Kunststoffe aus Biopolymeren. Ausgangspunkt dafür können auch Abwässer oder Abfälle sein. Wissenschaftler versuchen zudem, biologische Umsetzungen zur Energiegewinnung einzusetzen oder durch umweltbiotechnologische Prozesse den Kohlenstoffhaushalt unseres Planeten zu beeinflussen.

Als eigene Disziplin steht die Umweltbiotechnologie noch ganz am Anfang ihrer Entwicklung. Von Wissenschaftlern verschiedener Fachrichtungen wird sie bereits wahrgenommen, akzeptiert und intensiv weiterentwickelt. Insbesondere Mikrobiologen haben ein breites Betätigungsfeld in der Identifizierung und Bewertung unterschiedlicher Abbauerorganismen gefunden. Unterstützt werden sie von Verfahrenstechnikern, die bestrebt sind, eine kontrollierbare Umgebung für die Mikroorganismen bereitzustellen.

Wie später in diesem Buch aufgezeigt wird, hat auch die Industrie zahlreiche Möglichkeiten der Anwendung der Umweltbiotechnologie erkannt und gelegentlich sogar bereits überschätzt. Eine Vielzahl leistungsstarker biologischer Abwasserreinigungverfahren haben bereits hochinteressante Marktsegmente der Umwelttechnik ausgefüllt. Zusammen mit riesigen Kapazitäten für biologische Bodensanierungsverfahren steht die Bundesrepublik Deutschland daher weltweit auf einem der ersten Plätze bei der industriellen Umsetzung der Umweltbiotechnologie.

In die Umweltgesetzgebung wurde die Umweltbiotechnologie - mit Ausnahme der klassischen Abwasserreinigung - bisher noch nicht einbezogen. Bei vielen Umweltgesetzen und -verordnungen dient der durch den Stand der Technik erreichbare Zustand als Grundlage für die Festlegung einzuhaltender Grenzwerte. Umweltgesetze und -verordnungen berücksichtigen noch nicht die spezifischen Eigenheiten einiger umweltbiotechnologischer Verfahren, mit denen häufig mit geringem Aufwand der überwiegende Anteil der Schadstoffe abgebaut werden kann, ein vollständiger Abbau aber nahezu unmöglich ist. Auch aus diesem Grunde kann das wirtschaftliche Potential vieler umweltbiotechnologischer Verfahren und Entwicklungen noch nicht umfassend eingeschätzt werden.

Die Forschungsförderung für die Umweltbiotechnologie steht in der Bundesrepublik Deutschland - hoffentlich - erst am Anfang. Seit kurzem wird durch das

Bundesministerium für Bildung und Forschung ein Netzwerk von Transferstellen für Umweltbiotechnologie mit erheblichem Aufwand gefördert. Es bleibt zu hoffen, daß diese Maßnahme nicht zu spät kommt. Bei einem internationalen Vergleich findet man bereits erhebliche Aktivitäten in vielen Teilen der Welt. Einige davon werden in den Kap. 8 und 9 dargestellt.

Die Anschriften der Transferstellen und andere wichtige nationale und internationale Adressen zur Umweltbiotechnologie finden sich - wie auch einige Internetadressen als Ausgangspunkt für Recherchen - im Anhang.

Zur Zeit ist das Ziel der meisten in der Praxis erprobten umweltbiotechnologischen Entwicklungen die Beschleunigung von natürlichen Abbauprozessen und ihre Umsetzung in technischen Verfahren. Besonders häufig werden Schadstoffe unter aeroben[1] Bedingungen in die unschädlichen Bestandteile Kohlendioxid und Wasser zerlegt. Erste Einsatzfelder haben anaerobe[2] Verfahren eingenommen. Zukünftig wird sich ihr Einsatz auf ein wesentlich breiteres Feld von Anwendungen ausdehnen, wie in den folgenden Kapiteln ausgeführt wird. Auch kann für die Zukunft erwartet werden, daß das Ziel der Umweltbiotechnologie nicht mehr die möglichst vollständige Zersetzung von Schadstoffen sein wird, sondern vielmehr die Gewinnung von Rohstoffen aus Reststoffen. Beispiele zeigt insbesondere das Kap. 9.

Die Handwerkszeuge der Umweltbiotechnologie sind überwiegend natürlich vorkommende Mikroorganismen und eine auf deren Lebensbedürfnisse abgestimmte Verfahrenstechnik. Nur in einzelnen Bereichen der Umweltbiotechnologie werden heute höhere Organismen eingesetzt.

Gentechnisch veränderte Mikroorganismen dürften aufgrund der fehlenden Rahmenbedingungen in der Bundesrepublik Deutschland vorläufig keine Rolle spielen, bieten aber dennoch einige Perspektiven. In einem der folgenden Kapitel (8.2) wird anhand eines Beispiels der mögliche Einsatz und Nutzen der Gentechnik verdeutlicht. Während der Fertigstellung des Buches wurde auch ein erster umweltbiotechnologischer Freilandversuch in den USA genehmigt (Biotreatment News 1996), der im Herbst 1996 anlaufen wird.

Für viele bisher ungelöste oder schwierige Umweltprobleme werden in Zukunft umweltbiotechnologische Verfahren entwickelt und eingesetzt werden. Trotz vieler Hemmnisse liegt die Bundesrepublik Deutschland auf diesem Gebiet in Forschung, Entwicklung und Anwendung vom Wettbewerb noch recht unbeachtet auf einem der vorderen Plätze in der Welt. Diese gute Startposition wurde bisher nahezu ohne forschungs- oder umweltpolitische Steuerung erreicht. Sie ist meiner Ansicht nach insbesondere der Innovationsfreude der umwelttechnischen Industrie sowie der mikrobiologischen Forschung zu verdanken. Viele verfahrenstechnische Ansätze haben das Entwicklungsstadium des erstmaligen erfolgreichen Einsatzes längst erreicht und warten auf entsprechende Rahmenbedingungen.

Meinem Verständnis von Umweltbiotechnologie entsprechend, gehören die vielen existierenden und interessanten Entwicklungen zu Biosensoren nicht direkt zur

---

[1] Unter Einfluß von Sauerstoff.
[2] Unter Ausschluß von Sauerstoff.

Umweltbiotechnologie, obwohl sie vielfach mit in das Arbeitsgebiet und in Veröffentlichungen einbezogen werden.

Sowohl die aktuelle Studie der OECD (1994) als auch das Netzwerk Umweltbiotechnologie sieht Biosensoren als Teil der Umweltbiotechnologie. Da Definitionen zur Umweltbiotechnologie fehlen, ist meiner Ansicht nach beides erlaubt, Einbeziehung und Ausgrenzung. Biosensoren werden heute mit unterschiedlichsten Mikroorganismen, Enzymen, Antikörpern oder anderen biologisch aktiven Molekülen bestückt und ermöglichen viele neue, schnelle und äußerst sensitive Meßverfahren. Nur ein geringer Teil der Biosensoren dient jedoch zur Messung von umweltrelevanten Parametern.

Für weitergehende Informationen sei auf das Netzwerk Umweltbiotechnologie verwiesen.

2 Historische Entwicklung

2.1 Einführung

Wie bei anderen aktuellen und erfolgreichen Technologien hilft eine kurze Betrachtung des historischen Entwicklungsganges, die heute bestehenden Zusammenhänge und Tendenzen besser zu verstehen und zu verdeutlichen.

Für die eigentlich sehr junge Umweltbiotechnologie, die erst seit einigen Jahren als eigenständige Disziplin angesprochen wird, gibt es noch keine allgemein anerkannten Definitionen und Abgrenzungen gegenüber etablierten biologischen Umwelttechniken.

Biotechnologische Prozesse werden seit vielen Jahrtausenden genutzt. Beispiele sind die alkoholische Gärung, die Milchsäurekonservierung von Gemüsen und die Sauerteigherstellung. Einen interessanten Überblick über die Geschichte der Biotechnologie findet man in dem Buch "Biotechnologie" von Soyez (1990). Aus diesem Buch seien mit Bezug zu den folgenden Kapiteln einige wichtige Ereignisse zitiert:

- **2800** vor unserer Zeitrechnung: im vorderasiatischen Mesopotamien braut man aus Körnerfrüchten Bier; Gesetze regelen den Handel mit alkoholischen Getränken.

- **1500 bis 1200** vor unserer Zeitrechnung: die Phönizier gewinnen aus Bergwerks- und Haldenwässern Kupfer, das sich durch den Stoffwechsel schwefelverwertender Bakterien ansammelte.

- Um **1400**: in europäischen Städten wird Salpeter als Schießpulverbestandteil durch Nitrifikation aus stickstoffhaltigen Abfällen gewonnen .

- **1676:** Antonie van Leeuwenhoek sieht mit Hilfe einer mikroskopähnlichen Lupe die ersten Mikroorganismen.

- **1881:** Robert Koch veröffentlicht seine Methoden zur Kultivierung von Bakterien.

- Um **1900**: zahlreiche Großstädte beginnen mit dem Bau von Kläranlagen.

- **1913:** das Belebungsverfahren zur Reinigung kommunaler Abwässer wird entwickelt.

- **1928:** mit der Entdeckung des Penizillins durch Alexander Fleming beginnt das Zeitalter der modernen Biotechnologie.

- **1930**: in England wird eine Zuckerfabrik verurteilt, keine Gewässerverschmutzung mehr zu betreiben. M. Stephenson und L.H. Strickland entdecken während der Untersuchung der biologischen Umsetzungen im Gewässer Wasserstoff-produzierende anaerobe Mikroorganismen.

- **1944**: Oswald Avery und Mitarbeiter entdecken die Desoxyribonukleinsäure (DNA) als Träger der Erbsubstanz.

- **1977**: gentechnisch veränderte Bakterien produzieren erstmals menschliches Eiweiß (Insulin).

- **1984**: erstmals wird biologisch abbaubarer Kunststoff mit einem mikrobiellen Prozeß erzeugt.

- **1996**: in den USA wird ein Feldversuch mit genetisch veränderten Mikroorganismen (*Pseudomonas fluorescens*) zur Untersuchung von Vorgängen bei der biologischen Bodensanierung von der US-Umweltbehörde EPA genehmigt

Ein erster gezielter Einsatz von biologischen Verfahren im Umweltschutz und damit der Beginn der Umweltbiotechnologie war wahrscheinlich die biologische Reinigung von häuslichen Abwässern. Gegen Ende des letzten Jahrhunderts wurde mit der Einführung der Schwemmkanalisation die Grundlage für die Reinigung von Abwässern gelegt. Einige Jahre später erkannte man, daß eine gute Belüftung von Abwässern üble Gerüche erst gar nicht entstehen läßt und auch zur Reinigung der Wässer beiträgt. Für die Reinigungsleistung gab es dabei erst indirekte Anzeichen, wie das Verschwinden der Eintrübung und der fäulnisfähigen Substanzen. Als dann bekannt wurde, daß hierbei biologische Prozesse eine Rolle spielen, führte diese Erkenntnis in der Folge zum Ausbau entsprechender Verfahren, insbesondere zur Belebtschlamm- und Tropfkörpertechnologie.

Durch diese historischen Wurzeln fest verankert und durch entsprechende Gesetzgebung und Abwasserabgaben als erste Ökosteuern überhaupt offiziell instituiert, ist die biologische Abwasserreinigung bis heute eines der wichtigsten Arbeitsgebiete der Umweltbiotechnologie geblieben. Nicht verschwiegen werden darf an dieser Stelle, daß maßgeblich nicht etwa Biologen, sondern Bauingenieure diese Entwicklung erfolgreich vorangetrieben haben, ohne die Zusammenhänge der Mikrobiologie im einzelnen zu kennen. In Zusammenhang mit der biologischen Abwasserreinigung gilt es auch für Mikrobiologen und Biochemiker noch manches Rätsel zu lösen.

Die biologische Abwasserreinigung mit der Nutzung von aeroben oder anaeroben Mikroorganismen zur Beseitigung von organischen Verschmutzungen kann daher insgesamt als die Keimzelle der Umweltbiotechnologie überhaupt angesehen werden. Der anfängliche Wunsch nach der Hygienisierung der häuslichen Abwässer durch Reinigungsverfahren wurde im Verlauf der historischen Entwicklung erweitert. Die Entfernung der Feststoffe und der organischen Belastung folgten und führten bis zur heute angestrebten Entfernung der Pflanzennährstoffe. Dazu wurden die Ablaufgrenzwerte biologischer Kläranlagen in Deutschland 1988 und 1991 stark verschärft. Moderne, gut funktionierende kommunale und industrielle Kläranlagen erreichen Wasserqualitäten im Ablauf, die noch vor wenigen Jahren viele unserer Fließgewässer nicht aufweisen konnten.

Das Interesse der umwelttechnischen Forschung und Entwicklung verschiebt sich heute von der kommunalen Abwasserreinigung etwas mehr zur Reinigung von Industrieabwässern oder deren Teilströmen. Es erscheint nämlich vorteilhaft, Abwässer möglichst nahe am Entstehungsort zu behandeln, um ihre Verdünnung zu vermeiden. Ebensowenig ist es ein Geheimnis, daß eine Verdünnung eine gezielte Behandlung erschwert.

Verglichen mit der kommunalen Abwasserreinigung bestehen im industriellen Bereich jedoch deutlich höhere Anforderungen an die Reinigungsleistung pro Raumeinheit und insbesondere an die Wirtschaftlichkeit der Verfahren. Innovative umweltbiotechnologische Entwicklungen zur Abwasserreinigung sind daher in nächster Zukunft insbesondere aus diesem Bereich der Industrieabwasserreinigung zu erwarten.

Wahrscheinlich viel älter, aber zunächst nicht gezielt in technischen Anlagen eingesetzt, ist die Kompostierung von organischen Abfällen. Erst durch die seit einigen Jahren immer deutlicher werdenden Engpässe bei der Abfallbeseitigung in den Industrieländern hat die Kompostierung einen kräftigen Aufschwung erlebt. Ein ungebrochener Trend zu Errichtung von Kompostierungsanlagen läßt für die nächsten Jahre einen Anschlußgrad von etwa 50% aller Einwohner in der Bundesrepublik Deutschland erwarten. Aber nicht nur durch Kompostierung, sondern auch durch anaerobe Vergärung und Biogasgewinnung werden die organischen Abfälle nutzbringend verwendet.

Erst seit ca. 2 Jahrzehnten werden Böden und Grundwässer biologisch gereinigt. Diese Biotechnik, die bis heute aus der Sicht des Verständnisses der beteiligten Prozesse noch in den Kinderschuhen steckt, hat aber dennoch Erfolge aufzuweisen. Maßgeblich tragen diese Verfahren zum heutigen Image der Umweltbiotechnologie in der Öffentlichkeit bei. Die spektakuläre Aussage, eine Handvoll Mikroorganismen würde zur Sanierung eines völlig vergifteten Standortes ausreichen, wurde in den letzten Jahren immer wieder mit unterschiedlicher Qualität verbreitet. Sie ist in dieser Form zwar nicht zu halten, hat aber zum Aufschwung des Fachgebietes über das Image einer sanften und grünen Technologie hinaus wesentlich beigetragen.

Etwa im gleichen Zeitraum entwickelten sich biologische Abluftfilter - historisch zunächst meist zur Filtration von unangenehm riechender Abluft aus Kläranlagen eingesetzt - zu einer ernstzunehmenden technologischen und wirtschaftlichen Produktgruppe. Mikroorganismen sitzen bei diesen Verfahren auf Trägermaterialien und zersetzen die Geruchsstoffe der vorbeigeführten Abluft. Mittlerweile werden biologische Abluftfilter auch erfolgreich zur Reinigung von mit Lösungsmitteln belasteten Abgasen eingesetzt. Da diese Verfahren in der Industrie wirtschaftlich interessant sind, werden für diesen Einsatzbereich gegenwärtig zweistellige Umsatzzuwachsraten prognostiziert.

Viele erfolgversprechende Entwicklungsrichtungen sind erst wenige Jahre alt und daher noch nicht im technischen Maßstab etabliert. Bei Ingenieuren, Chemikern und Physikern weicht eine deutliche Skepsis, die aufgrund der bisherigen Handhabung der biologischen Verfahren als "black box" durchaus begründet war, erst allmählich. Zweifel an umweltbiotechnologischen Verfahren bestehen auch deshalb, weil die Biologie als maßgebliche Disziplin in Teilen noch eine sehr unscharfe und wenig exakte Wissenschaft ist. Sie kann daher noch nicht immer den Ansprüchen einer exakten Naturwissenschaft genügen.

Als Beispiele seien die immer wieder zur Begründung von Vorgängen in der Umweltbiotechnologie herangezogenen Mechanismen Adaptation und Selektion, die der Evolutions*theorie* entstammen, genannt. Beide sind nicht im strengen naturwissenschaftlichen Sinne nachprüfbar, meßbar und reproduzierbar und genügen daher nur teilweise den Ansprüchen einer modernen Naturwissenschaft. Ohne die als Begründung für viele Verfahren herangezogene kurzfristige Anpassung von Mikroorganismen an Schadstoffe lassen sich jedoch die Vorteile vieler umweltbiotechnologischer Verfahren nicht hinreichend erklären. Auch in der vorliegenden Veröffentlichung können viele Zusammenhänge nur unter Berücksichtigung dieser Theorien von Adaptation und Selektion schlüssig beschrieben werden.

Auch das Zusammenleben und -wirken der bei umweltbiotechnologischen Verfahren beteiligten Mikroorganismen wird wissenschaftlich noch nicht annähernd verstanden. Über die Ökologie von Mikroorganismen sind nur vergleichsweise wenige gesicherte Erkenntnisse vorhanden.

Wie später noch detaillierter ausgeführt wird, gibt es bisher noch nicht einmal verläßliche Analyseverfahren zum Nachweis aller an umweltbiotechnologischen Verfahren beteiligten Mikroorganismen. Auf gentechnischen Methoden beruhende Analyseverfahren haben zwar gerade erste Erfolge aufzuweisen. Wenn jedoch, wie es sehr häufig der Fall ist, natürliche Mischkulturen von Mikroorganismen eingesetzt werden, gibt es heute noch überhaupt keine Möglichkeit aufzuzeigen, wie sich die vollständige Mischpopulation zusammensetzt, geschweige denn, wie die einzelnen Mikroorganismen zusammenarbeiten oder aufeinander angewiesen sind.

Vielleicht beruhen aber gerade auf der großen Unkenntnis der mikrobiellen Ökologie in Verbindung mit zum Teil guten Erfolgen mit Black-box-Verfahren die großen Erwartungen, die in vielen Bereichen der Umweltbiotechnologie bestehen.

Um die Unterschiede zwischen konventionellen biologischen Verfahren und der modernen Umweltbiotechnologie besser verstehen zu können, soll die Aufmerksamkeit des Lesers zunächst kurz auf die Grundlagen der biologischen Abwasserreinigung gelenkt werden.

2.2 Abwasserreinigung

Mit der Einführung der Schwemmkanalisation im letzten Jahrhundert ergab sich erstmals die Möglichkeit und aus hygienischen Gründen auch die Notwendigkeit, die aus Haushalten und der Industrie anfallenden Abwässer gezielt vor der Einleitung in ein Gewässer zu reinigen. Daß übermäßig mit Abwässern belastete Gewässer einen Teil ihrer natürlichen Funktionen einbüßen, wie z.B. als Lebensraum für Fische zu dienen, war bereits bekannt. Ebenso wußte man, wie sich der Gewässerzustand in einem Fließgewässer nach einer gewissen Entfernung von der Einleitstelle der Abwässer wieder normalisiert. Als negativ für das Gewässer wurden die sauerstoffzehrenden Eigenschaften der organischen Abwasserinhaltsstoffe erkannt.

In der Folge versuchte man, die Abwässer in Behältern einzusammeln und bereits vorher mit Luftsauerstoff zu versetzen. Die im Abwasser enthaltenen Krankheitserreger verschwanden daraufhin wie auch die sauerstoffzehrenden Eigenschaften. Ansätze für eine erste biologische Abwasserreinigung waren so gemacht.

Der als "natürliche Selbstreinigung" bekannte Prozeß konnte so erstmals im Ansatz in ein technisches Verfahren übertragen werden. Die Reinigung lief nicht mehr im Bereich eines Gewässerabschnittes ab, sondern wurde unter kontrollierten Bedingungen in vorgeschaltete Behälter verlegt.

Die Kanalisation zur Sammlung der Abwässer war das Verdienst der Bauingenieure. Folgerichtig entwickelten diese anschließend auch als erste Verfahren zur Reinigung des Abwassers: die Kläranlagen. In der Anfangszeit der Abwasserreinigung standen hierzu hauptsächlich zwei Verfahren zur Verfügung, das Belebungs- und das Tropfkörperverfahren, die bis heute wichtige Elemente der biologischen Abwasserreinigung geblieben sind. Bis heute dominieren diese beiden im folgenden näher beschriebenen biologischen Abwasserreinigungsverfahren und bilden die Basis für nahezu alle anderen aktuellen Entwicklungen.

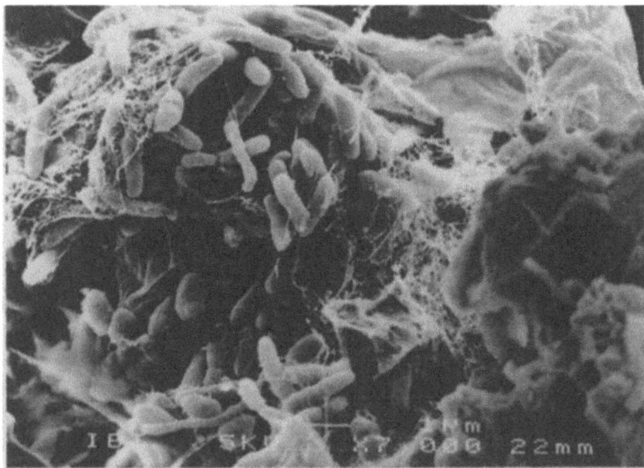

Abb. 1. Elektronenmikroskopisches Bild einer Belebtschlammflocke

2.2.1 Belebungsverfahren

Von Belebungsverfahren spricht man, da sich seit der Anfangszeit der Abwasserreinigung der Begriff "belebter Schlamm" für die abbauenden Mikroorganismen und deren Begleitflora und -fauna durchgesetzt hat. Beim belebten Schlamm sind die beteiligten Organismen überwiegend zu einer Flocke aggregiert.

Die Flocken können sehr unterschiedliche Formen haben und zudem mehr oder weniger aus inerten Stoffen aufgebaut sein. Wegen der Form und des unterschiedlichen spezifischen Gewichts haben sie daher unterschiedliche Sinkgeschwindigkeiten. Abb. 1 zeigt eine solche Belebtschlammflocke. Neben sehr unterschiedlichen Formen und Aggregaten zeichnet sich diese insbesondere durch das Fehlen höherer Organismen, z.B. Einzeller, aus.

Bei der Reinigung des Abwassers im Belebungsverfahren durchläuft das Abwasser in der ersten Stufe ein Rechenwerk zur mechanischen Entfernung großer, mitgeschwemmter Partikel. Nach einer Zone mit verringerter Strömungsgeschwindigkeit zur Sedimentation von mineralischen Partikeln, dem Sandfang, wird das Abwasser der Vorklärstufe zugeleitet. Hier sedimentieren vorrangig feste, mitgeschwemmte organische Stoffe.

Der entscheidende Schritt bei der Reinigung des Abwassers findet dann in der anschließenden biologischen Stufe statt. Aerobe Mikroorganismen in den Belebtschlammflocken setzen die organischen Abwasserinhaltsstoffe großenteils zu Kohlendioxid und Wasser um und bauen organische Körpersubstanz, auch Biomasse genannt, auf. Die Reinigung des Abwassers beruht also nicht nur auf Abbau und Zersetzung, sondern insbesondere in den kommunalen Kläranlagen auf dem Einbau der organischen Abwasserinhaltsstoffe in die Biomasse. Dieser Effekt kann bei der Reinigung kommunaler Abwässer bis zu 50% des gesamten Reinigungseffektes ausmachen.

Während der biologischen Reinigung entfernen die Mikroorganismen auch einen Teil der im Abwasser enthaltenen Pflanzennährstoffe durch Abbau oder Entzug, die im nachfolgenden Gewässer aufgrund ihrer sekundären sauerstoffzehrenden Wirkung unerwünscht sind. Der natürliche Belebtschlamm entfernt so die Hauptverunreinigungen des Abwassers.

Die Reaktionen finden meist in weiträumigen Betonbecken, den Belebungsbekken, statt (Abb. 2). Im Verlauf des Reinigungsverfahrens setzen sich die Belebtschlammflocken in einem nachgeschalteten, konisch nach unten verjüngten Becken durch Sedimentation ab. Ihre Konzentration im Belebungsbecken wird durch Rückführung des sedimentierten Belebtschlammes ins Belebungsbecken gezielt gesteuert und in definierter Konzentration aufrechterhalten. Zudem trennen sich die Belebtschlammflocken so vom gereinigten Wasser, daß ein klarer Ablauf entsteht, daher der Name "Kläranlage". Neben dem Abbau der Schmutzstoffe zu Kohlendioxid und Wasser wachsen Mikroorganismen nach. Es entsteht überschüssiger Belebtschlamm, der Überschußschlamm genannt wird.

Der zu erheblichen Teilen nachwachsende Überschußschlamm aus Bakterienbiomasse bereitet zusammen mit den mechanisch in der Vorklärung abgetrennten Partikeln als sog. Klärschlamm ein sekundäres Verwertungs- und Entsorgungsproblem von zunehmender Bedeutung. Während Klärschlamm aus ländlichen Gebieten nach Hygienisierung leicht als Dünger in der Landwirtschaft Verwendung findet, kann Klärschlamm, der aus industriell genutzten und dicht besiedelten Gebieten stammt, aufgrund seiner Schadstoffbelastung mit Schwermetallen oder Xenobiotika nur deponiert oder verbrannt werden. Neben den Schadstoffbelastungen gibt es auch logistische und psychologische Hindernisse der Verwertung von Klärschlamm in der Landwirtschaft.

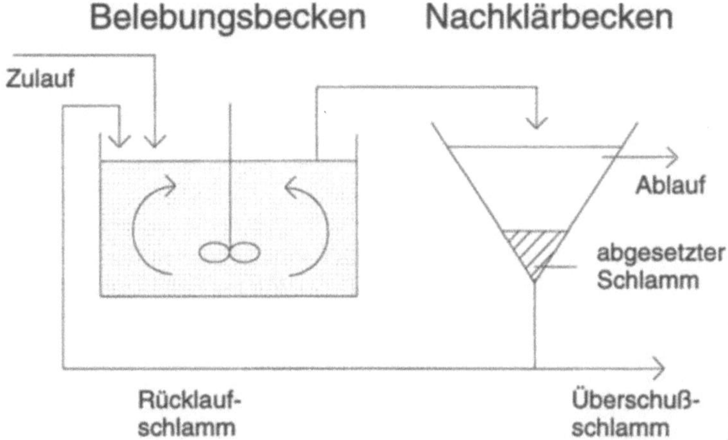

Abb. 2. Schematische Darstellung des Belebungsverfahrens

Aus der Sicht der Umweltbiotechnologie erfordert die weitere Optimierung des Belebungsverfahrens u.a. die Klärung der folgenden Fragen:

- Wie läßt sich die Entfernung von Stickstoffverbindungen über die mikrobiellen Prozesse der Nitrifikation und Denitrifikation effizienter mit dem Abbau der organischen Abwasserbelastung koppeln?

- Wie kann die Eigenschaft mancher Mikroorganismen, Phosphate zu speichern und zu entfernen, elegant und zuverlässig mit dem Belebtschlammverfahren kombiniert werden?

- Wie kann Abwasser auf teuren Industrieflächen mit hoher Raumabbauleistung zeitsparend und effektiv gereinigt werden?

♦ Wie kann die Mikroorganismenpopulation des Belebtschlammes bei der Behandlung von Industrieabwässern unanfälliger gegen Stoßbelastungen gemacht werden?

♦ Gibt es Möglichkeiten zur Verminderung der Menge des nachwachsenden Belebtschlammes ohne Effektivitätsverlust?

♦ Wie kann Einfluß auf die mikrobielle Zusammensetzung des Belebtschlammes genommen werden? Was läßt sich im Einzelfall durch mögliche Optimierungen des Bakterienspektrums erreichen?

Viele dieser Fragen resultieren aus der bisher praktizierten großräumigen Betonbauweise der Belebtschlammanlagen und lassen sich unter Einsatz von umweltbiotechnologischem Wissen voraussichtlich schlüssig und effektiv beantworten. Ansätze dazu zeigen die folgenden Kapitel auf.

2.2.2 Tropfkörperverfahren

Neben dem Belebungsverfahren hat sich in den Anfängen der Abwasserreinigung vor allem das Tropfkörperverfahren etabliert. Nach einer Phase in den sechziger und siebziger Jahren, in der Tropfkörper im Vergleich zum Belebungsverfahren immer weniger Beachtung fanden, versucht man heute wieder, die Vorteile der Tropfkörper zu nutzen.

Einen guten Einblick in die Vorgänge in einem klassischen Tropfkörper gibt Hartmann (1992) in seinem auch sonst zur Einführung in die biologische Abwassereinigung übersichtlichen Buch.

Abb. 3 zeigt den schematischen Aufbau eines konventionellen Tropfkörpers, wie er anschließend auch von den biologischen Prozessen her erläutert wird. Die abbauende Mikroorganismenpopulation und die begleitende Flora und Fauna sitzen beim Tropfkörperverfahren als Biofilm auf natürlichen oder synthetischen Trägermaterialien. Hierzu dienten in den Anfängen der Entwicklung aufgeschichtete Lavabrocken. Zunächst sogar ohne Behälterumantelung eingesetzt, beschickte man diese von oben kontinuierlich mit dem mechanisch vorgereinigten Abwasser. Als biologisch aktive, abbauende Schicht bildet sich dann ein mehrere Millimeter oder sogar Zentimeter dicker schleimiger Biofilm, wie man ihn ähnlich vom Grund verschmutzter Gewässer kennt. Die Abwässer fließen von oben über den Film, die Mikroorganismen nehmen die organischen Bestandteile auf und bauen sie unter Sauerstoffverbrauch ab. Die Belüftung erfolgt hier anders als beim Belebungsverfahren passiv mit durch Kamineffekt angesaugter Luft, manchmal zusätzlich durch aktive Belüftung über Ventilatoren.

Alle Umsetzungen gleichen denen des Belebungsverfahrens. Grundsätzlich anders ist die Siedlungsstruktur der Mikroorganismen im Biofilm.

Neben Bakterien und Pilzen können sich beim Tropfkörperverfahren auch höhere Organismen in der gut durchlüfteten Umgebung halten. Sie leben direkt oder indirekt vom Biofilm und reduzieren so den Anfall von überschüssiger Biomasse. Auch unter biologischen Gesichtspunkten unterscheiden sich Tropfkörper- und Belebungsverfahren. Für die Mikroorganismen im Biofilm besteht beim Tropfkörper - anders als beim Belebungsverfahren - keine erhebliche Gefahr ausgespült zu werden. Die Mikroorganismen im Biofilm des Tropfkörpers sind relativ unabhängig von quantitativen und qualitativen Belastungen.

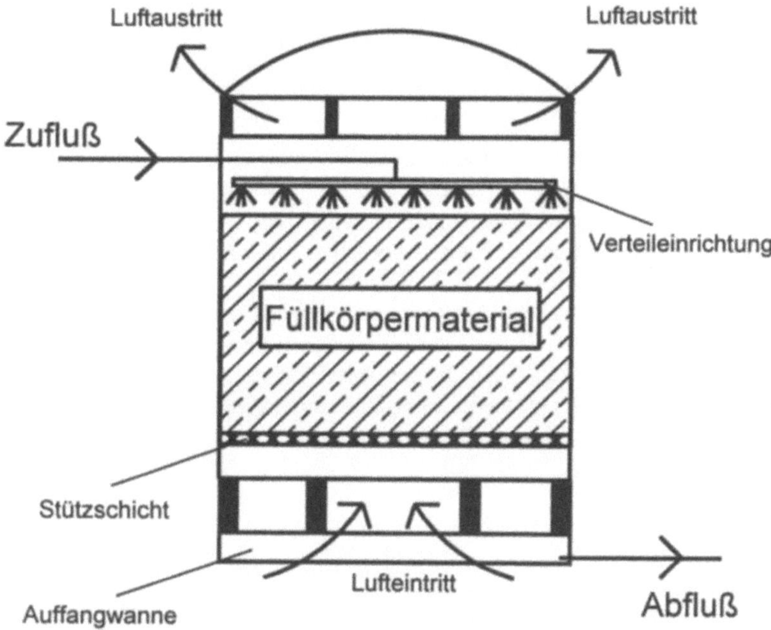

Abb. 3. Schematischer Aufbau eines Tropfkörpers

Je nach hydraulischer Belastung kann ein mehr oder minder großer Spüleffekt die Abschälung des Biofilms fördern.

Beim Belebungsverfahren können hydraulische Überlastungen, Stoßbelastungen oder toxische Abwasserinhaltsstoffe schnell zu einem verschlechterten Sedimentationsverhalten des Belebtschlammes und damit zum Schlammabtrieb aus den Nächklärbecken führen. Der ganze Prozeß kann so sehr schnell instabil werden und zum Erliegen kommen.

Infolge des ständigen Abzugs von Überschußschlamm tritt bei den Organismen des Belebtschlammes beschleunigtes Wachstum auf. Sind die Aufenthaltszeiten des Belebtschlammes nicht den Wachstumsraten der Organismen angepaßt, können sich zu langsam wachsende Organismen, z.B. nitrifizierende Organismen, nicht mehr im System halten. Schlechtere biologische Reinigungsleistungen sind die Folge.

Anders wiederum stellen sich die Vorgänge im Biofilm dar. Dieser löst sich nur teilweise und zeitweise ab. Auch langsam wachsende Mikroorganismen können sich im Biofilm halten.

Abb. 4 zeigt die wichtigsten biologischen Prozesse und Umsetzungen in einem Tropfkörper, der durch Kamineffekt von unten belüftet wird. Das zu reinigende Abwasser läuft über einen Drehsprenger, wie er in ähnlicher Form zur Bewässerung von Grünflächen eingesetzt wird, von oben dem Tropfkörper zu. Der Drehsprenger hat die Aufgabe, das Abwasser gleichmäßig über die Oberfläche des Tropfkörpers zu verteilen. Bereits in den oberen Schichten bildet sich unter aeroben Bedingungen ein Biofilm aus. Leicht abbaubare organische Stoffe werden aufgenommen, und kleine Partikel werden mechanisch abfiltriert. Die organischen Substrate und anorganischen Nährstoffe gelangen mit dem durchströmenden Wasser zum Biofilm und durchdringen ihn aufgrund von Diffusionsmechanismen.

Die Stoffwechselprodukte werden freigesetzt, in die darunter liegenden Schichten verfrachtet und dort teilweise mineralisiert. Kohlendioxid wird freigesetzt. In einigen Zonen des Biofilms, insbesondere in der Mitte des Tropfkörpers, wachsen die Trägermaterialien so stark zu, daß auch anaerobe Zonen entstehen und anaerobe Umsetzungen möglich werden.

Neben den heterotrophen Mikroorganismen bevorzugen auch Nitrifikanten die Biofilmoberfläche von Tropfkörpern, da sie zu den Organismen gehören, die gerne in Biofilmen auf Oberflächen wachsen. In die oberen Schichten des Tropfkörpers mit dem Abwasser eingebrachte Proteine führen über den Prozeß der Ammonifikation zur Freisetzung von Ammonium. Dieses wird dann von den Nitrifikanten über das Zwischenprodukt Nitrit im Verlauf der Wegstrecke des Tropfkörpers zu Nitrat (NO_3^-) umgesetzt.

Schwefelhaltige Abwasserinhaltsstoffe durchlaufen ähnliche Umsetzungen. Das Produkt der Schwefelverbindungen oxidierenden Mikroorganismen im Ablauf ist das Sulfat (SO_4^{2-}). Aus der Mineralisierung der organischen Abwasserinhaltsstoffe resultiert neben Kohlendioxid auch Wasser. Je nach Belastung des Tropfkörpers kann eine mehr oder weniger weitgehende Mineralisierung der Abwasserinhaltsstoffe erreicht werden.

In vielen Segmenten des Tropfkörpers fressen höhere Organismen, wie Wimpertierchen, Glockentierchen, Rädertierchen, Fadenwürmer, Kleinkrebse und sogar Fliegen und deren Larven einen Teil des Biofilms. Die Überschußschlammenge wird so reduziert. Übermäßige Abweidung, z.B. durch die Anwesenheit von Tropfkörperfliegen, kann andererseits beobachtet werden und führt in der Folge zu Betriebsstörungen.

Nach dem Tropfkörper durchläuft das gereinigte Wasser einen Sedimentationsprozeß in einem Nachklärbecken, bei dem die überschüssige Biomasse abgetrennt wird. Bei hohen Ansprüchen an die Restkonzentrationen werden mechanische Mehrschichtfilter nachgeschaltet. Schwach belastete Tropfkörper können andererseits manchmal ganz ohne Nachklärbecken betrieben werden.

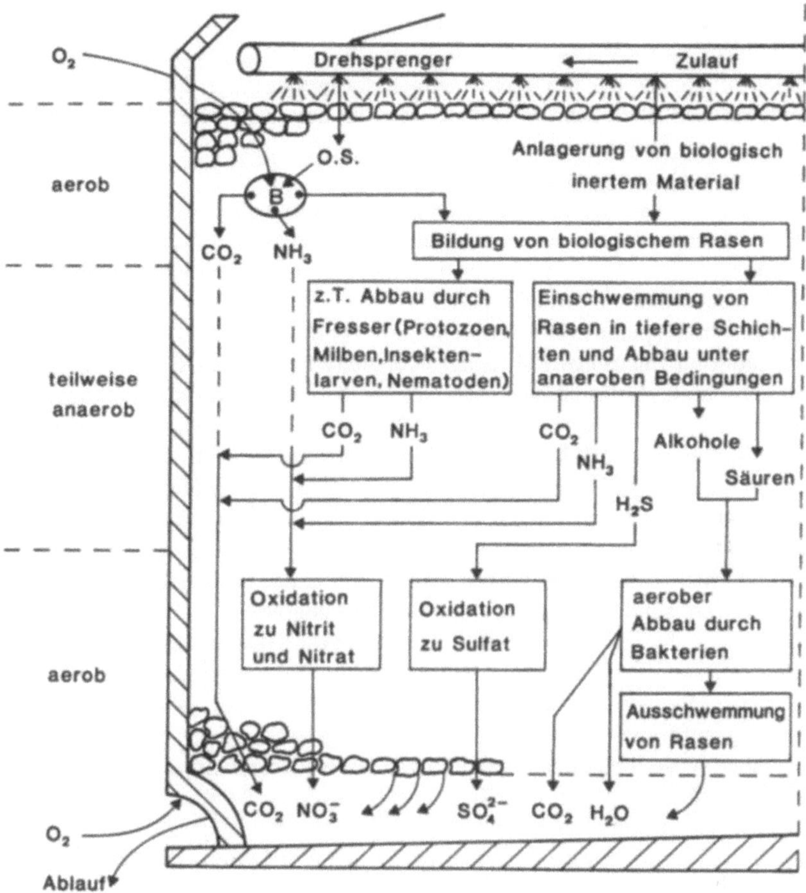

Nachklärbecken: Trennung von Wasser und Tropfkörperrasen

zusätzlich   : Elimination von Substanzen durch chemische und physikalische Reaktionen (Fällung und Adsorption)

O.S.: organische Substanz

B   : Bakterien

Abb. 4. Schematische Darstellung der biologischen Vorgänge und Umsetzungen in einem Tropfkörper zur Abwasserreinigung

2.3 Biologische Bodensanierung

Wesentlich jünger als die biologische Abwasserreinigung ist die biologische Bodenreinigung. Seit 10-15 Jahren wird sie weltweit angewendet. Aufgrund ihrer Popularität trägt die biologische Bodenreinigung wesentlich zum derzeitigen Erfolg der Umweltbiotechnologie bei.

Die USA haben auf diesem Gebiet einen Vorsprung in Forschung und Praxis von einigen Jahren und als Resultat einer mittelfristig angelegten, gezielten Forschungspolitik mittlerweile vielfältige Erfahrungen mit unterschiedlichen Schadstoffen bei wechselnden Anwendungsfällen.

Ausgelöst durch spektakuläre Probleme mit verunreinigten Böden aus Altlasten und Altstandorten wuchs etwa Mitte der 80er Jahre bei uns das Bewußtsein für die Gefährdung durch Altlasten und unterschiedliche Bodenverunreinigungen sehr schnell.

Die Errichtung einer Neubausiedlung auf einem ehemaligen Kokereigelände in Dortmund-Dorstfeld führte beispielsweise zu einem spektakulären Schadensfall. Erst nach manifester Vergiftung von Bauarbeitern und Anwohnern begannen Erkundung und Gefährdungsabschätzung. Die folgende Sanierung des Areals mit der Umsiedlung eines Teils der Bevölkerung hat sich daher tief ins Bewußtsein nicht nur der Fachwelt, sondern auch der Öffentlichkeit gegraben.

Noch bis heute beispielhaft anzuführen ist auch die Handhabung der aus diesem Sanierungsfall stammenden Böden. Die geplante Verbrennungsanlage auf einem nahegelegenen Industriegebiet konnte aufgrund erheblicher Widerstände in der Bevölkerung, aufgrund der zunächst ungeklärten genehmigungsrechtlichen Fragen und der hohen Kosten einer solchen thermischen Bodenreinigungsanlage bis heute nicht errichtet werden.

Erst 1996 - ca. 10 Jahre nach der Umsiedlung der Anwohner und der Ausbaggerung der Böden - wird ein neues Sanierungskonzept diskutiert. Die hochbelasteten Fraktionen sollen nun in den Niederlanden mit einem erprobten Verfahren in einer stationären Anlage thermisch behandelt werden. Die geringer mit Schadstoffen belasteten Anteile werden einer neu errichteten Bodenwaschanlage im Containerverfahren vor Ort zugeführt. Biologische Verfahren konnten aufgrund hoher Schadstoffkonzentrationen, vor allem an polyzyklischen aromatischen Kohlenwasserstoffen, nicht genutzt werden. Nach der Reinigung des Bodens in der Waschanlage soll dieser im Deponiebau weiterverwendet werden. Die im Jahr 1995 konzipierte Anlage für die Reinigung der Böden zeigt Abb. 5.

Erstmals mußten in den 80er Jahren alternative Reinigungsmöglichkeiten für Böden entwickelt werden, da nicht genügend Deponieraum zur Verfügung stand und auch zunächst keine Deponie verunreinigten Boden annehmen wollte. Nachdem chemisch-physikalische Verfahren, die schnell entwickelt wurden, zur Verfügung standen, erkannte man sehr bald die realen wie auch vermeintliche Vorteile der biologischen Verfahren.

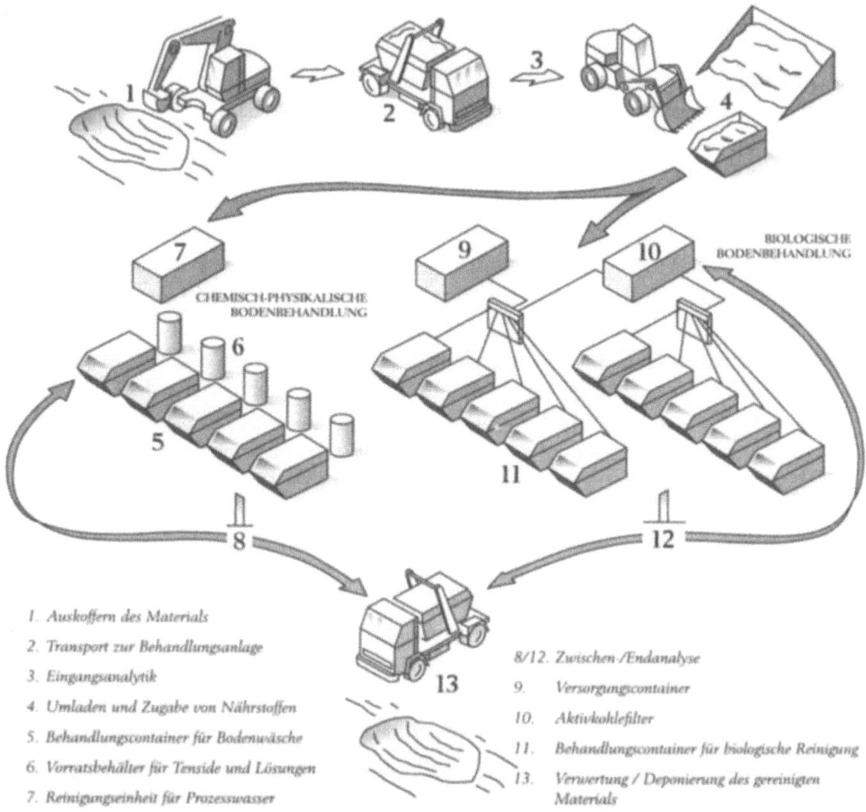

Abb. 5. Bodenreinigungsanlage Dortmund der HGN, Hydrogeologie Nordhausen, und DOMIG, Dortmunder Mineralstoffverwertungsgesellschaft

Bei den Bodenwaschverfahren werden die Schadstoffe zwar mechanisch ausgewaschen, jedoch in einer Fraktion mit feinen Bodenbestandteilen aufkonzentriert. Es resultiert ein sekundäres Entsorgungsproblem. Die ersten Anlagen waren groß und wenig beweglich, der technische Aufwand zur Bodenreinigung erheblich. Zwei bekannte Fehlschläge beim Einsatz von Waschverfahren zur Bodensanierung Anfang der 90er Jahre führten zu einer realistischeren Betrachtung dieser Technologie. Insbesondere der Einsatz von großen Anlagen zur chemisch-physikalischen Bodenbehandlung wurde daraufhin kaum noch durchgeführt.

Zweck von Verbrennungsanlagen ist entweder bei hohem Temperaturniveau eine vollständige Verbrennung des Bodens oder bei niedrigen Temperaturen eine Ausgasung der Schadstoffe mit Nachverbrennung der entstehenden Abluft. Mit diesen thermischen Verfahren können nahezu alle Schadstoffe fast vollständig entfernt werden. Bis heute existiert jedoch aufgrund der genehmigungsrechtlichen

18

Schwierigkeiten noch kein halbes Dutzend derartiger Anlagen in der Bundesrepublik Deutschland. Schwierigkeiten bereitet zusätzlich die sinnvolle Verwendung der aus den thermischen Verfahren resultierenden Asche.

Ähnlich wie bei der Abwasserreinigung hoffte man daher bald, für Bodenschadstoffe natürliche oder gezüchtete Mikroorganismen einsetzen zu können, welche die Schadstoffe abbauen.

Etwa 1980 wurden erste Bodensanierungsfirmen gegründet und kleine Forschungsprojekte gestartet. Bereits Mitte der 80er Jahre fanden - erstmals in Berlin - regelmäßige Kongresse statt, in denen die biologische Bodenreinigung diskutiert wurde. Die damals vorherrschende Euphorie führte bei Nichtfachleuten zu der verbreiteten Vorstellung, daß durch die einfache Zugabe von Mikroorganismen zum Boden hervorragende Sanierungen erreicht werden könnten. Über die zusätzlich zur Beimpfung erforderliche mechanische Bearbeitung und über die spezifischen Eigenschaften von Böden machte man sich aufgrund fehlender Praxiserfahrung nur bei einigen wenigen Sanierungsfirmen ausreichend Gedanken.

Die Rolle der einzusetzenden Mikroorganismen bei der praktischen Boden- und Grundwassersanierung wurde weit überschätzt. Wesentliche Schwierigkeiten der mechanischen Bodenbearbeitung wurden unterbewertet.

Informationen über gelungene technische Realisierungen waren damals nur vereinzelt aus den USA zu erhalten, wo man bereits seit den 70er Jahren versuchte, mit speziellen Mikroorganismen kontaminierte Böden zu sanieren.

Eine erste wichtige - weil wissenschaftlich begleitete und in der wissenschaftlichen Literatur veröffentlichte - biologische Sanierung war die von Battermann u. Werner (1984) Anfang der 80er Jahre durchgeführte Reinigung eines Grundwasserleiters in Karlsruhe. In den Untergrund gelangte Mineralölkohlenwasserstoffe waren durch den Einsatz von natürlichen Mikroorganismen und großen Mengen von Nitrat als Elektronenakzeptor anstelle von Luftsauerstoff erfolgreich beseitigt worden.

Ein dieser Sanierung ähnliches Verfahren zeigt Abb. 6. Der in der Abbildung kariert dargestellte Bereich stellt das Zentrum der Schadstoffe dar. Nach unten ist der Bereich durch eine Tonschicht abgedichtet. Über Brunnen werden Mikroorganismen, Nährstoffe und Sauerstoff für den biologischen Abbau in den Untergrund eingebracht.

Mit den heutigen Methoden und Kontrollen und den viel anspruchsvolleren Sanierungszielen wäre eine Maßnahme in dieser Form sicher nicht mehr möglich, vor allem da vielerorts Zuschlagstoffe, wie in diesem Anwendungsbeispiel Nitrat, im Grundwasser nicht eingesetzt werden dürfen. Trotzdem dienten diese ersten erfolgreichen Versuche zur schnellen Verbreitung der Vorstellungen über die Möglichkeiten biologischer In-situ-Verfahren.

Hemmend wirkten sich schon damals in der Pionierzeit und wirken sich bis heute die fehlenden genehmigungsrechtlichen Grundlagen und die Zielsetzungen für derartige biologische Boden- und Grundwassersanierungsverfahren und -anlagen aus.

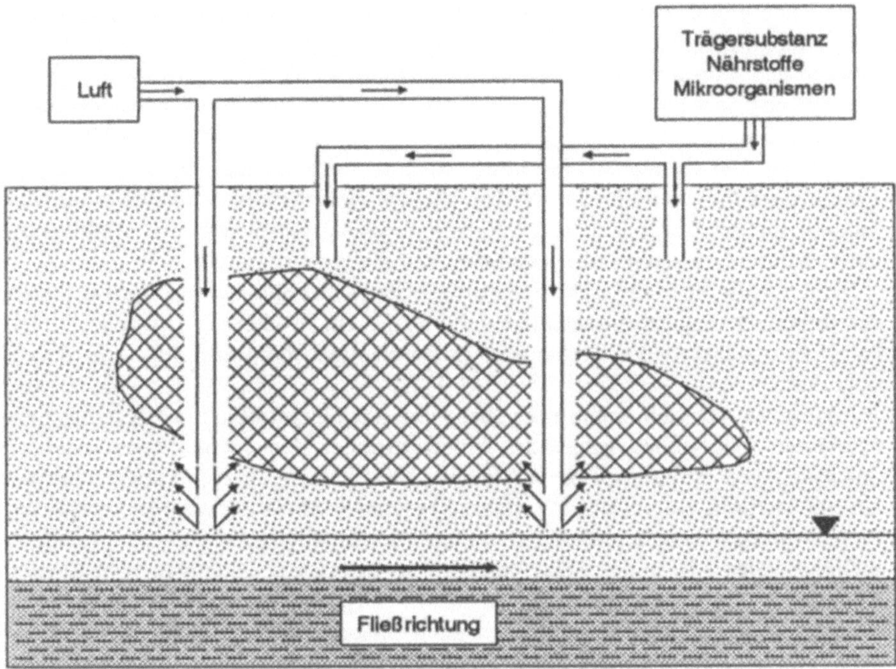

Abb. 6. In-situ Sanierung für tiefere Bereiche der ungesättigten Bodenzone

Die beteiligten Behörden brachten sich oft selbst in Entscheidungsnotstand. Unterschiedlichste biologische Sanierungsmethoden - mit und ohne Hinzuziehung von Sachverstand - waren die Folge. In einer Reihe von Fällen durfte der kontaminierte Boden zwar ausgegraben und für ein biologisches Verfahren aufgeschichtet werden, bis zur Erteilung einer Betriebsgenehmigung - nach welchem Verfahren auch immer - vergingen dann Zeiträume bis zu 1 Jahr und mehr. Durch die Auf- und Umschichtung des Bodens nach dem Ausgraben wurden die biologischen Bedingungen für bereits vorhandene schadstoffabbauende Mikroorganismen erheblich verbessert. Neue Kontakte zu den Schadstoffen als Folge der Durchmischung sowie die Zufuhr von Luftsauerstoff führten dazu, daß ein großer Teil der Schadstoffe bereits abgebaut war, bevor die Genehmigung erteilt wurde. Sanierungszielwerte wurden erreicht, bevor die genehmigenden Behörden den Startschuß zum Beginn der Sanierungsmaßnahme geben konnten.

Die meisten dieser frühen Verfahren folgten dem in der Abb. 6 dargestellten Prinzip des Beet- oder Mietenverfahrens. Verunreinigter Boden wird dabei zu einem Beet von maximal 2 m Höhe aufgeschichtet. Der beimpfte oder mit natürlich angesiedelten Mikroorganismen angereicherte Boden wird mit Luft durchgesaugt oder durchpustet. Austretende Abluft und Sickerwasser werden nachgereinigt und manchmal im Kreis geführt. Eine detaillierte Darstellung dieser Verfahren findet sich in Kap. 5.2.

Bis heute gibt es noch keine bundeseinheitliche Gesetzgebung zum Thema Bodenverunreinigungen und Altlasten. In den Ländern existieren unterschiedliche Gesetze und Vorschriften. Grenz- oder Zielwerte werden im Einzelfall festgelegt oder aus einer der vielen existierenden, unterschiedlichen Grenzwertlisten entnommen. Ein Bundesbodenschutzgesetz findet sich in immer neuen Entwürfen in der Fachpresse. Das Gesetz ist 1996 immer noch in Vorbereitung, jedoch im Frühjahr 1996 noch nicht verabschiedet worden. Weitere Unsicherheiten dürften in nächster Zukunft für die Bodensanierung aus dem Kreislaufwirtschafts- und Abfallgesetz und den darin neu geregelten, geänderten Abfallbegriff resultieren.

Nicht nur für die biologische Sanierung stellen sich daher heute aufgrund fehlender Rahmenbedingungen zunehmend Probleme ein. Boden als Umweltschutzgut hat nicht annähernd den Stellenwert in der heutigen Umweltpolitik wie Wasser oder Luft.

Angespornt von den Anfang der 90er Jahre noch ungetrübten Erfolgsaussichten, etablierten sich schnell zahlreiche Anbieterfirmen. Das Technologieregister zur Sanierung von Altlasten TERESA zählte 1990 bereits 29 Sanierungsfachfirmen auf, die sich mit biologischen Verfahren beschäftigten. Auch weniger seriöse Anbieter witterten damals schnelle Geschäfte. Ihre biologischen Sanierungsmaßnahmen bestanden z.B. in der Förderung der Ausgasung von flüchtigen Schadstoffen. Bei anderen Projekten wurden die Schadstoffe ausgewaschen und anschließend die Waschflüssigkeit illegal in die Kanalisation entsorgt. Verstopfungen des Kanalsystems infolge mitgeschwemmter Erde führten z.B. zur Aufdeckung der praktizierten Vorgehensweise.

Vergleichsversuche unterschiedlicher biologischer Verfahren brachten ebenfalls Ernüchterung und teilweise empfindliche Rückschläge.

In Solingen-Ohligs versuchten im Parallelversuch neben Sanierungsfachfirmen auch die Altlasteneigentümer zusammen mit den Behörden biologische Sanierungsverfahren umzusetzen. Mehrere ähnlich aufgebaute Verfahren wurden am gleichen Ort betrieben und mit einem umfangreichen Analyseprogramm überwacht.

Bei den für die Sanierung des Bodens vorrangig relevanten polyzyklischen aromatischen Kohlenwasserstoffen (PAK), die in einem Konzentrationsbereich von 65-105 mg/kg Boden vorlagen, konnte auch nach wiederholter Verlängerung des Versuchszeitraumes kein befriedigender Abbaufortschritt festgestellt werden. Ein Kontrollversuch ohne jeden Eingriff und ohne Steuerung der biologischen Aktivität erbrachte ähnlich geringe Abbauraten. Das Sanierungsziel von 10 mg/kg PAK und 1mg/kg Benz(a)pyren wurde nicht erreicht.

Schlußfolgernd wurden mikrobiologische Bodensanierungsverfahren häufig pauschal als wenig wirksam diffamiert, ohne die eigentlichen Gründe des Fehlschlags zu hinterfragen. Heute wissen Fachleute, einige behaupten sie hätten es auch damals gewußt und sich daher nicht beteiligt, daß die in diesem Fall vorliegende dichte, luft- und wasserundurchlässige Bodenstruktur für biologische Verfahren denkbar ungeeignet ist. Darüber hinaus lagen die PAK wahrscheinlich in einer fest an die feinkörnigen Bodenpartikel gebundenen Form vor. Zudem setzt sich immer mehr die Erkenntnis durch, daß PAK aufgrund ihrer stabilen chemischen Struktur und ihrer Bindung an Bodenpartikel ohnehin von Mikroorganismen nur schwer oder gar nicht abbaubar sind.

Übersehen wurde in den Anfängen der mikrobiologischen Bodensanierung und zum Teil bis heute zumindest für das Gebiet der Bundesrepublik Deutschland, daß die Bodenstruktur mit häufig hohen Anteilen fein- und feinstkörniger Böden, wie Ton und Lehm, vielfach den Einsatz biologischer Sanierungsverfahren erschwert oder gar unmöglich macht. Mikroorganismen können unter derartigen Umständen nicht oder nur mit größtem Aufwand versorgt werden. Schadstoffe sind nicht bioverfügbar. Der Boden kann nicht mit wäßrigen Medien durchströmt werden. Das wichtige Transportmedium Wasser fällt zur Versorgung der Mikroorganismen mit Nährstoffen aus.

In sandigen und anderen durchlässigen Böden erzielten viele Unternehmen weltweit dagegen mittlerweile beachtliche Erfolge mit zum Teil sehr geringem technischen Aufwand.

Ein weiterer Vergleichsversuch startete im Jahr 1987 auf einem Raffineriegelände in Hannover und war aufgrund der geeigneten Bodenstruktur und der für eine biologische Sanierung besser zugänglichen Schadstoffe erfolgreicher als der beschriebene Versuch in Solingen. Da zu diesem Zeitpunkt noch wenig Referenzen der Sanierungsfachfirmen vorlagen, hielten es die Eigentümer der Bodenverunreinigungen vor der großtechnischen Sanierung zunächst für ratsam, einen Vergleichsversuch durchzuführen.

Eine umfangreiche Beprobung und Gefährdungsabschätzung des Areals wurde im Jahr 1986 begonnen. Der Boden des Raffineriegeländes enthält zahlreiche Schadstoffe. Die Raffinerie wurde von 1933 - 1986 betrieben und verarbeitete das im niedersächsischen Raum geförderte Rohöl. Die zunächst betriebene Treibstoffproduktion erweiterte man 1936 um eine Schmierölerzeugung. Im 2. Weltkrieg reichte die Produktionspalette dann von Flüssiggas bis zu Petrolkoks und Asphalt. Die Raffinerie wurde in den letzten Kriegsjahren zerstört, aus den Tanks und Produktionsstätten ausgelaufene Produkte wurden nur dann aufgefangen, wenn eine Wiederverwertung möglich war.

Als Kontaminanten für den Versuch konnten Produkte aus der Gruppe der Mitteldestillate (Dieselöl, Heizöl) zugeordnet werden. Der Boden bestand im ersten Versuch aus 65% Grob-, Mittel- und Feinsanden, zu etwa 25% aus tonig-schluffigem Material und zu etwa 10% aus Bauschutt- und Mutterboden. Gegen einen Vergleichsversuch sprach zunächst die ungleichmäßige Verteilung der Schadstoffe im Boden. Vier der damals bekanntesten Fachfirmen für biologische Bodensanierung legten Beet- oder Mietenverfahren zur biologischen Sanierung an. Die Raffinerie beteiligte sich mit einem eigenen Verfahren. Bei allen Versuchsbeeten wurden die natürlicherweise im Boden vorkommenden Mikroorganismen verwendet, zum Teil nach vorheriger Vermehrung von Bakterienkulturen im Labor. Bei allen Versuchsansätzen außer dem Ansatz der Raffinerie wurden Nährstoffe zugegeben. Der Boden konnte bei Bedarf befeuchtet werden. Die chemischen Analysen zur Überwachung des Vergleichsversuchs fertigte ein unabhängiges Labor an. Das vorgegebene Sanierungsziel war eine Mineralölkonzentration von 1000 mg/kg Trockensubstanz des Bodens.

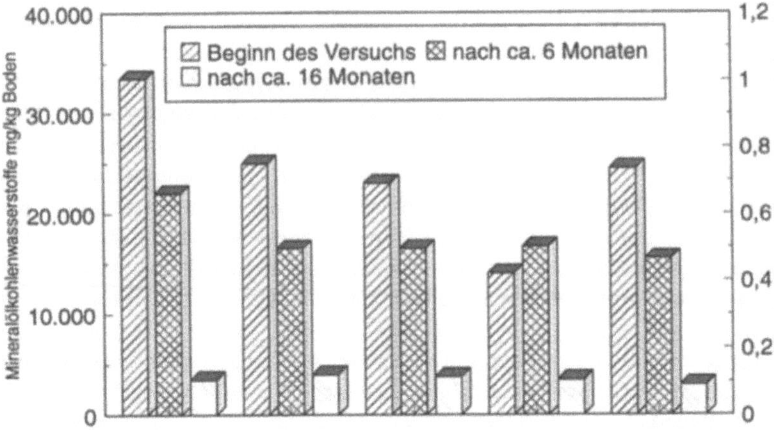

Abb. 7. Ergebnisse eines Vergleichsversuchs von 5 unterschiedlichen Verfahren zur biologischen Bodensanierung; dargestellt sind die Konzentrationen der Mineralölkohlenwasserstoffe zu Beginn des Versuchs, nach einer Sanierungszeit von 6 Monaten und nach einer Sanierungszeit von 16 Monaten, die bei allen eingesetzten Verfahren trotz andersartiger biologischer Verfahren keine wesentlichen Unterschiede zeigten.

Die Mittelwerte der Ausgangskonzentration in den Beeten lagen bei 16.000 - 32.000 mg/kg. Nach zwei Vegetationsperioden betrug die Reduzierung in den Beeten bereits zwischen 74% und 91% der Mineralölkohlenwasserstoffe. Die Restkonzentration lag im Mittel bei ca. 3.000 mg/l und führte zu einer Verlängerung des Versuchs. Detaillierte Endergebnisse wurden nicht mehr veröffentlicht. Die Ergebnisse verdeutlicht Abb. 8. Die in der Graphik zu beobachtende zwischenzeitliche Zunahme der Mineralölkonzentration in einem Testfeld wird typischerweise bei der Durchführung biologischer Verfahren beobachtet. Man erklärt dieses Phänomen mit der Wirkung biologischer Tenside. Sie werden durch die abbauenden Mikroorganismen freigesetzt und überführen die im Boden vorhandenen Mineralöle in eine Form, die bei der eingesetzten chemischen Analytik zu höheren Meßwerten führt.

Wie aus diesem Beispiel deutlich wird, ist die exakte Probenahme und eine einheitliche chemische Analytik bei der Beurteilung von Schadstoffen im Boden und bei der Bodensanierung von großer Bedeutung. Gerade auch bei den oben erwähnten PAK beruhen Probleme bei der Interpretation von Bodenbelastungen sowie von Sanierungserfolgen oder -mißerfolgen nicht selten auf unzulänglicher Probenahme und Analytik.

Im Vergleichsversuch von Hannover wurden die Schadstoffe nur während der warmen Jahreszeiten abgebaut, im Winter nicht. Die geschätzten Kosten für die biologische Sanierung betrugen damals 150−300 DM pro m³ Boden. Der von der Raffinerie durchgeführte Versuch führte in etwa zum gleichen Ergebnis wie die Verfahren der professionellen Anbieter.

Das Gelände hat in der Folge ein typisches Schicksal erfahren. Aufgrund ungeklärter Finanzierung und zusätzlicher Probleme durch die militärischen Einwirkungen des 2. Weltkriegs konnte mit der großtechnischen Sanierung bis heute nicht begonnen werden. Die Verantwortlichkeiten und Zuständigkeiten für die zahlreichen vermuteten Blindgänger werden zur Zeit geklärt. Eine biologische Reinigung des Bodens wird jedoch auch heute noch erwogen.

Seit etwa 1990 werden zunehmend größere Mengen verunreinigten Bodens, meistens mit Kohlenwasserstoffen aus Benzin, Diesel, Heizöl, Altöl und Schmierstoffen belastet, biologisch gereinigt. Über die unterschiedlichen Verfahren und Einsatzmöglichkeiten biologischer Bodensanierungsverfahren wird in Kap. 6.2 ausführlicher berichtet.

Heute arbeiten allein in der Bundesrepublik Deutschland über 150 Firmen aller Größenordnungen auf dem Gebiet der biologischen Bodensanierung. Aufgrund fehlender Rahmenbedingungen sieht ihre Zukunft allerdings zur Zeit nicht rosig aus.

Die Zukunft der biologischen Bodensanierung liegt heute aufgrund der derzeitigen Rahmenbedingungen wohl eher im Ausland. In vielen europäischen Ländern, aber auch in Asien, stößt die biologische Bodensanierung heute auf zunehmendes Interesse. In der Bundesrepublik Deutschland ist ihre Zukunft noch ungewiß. Erläuterungen hierzu folgen in den Kapiteln 7. und 9.

Trotz aller bestehenden Schwierigkeiten - oder vielleicht gerade deshalb - wurde die biologische Bodensanierung in den letzten Jahren zum Sinnbild und zur Perspektive für die Umweltbiotechnologie schlechthin.

Ehe versucht wird, andere aktuelle Entwicklungen und Verfahren, aber auch Forschung, Entwicklung und Perspektiven mit dem nötigen Hintergrund entsprechend zu würdigen, seien im nächsten Kapitel zunächst einige Grundlagen von Mikrobiologie und Umweltbiotechnologie beschrieben.

3 Grundlagen

3.1 Einführung

Neben den Mikroorganismen selbst gehören ihre Beziehungen untereinander und ihre biochemischen Fähigkeiten zu den Fundamenten der Umweltbiotechnologie. Ebenso bedeutsam sind die verfahrenstechnischen Grundlagen, die hier nur am Rande behandelt werden, da es hierzu zahlreiche andere qualifizierte Veröffentlichungen gibt (beispielsweise Kunz 1992).

Im folgenden sollen daher insbesondere zur Verdeutlichung der Komplexität der mikrobiologischen Grundlagen einige ausgewählte Themen angerissen werden. Wer sich ausführlicher darüber informieren will, dem sei zunächst das hervorragende Standardwerk *Allgemeine Mikrobiologie* (Schlegel 1992) empfohlen.

Die wichtigste Komponente aller umweltbiotechnologischen Verfahren sind natürlich vorkommende Mikroorganismen, meist Bakterien und Pilze, die Schadstoffe zer- oder umsetzen. Vom Standpunkt des Technikers betrachtet, arbeiten die Mikroorganismen ähnlich wie Katalysatoren. Eingesetzt werden sie entweder direkt im Boden oder in Bioreaktoren, und zwar in Wasser, Abluft oder anderen relevanten Umweltmedien. Ziel vieler Verfahren ist die Entfernung von Schadstoffen.

Anstelle von Mikroorganismen nutzen einige wenige Verfahren der Umweltbiotechnologie auch höhere Organismen, z.B. makrophytische Wasserpflanzen (s. auch Kap. 5.2.2).

Die Mikroorganismen sind der bisher größte Unsicherheitsfaktor bei allen Verfahren. Wie bereits angedeutet, ist noch sehr wenig über ihre Ökologie bekannt. Vorhanden sind und genutzt werden dagegen oft Kenntnisse über die physiologischen Eigenschaften bestimmter einzelner oder auch Gruppen von Mikroorganismen. Die Summe der Aktivitäten und Eigenschaften aller an den Verfahren beteiligten Mischpopulationen von Mikroorganismen wird dabei wie die eines einzigen großen Organismus gehandhabt.

Es macht beim heutigen Stand des Wissens in der angewandten Umweltbiotechnologie also erst in Einzelfällen Sinn, sich einzelnen Mikroorganismen zu widmen. Vielmehr sollen im folgenden physiologische Gruppen und deren Potentiale betrachtet werden, um ein grundlegendes Verständnis für die Vielfalt der eingesetzten und denkbaren Umsetzungsmöglichkeiten zu wecken. Von der Bedeutung einzelner Mikroorganismen im Vergleich zu komplexen mikrobiellen Ökosystemen handelt Kap. 3.3.

Ein Beispiel für eine ökologisch und umweltbiotechnologisch wichtige Gruppe von Mikroorganismen liefert die kleine Gruppe der Nitrifikanten, die nach heutigem Wissensstand eine monopolähnliche Stellung im Naturkreislauf innehaben. Ihre Rolle in Natur und Umweltbiotechnologie wird im nächsten Kapitel eingehend erläutert und taucht anschließend immer wieder beispielhaft auf.

Mikroorganismen haben eine herausragende ökologische Bedeutung und im Naturhaushalt vielfältige Aufgaben. Während leicht verwertbare organische

Bestandteile wie Zucker, Fett und Eiweiß den überwiegenden Bestandteil der Nahrung von höheren Organismen bilden, können Mikroorganismen aufgrund ihrer höheren biochemischen und genetischen Flexibilität auch komplexe und damit schwer abbaubare organische Stoffe mit stabiler chemischer Zusammensetzung als Energiequelle und zum Aufbau ihrer Körpersubstanz nutzen. Mikroorganismen besetzen diese wichtige ökologische Nische als Zersetzter in Naturkreisläufen. Nahezu jede organische Substanz hat dort ihre "Abnehmer" gefunden.

Ein Beispiel zeigt der Wiederkäuermagen. Darin spalten Mikroorganismen die im pflanzlichen Futter enthaltene Zellulose enzymatisch. Primär dient die Zellulose als Nahrungsquelle für Mikroorganismen. Erst die Bruchstücke, Zwischen- und Endprodukte dieses mikrobiellen Abbaus können von den Wiederkäuern genutzt werden.

Die Rolle der Mikroorganismen muß in den Naturkreisläufen insgesamt als überaus wichtig eingestuft werden. Sie sind durch ihre universellen Um- und Abbaufähigkeiten im Naturstoffkreislauf nutzbringend und absolut unverzichtbar. Ohne sie wäre auf der Erde kein Leben möglich. Erst die Fähigkeit der Mikroorganismen Stoffe ab- und umzubauen schließt Natur- und Stoffkreisläufe.

Ein Exkurs besonderer Art sei an dieser Stelle empfohlen: Einen besonders aktuellen Einblick in diese komplexe Welt der Mikroorganismen bietet das Kommunikations-Technologie-Labor der Michigan State Universität in den USA über das weltweite Internetkommunikationsnetz. In didaktisch interessanter Weise werden viele wichtige Gruppen von natürlichen Mikroorganismen dargestellt. Bei einer ansprechend bebilderten Tour durch die Welt der Mikroorganismen können unterschiedliche Lebensräume besucht und die darin lebenden Mikroorganismen und ihre Umgebungsansprüche studiert werden. Ein Besuch im "Zoo der Mikroorganismen" bringt auch Informationen über viele der in diesem Buch beschriebenen Organismen. Zusätzlich gibt es neben dem "Mikroorganismus der Woche" ausführliche, aber leicht verständliche Erklärungen und auch aktuelle Informationen über neueste Pressemeldungen über Mikroorganismen.

Die Internetadresse, die leider wahrscheinlich längere Zeit von der weiteren Lektüre dieses Buches ablenken wird, lautet:

http://commtech.lab.msu.edu/CTLprojects/dlc-me

The Digital Learning Center for Microbial Ecology,
Commtech Lab at the Michigan State University

Erreichbar ist diese Internetadresse auch über die folgende Homepage der American Society for Microbiology:

http://www.asmusa.org

Mikroorganismen haben im Verlauf der Evolution der Erde überhaupt erst die Bedingungen für die Entstehung des höheren Lebens ermöglicht. Sie sind entwicklungsgeschichtlich nicht nur in die vielfältigen Umsetzungen organischer Stoffe involviert, sondern haben auch an vielen anorganischen Umsetzungen teilgehabt und an den anorganischen Festlegungen vieler Stoffe maßgeblich mitgewirkt. Beispiele der beteiligten physiologischen Vorgänge finden sich im Schwefel- und Stickstoffkreislauf.

Das interessante Fachgebiet der Geomikrobiologie behandelt und unterstreicht die Bedeutung der Mikroorganismen für alle Lebensvorgänge auf der Erde und läßt die vielen, noch unbekannten Möglichkeiten der Umweltbiotechnologie erahnen.

Angeregt durch diese Vorstellungen wird in der umweltbiotechnologischen Forschung immer wieder versucht, durch chemische Synthese hergestellte Stoffe umzusetzen. Auch diese werden meist von Mikroorganismen angegriffen, da sie oft in ihrer Struktur natürlichen Verbindungen ähnlich oder verwandt sind.

Im mikrobiologischen Labor sind bisher noch für jede chemische Substanz - also auch für alle Xenobiotika - abbauende Mikroorganismen gefunden worden. Selbst für so beständige Schadstoffe wie Dioxine, Furane und polychlorierte Biphenyle (PCB) wurden mikrobiologische Abbauprozesse nachgewiesen. Das Wachstum der hierzu geeigneten Bakterien ist jedoch sehr langsam und der aus der Umsetzung resultierende Nutzen und Energiegewinn daher gering. Zudem sind in der Natur die Konzentrationen dieser, vom Menschen freigesetzten und schwer abbaubaren Chemikalien meist sehr niedrig. Eine Spezialisierung der Mikroorganismen auf diese Stoffe lohnt sich daher aus energetischen Gründen nicht. Der Energieaufwand zur Aktivierung der metabolischen[3] Wege und der eventuell notwendigen extrazellulären Enzyme[4] steht wahrscheinlich in einem Mißverhältnis zu dem erzielbaren Energiegewinn. Andere Strategien des mikrobiellen Abbaus, die im folgenden noch angesprochen werden, könnten unter ganz speziellen Umständen für den biologischen Abbau sorgen.

Viele Xenobiotika haben sich auch aufgrund fehlender biologischer Zersetzungsmechanismen in natürlichen Lebensräumen angereichert, z. T. in beträchtlichen Konzentrationen wie beim DDT. Aber auch unvollständige biochemische Abbauwege oder ein Mangel an Nährstoffen, Wuchsstoffen oder kometabolischen Substraten kann die Ursache für mangelhaften biologischen Abbau von Xenobiotika in den Umweltmedien sein (Babel 1995).

Zum Abbau von Dioxinen in Böden existieren andererseits neuere Untersuchungen, bei denen auch unter wirklichkeitsnahen Bedingungen im Labor ein deutlicher Abbau beobachtet werden konnte (Fieseler 1995). Ob diese Ergebnisse (vgl. Tabelle 1) auf andere Böden, Reststoffe oder Projekte übertragbar sind, bleibt abzuwarten.

---

[3] Metabolismus = Stoffwechsel, die Umsetzung der Stoffe in der Zelle.

[4] Eiweißmoleküle mit biokatalytischer Funktion.

Tabelle 1. Laboruntersuchung mit Böden aus der Region Bitterfeld zur biologischen Zerlegung von Dioxinen und Furanen. (Nach Fieseler 1995)

Dioxine und Furane:	vor der biologischen Behandlung [ng/kg]	nach der biologischen Behandlung [ng/kg]	Prozentsatz der Entfernung
Gesamt-TCDD	48.900	9.100	81
Gesamt-PCDD	19.600	9.400	52
2,3,7,8-TCDD	1.020	340,00	67
Gesamt-TCDF	17.200	17.200	0
2,3,7,8-TCDF	2.400	4100,00	a
Toxizitäts-äquivalente	5921	2823	52%

[a] Die Zunahme wird von den Autoren mit der Entstehung dieses Stoffes als Zwischenprodukt des biologischen Abbaus begründet.

Mikroorganismen greifen nach den heutigen Vorstellungen bei gleichzeitigem Vorliegen unterschiedlicher Substrate lieber auf die leichter abbaubaren Stoffe zurück, was aus energetischen Gründen nachvollziehbar ist. Eine Nutzung des biologischen Abbaus von Dioxinen im technischen Maßstab ist daher in der Praxis noch nicht realisiert worden, noch nicht absehbar und vielleicht auch gar nicht notwendig, da die Toxizität und Kanzerogenität der Dioxine unter Experten nach wie vor umstritten ist.

Für die meisten in der Praxis laufenden umweltbiotechnologischen Verfahren werden heute überwiegend fast überall in der Natur vorkommende (ubiquitäre) Mikroorganismen eingesetzt. Nur in wenigen Fällen handelt es sich um reine Kulturen einer einzigen Art, in den meisten Fällen werden dagegen Mischkulturen genutzt, deren vollständige Zusammensetzung wiederum meist unbekannt ist.

Das Knowhow der Umweltbiotechnologen besteht bei der Reinigung der unterschiedlichen Umweltmedien oft zunächst in der gezielten Suche nach spezielle Stoffe abbauenden Mikroorganismenkulturen sowie deren Isolierung und Anreicherung. Nach der Charakterisierung ihrer Eigenschaften werden ihre Lebensbedingungen anschließend im Labor überprüft, dokumentiert und mit den Bedingungen im natürlichen Lebensraum verglichen. Nach Kenntnis der physiologischen Bedingungen kann eine an die Bedürfnisse der Mikroorganismen angepaßte Verfahrenstechnik entwickelt und aufgebaut werden, die zielgerichtet in umwelttechnischen Verfahren eingesetzt wird.

3.2 Beteiligte Mikroorganismen

Da bis hierher, wie auch in den folgenden Kapiteln, immer verallgemeinernd von Mikroorganismen gesprochen wird, aber häufig doch Bakterien gemeint sind, sei kurz auf die Frage eingegangen, was im allgemeinen unter dem Begriff Mikroorganismen verstanden wird.

Das Fachgebiet der Mikrobiologie behandelt alle sehr kleinen - meist erst mit Hilfe des Mikroskops sichtbaren - Organismen. "Mikroorganismus" ist keine systematische Bezeichnung, sondern eher eine solche des alltäglichen Sprachgebrauchs.

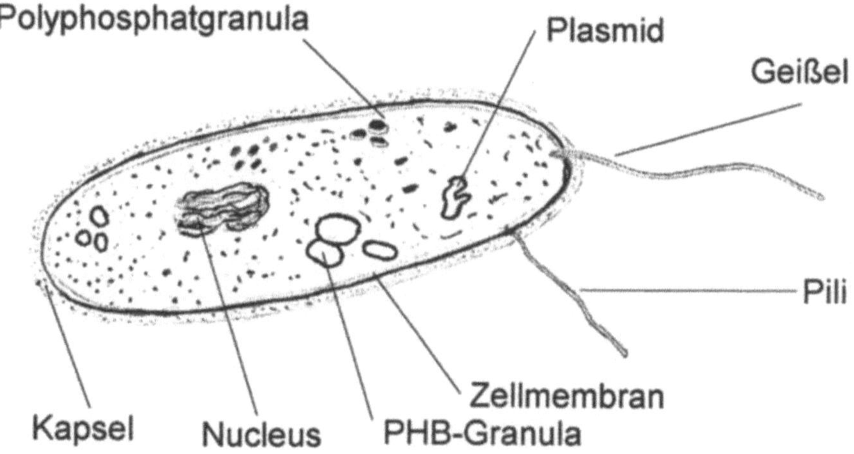

Abb. 8. Schematischer Aufbau einer prokaryotischen Zelle (PHB=Polyhydroxybuttersäure)

Die geringe Größe verdeutlicht die außergewöhnliche Flexibilität und Anpassungsfähigkeit vieler Mikroorganismen, eine ihrer hervorstechendsten Merkmale. Bei dieser Gelegenheit sei auch kurz das mit der geringen Größe einhergehende hohe Oberflächen-Volumen-Verhältnis der Mikroorganismen erwähnt, welches der Grund für den hohen Stoffumsatz mancher Mikroorganismen ist.

Bewußt spreche ich im folgenden bei umweltbiotechnologischen Verfahren, die mit natürlichen Mischkulturen laufen, und bei natürlichen Prozessen lieber von "Mikroorganismen", als von Bakterien. Vermutet werden kann zwar, daß die Bakterien aufgrund ihrer stoffwechselphysiologischen Vielfältigkeit jeweils für den Großteil der Umsetzungen verantwortlich sind. Aber die ökologischen Zusammenhänge und Wechselwirkungen innerhalb der Mischkulturen sind unklar, und andere Organismen können möglicherweise auch einen wichtigen unbekannten Beitrag leisten.

Wenn hingegen im folgenden bei Verfahren oder bei der Beschreibung natürlicher Umsetzungen die beteiligten Mikroorganismen ausdrücklich als Bakterien bezeichnet werden, handelt es sich auch um solche.

Nicht nur die Mikroorganismen, sondern alle lebenden Organismen können in *Prokaryonten* und *Eukaryonten* unterschieden werden.

Die *Prokaryonten* als entwicklungsgeschichtlich ältere Gruppe existieren relativ unverändert seit den Anfängen der biologischen Evolution bis heute. Vermutlich liegen ihre Anfänge in der Zeit des frühen Archaikums, vor etwa 3,3−3,9 Mrd. Jahren. Das Alter unseres Planeten Erde schätzt man auf 4,5−4,6 Mrd. Jahre. Auch die Entstehung der sauerstoffhaltigen Erdatmosphäre begann durch die Aktivität der Prokaryonten. Die Uratmosphäre bestand zu hohen Anteilen aus Kohlendioxid und Wasserstoff. Sauerstoff war darin nicht enthalten und entstand erst durch photosynthetische Prozesse.

Bis heute besetzen die Prokaryonten alle Schaltzentralen wichtiger Stoffkreisläufe. Theoretisch betrachtet, könnten sie es sogar ohne die Eukaryonten schaffen, die Stoffkreisläufe der Erde alleine aufrechtzuerhalten.

Prokaryonten bestehen durchweg aus nur einer Zelle. Ihren einfachen Aufbau verdeutlicht Abb. 8. Sie unterscheiden sich von ihrem äußeren Erscheinungsbild her nur wenig; die meisten haben eine kugelförmige oder zylindrische, manchmal gekrümmte Gestalt. Neben Einzelzellen findet man im Mikroskop auch Zellaggregate.

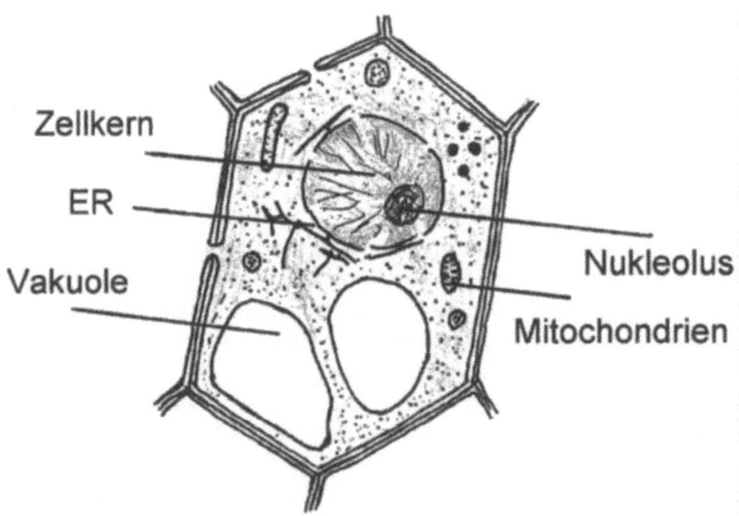

Abb. 9. Schematischer Aufbau einer eukaryontischen Pflanzenzelle (ER = endoplasmatisches Retikulum)

Bei einer durchschnittlichen Größe von nur wenigen μm^5 unterscheiden sie sich mikroskopisch von den Eukaryonten beispielsweise durch das Fehlen einer Membran um den Zellkern. Auf molekularer Ebene findet man zahlreiche zusätzliche Unterscheidungsmerkmale, z.B. die andersartig gebauten intrazellulären Orte der Eiweißsynthese, die Ribosomen.

Bei den *Eukaryonten*, deren erste Vertreter entwicklungsgeschichtlich erst im mittleren Proterozoikum vor etwa 0,9–1,6 Mrd. Jahren auftauchten, reicht das Spektrum von einfachen Einzellern bis zu komplexen Vielzellern, z.B. uns Menschen.

Das äußere Erscheinungsbild wird insbesondere durch die zu komplexen und spezialisierten Zellverbänden zusammengeschlossenen Aggregate geprägt sind, die auf bestimmte Aufgaben spezialisiert sein können. Aber auch eine Vielzahl von eukaryontischen Einzellern und kleinen Mehrzellern gehören der umfangreichen Gruppe an. Den prinzipiellen Aufbau einer eukaryontischen Zelle verdeutlicht die Abb. 9. Die Eukaryonten verfügen über einen echten von einer Membran umschlossenen Zellkern und unterscheiden sich auch hinsichtlich des Austausches genetischer Informationen grundlegend von den Prokaryonten.

Ernährungsphysiologisch haben sie im Vergleich zu den Prokaryonten nicht viele Besonderheiten aufzuweisen. Die überwiegende Anzahl, die höheren Pflanzen, leben von der Photosynthese. Die Tiere dagegen ernähren sich fast vollständig durch die Oxidation organischer Stoffe in Verbindung mit der Atmung von Luftsauerstoff.

Die überwiegend photoautotrophe und C-heterotrophe Ernährung (Erläuterung s. Kap. 4. 3) der Eukaryonten wird nur durch wenige Ausnahmen unterbrochen.

Innerhalb der gesamten Gruppe der Mikroorganismen unterscheidet man:

1. *Viren:* sehr einfache Form des Lebens mit nicht selbst zur Fortpflanzung befähigter Erbinformation, die von einer Hülle aus Eiweiß umschlossen ist; keine gezielte Verwendung in der Umweltbiotechnologie, da kein eigener Stoffwechsel vorhanden ist, wohl aber in der Gentechnik zum Transport von Erbinformationen in andere Zellen.

2. *Bakterien:* typische Prokaryonten von wenigen μm Größe mit zwei entwicklungsgeschichtliche Untergruppen:

a) *Archaebakterien:* entwicklungsgeschichtlich sehr alte Gruppe mit oft "archaischer " Lebensweise in extremen Lebensräumen, z.B. in heißen Quellen am Meeresgrund bei Temperaturen über 100° C lebend; auch die mehan produzierenden Bakterien gehören dieser Gruppe an.

---

[5]   1 μm (Mikrometer) = 10^{-3} mm.

b) *Eubakterien:* alle anderen Bakterien, je nach äußerem Erscheinungsbild, Gram[6]- Färbbarkeit und Verhältnis zum Sauerstoff unterscheidet man:
- kugelförmige Bakterien (Kokken)
    - gramnegative
    - grampositive
- stäbchenförmige Bakterien
    - gramnegative
    - grampositive
- gekrümmte stäbchenförmige Bakterien
- Sonderformen

3. *Pilze:* C-heterotrophe Eukaryonten ohne Photosynthese; die Zellen ähneln im Aufbau denen der höheren Pflanzen; unterteilt in Schleimpilze, niedere und höhere Pilze.

4. *Algen:* photosynthetisch aktive, bewegliche oder unbewegliche Pro- und Eukaryonten.

a) *Cyanobakterien:* sauerstoffproduzierende, phototrophe Bakterien (Prokaryonten).

b) *höhere Algen:* sauerstoffproduzierende, phototrophe Eukaryonten, z.B. begeißelte Algen, Kieselalgen, Jochalgen, Grünalgen, Armleuchteralgen.

5. *Protozoen:* eukaryotische Einzeller, die dem Tierreich zuzuordnen sind; größere Zellen als die Prokaryonten, von einfachen fließenden Strukturen (Amöben) bis zu komplexen differenzierten Zellen; Ernährung C-heterotroph mit aerober Atmung; wichtige Funktionen in der biologischen Abwasserreinigung bei Tropfkörpern und beim Belebtschlammverfahren.

a) *Rhizopoden* (Wurzelfüßler): überwiegend einfache Struktur; fließende Fortbewegung (Amöben) oder mit Skelett aus organischem Material

---

[6] Ein von Gram 1884 eingeführtes Verfahren zur Anfärbung der Zellwand von Bakterien; die daraus resultierenden Hauptgruppen sind die grampositiven (anfärbbar) und gramnegativen (nicht anfärbbar) Bakterien. Nach der Klassifizierung aufgrund des äußeren Erscheinungsbildes gehören die Archaebakterien ebenfalls zur Gruppe der gramnegativen Bakterien.

oder Kieselsäure.

b) *Flagellaten* (Geißeltierchen): feste Körperform; Fortbewegung mit Geißeln; einige mit Fähigkeit zur Photosynthess.

c) *Ciliaten* (Wimpertierchen): variabel in Form und Lebensweise; beweglich über zahlreiche Wimpern; bekannter Vertreter ist das Pantoffeltierchen *Paramecium*.

a) *Sauginfusorien:* festsitzende, räuberische Einzeller.

Um eine Vorstellung vom heutigen Kenntnisstand des gesamten Reichs der Mikroorganismen zu geben, wurde die Tabelle 2 aufgenommen. Sie zeigt Schätzungen der Gesamtzahl der Arten unterschiedlicher Organismen und Schätzungen der Anzahl der bereits bekannten Arten. Für die Einschätzung des noch unentdeckten Potentials der Umweltbiotechnologie besonders interessant stellt sich die Situation bei den Bakterien dar. Es wird vermutet, daß bis heute gerade mal 1 % aller lebenden Bakterienarten bekannt sind.

Tabelle 2. Anzahl der gesamten und der bekannten Organismenarten.(Nach Myers 1994)

	Schätzung der Gesamtzahl der Arten	Schätzung der Anzahl der bekannten Arten	% der Schätzung
Algen	200.000	40.000	20
Bakterien	400.000	5.000	1,2
Viren	500.000	5.000	1
Pilze	1.000.000	70.000	7
Wirbeltiere	50.000	45.000	90
Höhere Pflanzen	270.000	260.000	96

Bei der Betrachtung der an umweltbiotechnologischen Verfahren beteiligten Mikroorganismen fallen einige Organismengruppen auf, die bisher häufiger verwendet werden als andere. Ohne Rücksicht auf die Systematik der Welt der Mikroorganismen werden daher im folgenden einige interessante Gattungen bzw. Gruppen vorgestellt, die für bekannte oder in diesem Buch beschriebene Verfahren eine Rolle spielen können oder aus anderer umweltbiotechnologischer Perspektive interessant sind.

Um von vornherein auch etwas mehr Klarheit in eine andere typische Fragestellung zu bringen: Die Zahl der krankheitsauslösenden Bakterienarten in der Natur - deren Bekanntheitsgrad aufgrund ihrer Bedeutung in der Medizin allgemein größer ist - ist vergleichsweise gering. Solche pathogen genannten Bakterien kommen meistens aufgrund anderer Umgebungsansprüche, z.B. den einer konstanten Temperatur von ca. 37° C, nicht oder nur untergeordnet in umweltbiotechnologischen Prozessen vor. Pathogene Mikroorganismen treten jedoch in kommunalen biologischen Abwasserreinigungsanlagen auf, da sie mit dem Abwasser eingeschwemmt werden. Sie müssen im Verlauf der Abwasserreinigung vermindert oder vollständig entfernt werden. Diesen Vorgang nennt man Hygienisierung.

Häufig begegnet man in der Umweltbiotechnologie z.B. der Gruppe der *Pseudomonaden,* insbesondere bei der wissenschaftlichen Suche nach Mikroorganismen mit neuen Abbaufähigkeiten für Schadstoffe.

◆ *Pseudomonaden:* gramnegative, stäbchenförmige Bakterien; viele am Ende begeißelt, dadurch beweglich und lichtmikroskopisch erkennbar; mit vielseitigen Stoffwechselmöglichkeiten; typische Vertreter aerober Bakterien mit verbreiteter Fähigkeit zur Denitrifikation; keine Befähigung zur Gärung; häufig beim Abbau von aromatischen[7] Verbindungen beteiligt und aus der Natur überall zu isolieren; Erstbesiedler von neuen Lebensräumen (Abb. 10).

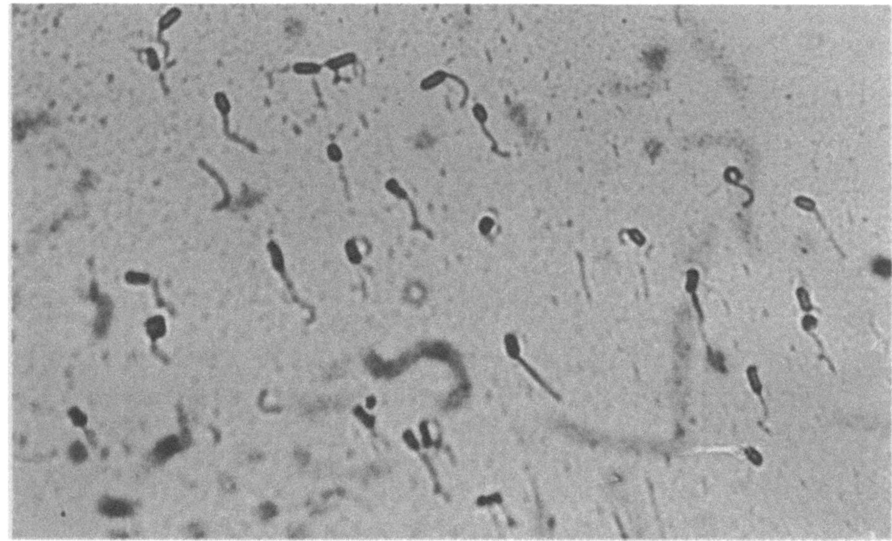

Abb. 10. Lichtmikroskopische Aufnahme eines Bakteriums der Gattung *Pseudomonas* mit deutlich sichtbaren Geißeln, die der Fortbewegung dienen

---

[7] Aromaten sind ringförmig geschlossene, daher besonders stabile Kohlenwasserstoffe; einfachster Vertreter ist das Benzol, in der Natur vor allem im Holz (Lignin) vorkommend.

Eine andere in vielen Verfahren technisch genutzte Gruppe von Bakterien ist die der *Methanobakterien* (Abb. 11). Aufgrund ihrer maßgeblichen Beteiligung an der Entstehung von Biogas haben diese in vielen Bereichen der Umweltbiotechnologie Verwendung gefunden. Einsatzbereiche werden in den Kapiteln 6.3.5 und 6.6.2 beschrieben.

◆ *Methanobakterien:* gram-negative, streng anaerobe Archaebakterien; von der äußeren Form her sehr vielgestaltig, einige zu charakteristischen Paketen zusammengeschlossen; wachsen nicht bei Anwesenheit von Luftsauerstoff; Bildung von Methan (Biogas) aus Endprodukten des Gärungsstoffwechsels (Wasserstoff, Essigsäure, Milchsäure, Alkohol); Carbonatatmung: Elektronen bzw. Wasserstoff werden auf CO_2 übertragen.

Milchsäurebakterien *(Lactobakterien)* findet man in der Milch und deren Erzeugungs- und Verarbeitungsstätten, auf lebenden oder sich zersetzenden Pflanzen oder auch in Darm und Schleimhäuten von Mensch und Tier (Schlegel 1992). In vielen umweltbiotechnologischen Verfahren sind sie beteiligt. Sie werden vermutlich zukünftig aufgrund ihrer Fähigkeit zur Produktion interessanter Gärungsprodukte in der Umweltbiotechnologie wachsende Bedeutung erlangen. Ein derartiger Einsatzbereich wird im Kap. 9.5 beschrieben.

◆ *Lactobakterien:* grampositive obligate Gärer; stäbchenförmig oder rund; meist unbeweglich; Energiegewinnnung durch Vergärung von Kohlenhydraten; Produktion von Milchsäure und/oder anderen Gärungsendprodukten; können unter dem Einfluß von Luftsauerstoff leben, gären aber trotzdem weiter (Ausnahme: *Bifidobakterium* lebt streng anaerob); nur in speziellen Lebensräumen anzutreffen, da zum Wachstum hoher Bedarf an Vitaminen und z.T. Aminosäuren; Temperaturoptima unterschiedlich zwischen 20° und 50° C; pH-Optimum im sauren Bereich; Lebensräume beispielsweise in der Milch und deren Vorstufen im Wiederkäuermagen, im Verdauungstrakt der Tiere (Verdauung der Milch); zur Herstellung z.B. von Milchprodukten und Sauergemüse eingesetzt.

Die Umsetzungen von Stickstoffverbindungen spielen bei der Erhaltung natürlicher Lebensräume eine zentrale Rolle. Insbesondere die nitrifizierenden Mikroorganismen haben dabei eine zentrale Aufgabe, die an vielen Stellen dieses Buches, z.B. in den Kap. 4.2, 5.8, 6.3, aus unterschiedlicher Perspektive beschrieben wird.

◆ *Nitrosomonas:* gramnegative Stäbchen, obligat chemolithotroph; Ammoniak (im Dissoziationsgleichgewicht Ammonium als einziges energielieferndes Substrat; aerobe Atmung; pH-Optimum zwischen 7,5 und 8; in vielen unterschiedlichen Lebensräumen, nicht selten festsitzend, z.B. in Biofilmen, Belebtschlammflocken.

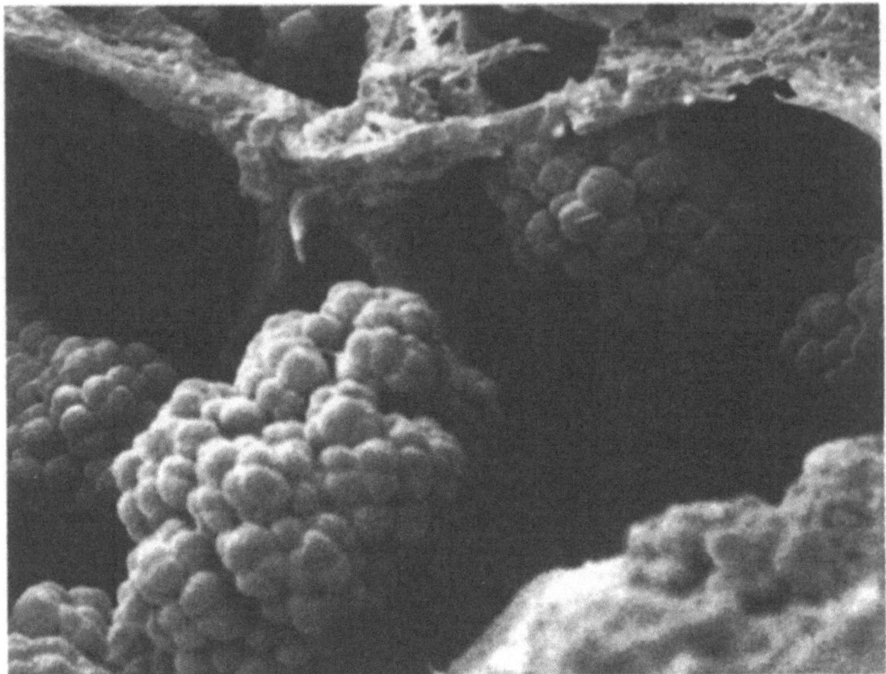

Abb. 11. Elektronenmikroskopische Aufnahme eines anaeroben Methanbakteriums

3.3 Reinkulturen und Mischkulturen

In den unterschiedlichen Forschungs- und Anwendungsbereichen der Umweltbiotechnologie werden Erkenntnisse bei der Arbeit mit Mikroorganismen erhalten, die auf sehr unterschiedlichem Niveau liegen. Während im Labormaßstab in einigen Bereichen bereits detaillierte Kenntnisse der biologischen Umsetzungen vorliegen, sind die mikrobiologischen Umsetzungen in den praktischen Verfahren weitgehend unbekannt.

Ein Grund hierfür liegt zu einem großen Teil in der Verwendung von Kulturen einzelner Mikroorganismenstämme bei Laborversuchen zum Schadstoffabbau. Die Art der Versuchsführung grenzt so die unbekannten Wechselwirkungen der Mikroorganismen untereinander gezielt aus und läßt damit wichtige Aspekte der mikrobiellen Ökologie außer acht. Das Gebiet der mikrobiellen Ökologie wurde bisher auch in der Grundlagenforschung nur wenig untersucht. Endgültige Erkenntnisse sind selten; bei jeder näheren Betrachtung von Einzelheiten entstehen immer neue Fragen.

In der praktischen Anwendung haben die Erkenntnisse mit Reinkulturen aus dem Labor aufgrund zu vermutender vielfältiger Wechselwirkungen der Mikroorganismen untereinander wenig Bedeutung.

Um Reinkulturen von Mikroorganismen zu erhalten, isoliert der Mikrobiologe mit Hilfe von verschiedenen mechanische Isolierungstechniken zunächst einzelne Mikroorganismen aus Proben natürlicher Lebensräume oder Anreicherungskulturen. Die anschließende Vermehrung dieser einzelnen Individuen erfolgt unter sterilen Bedingungen. Da sich die meisten Mikroorganismen durch Teilung schnell fortpflanzen, kann aus einem einzelnen Organismus innerhalb kurzer Zeit eine riesige Anzahl von Nachfahren erhalten werden. Die sterilen oder auch axenisch genannten Bedingungen sorgen dafür, daß nur der eine isolierte Stamm die Möglichkeit hat, in dieser Kultur zu wachsen. Man nennt eine solche reine Kultur von Mikroorganismen einer einzelnen Art oder eines Stammes auch "Klon".

In der umweltbiotechnologischen Grundlagenforschung versucht man beispielsweise mit Reinkulturen von Mikroorganismen in axenischen Kulturen Schadstoffe abzubauen.

Eine Reinkultur eines Bakteriums der Gattung *Pseudomonas* wird beispielsweise in einem Reagenzglas mit den für das Wachstum notwendigen Nährstoffen, mit Sauerstoff und mit einem Schadstoff, hier als Beispiel Benzol, versorgt. Bei einer Temperatur von 25° C können nach wenigen Stunden erste Abbauprodukte des Benzols, z.B. cis-1,2-Dihydro-1,2-dihydroxybenzol, chemisch-analytisch nachgewiesen werden. Über verschiedene, ebenfalls nachweisbare Zwischenprodukte entstehen schließlich Kohlendioxid und Wasser. Ein Teil des Kohlenstoffs wird in die Zellsubstanz der Bakterien eingebaut. Die einzelnen Schritte des Schadstoffabbaus können nicht nur über die chemische Analyse der entstehenden Zwischenprodukte verfolgt werden, sondern auch aufgrund der für den Abbau benötigten Enzyme. Die Isolierung einzelner Enzyme, die am Abbau beteiligt sind, hilft die biologisch-chemischen Reaktionen weiter zu entschlüsseln. Die Entstehung des cis-1,2-Dihydro-1,2-dihydroxybenzols katalysiert beispielsweise das Enzym Dioxygenase. Das Enzym lagert Sauerstoff an den aromatischen Ring des Benzols an, um diesen zu destabilisieren und für die Spaltung des aromatischen Ringsystems vorzubereiten.

Die Mikroorganismen oder Bakterien können nicht nur im Reagenzglas - in sogenannter Batch- oder Ansatzkultur - angezogen werden, sondern auch in kontinuierlicher Kultur. Dabei wachsen die Mikroorganismen in axenischer Kultur unter sterilen Umgebungsbedingungen in Bioreaktoren. Die Nährstoffe und das Benzol werden kontinuierlich zugeführt, die nachwachsenden Bakterien und die verbrauchte Nährlösung abgezogen. Die Steuerung kann dabei über die Bakteriendichte oder über das zufließende Substrat erfolgen. Neue Kultivierungsverfahren erlauben eine vollständige Rückhaltung der Mikroorganismen unter axenischen Bedingungen - ähnlich den im Bereich der Reinigung von Deponiesickerwässern bereits technisch erprobten Membranverfahren.

Über die Bilanzierung der Biomasse und des umgesetzten Benzols lassen sich Rückschlüsse auf den Energie- und Biomassegewinn aus der Reaktion sowie auf die Effektivität des Schadstoffabbaus ziehen.

Die Ergebnisse derartiger Abbauversuche in axenischer Kultur können direkt den Fähigkeiten der abbauenden Mikroorganismen zugerechnet werden. Die Ergebnisse sind den Literaturangaben nach vielfach exakt reproduzierbar und genügen damit auch strengen naturwissenschaftlichen Ansprüchen, wie sie in Physik und Chemie gelten.

Bei den allermeisten technischen Verfahren kann man nur mit mehr oder weniger undefinierten Mischkulturen arbeiten. Eingebrachte Reinkulturen, deren Abbaufähigkeiten im Labor untersucht wurden, können im praktischen Betrieb nicht unter axenischen Bedingungen kultiviert werden. Ziel der Verfahren ist es ja, natürliche belebte Medien, wie Boden oder Wasser, möglichst wenig zu verändern und möglichst gezielt von den Schadstoffen zu befreien. Eine Sterilisation, z.B. des einer Kläranlage zufließenden Wassers oder eines zu reinigenden Bodens, kommt aus energetischen Erwägungen und aus Umweltschutzgründen nicht in Frage. Mikroorganismen, die bereits natürlicherweise in den zu reinigenden Medien leben, werden den umweltbiotechnologischen Verfahren mit zugeführt. Die Ergebnisse der Forschung mit Reinkulturen im Labor lassen daher nur sehr wenige Rückschlüsse auf technische Verfahren mit undefinierten Mischkulturen zu.

In der Abwasserreinigung werden beispielsweise mit dem zuströmenden Abwasser ständig enorme Mengen neuer Mikroorganismen in die biologische Stufe eingebracht. Aufgrund der fehlenden mikrobiologischen Analyseverfahren kann daher heute überhaupt noch nicht abgeschätzt werden, welchen Anteil an der biologischen Reinigungsleistung die unterschiedlichen Mikroorganismen haben. Auch ist unklar, in welchem Umfang, z.B. im Belebungsverfahren, sich die Zusammensetzung der mikrobiellen Population in diesem umweltbiotechnologischen Verfahren ändert.

Erkenntnisse aus der mikrobenökologischen Forschung werfen dabei nicht selten etablierte Vorstellungen über den Haufen. Im Forschungszentrum Jülich beispielsweise stellte man kürzlich fest, daß aus einer unter speziellen Bedingungen kultivierten reinen Mikroorganismenkultur sowohl voluminöse Zellen resultieren, die sich schnell teilen können, als auch kleine Zellen, die sich nicht teilen. Diese kleinen Zellen sind vorübergehend nicht mehr zur Teilung fähig oder tot. Auch reine Kulturen beherbergen also offensichtlich Zellen in unterschiedlichen Aktivitätsstadien und sind keineswegs so homogen, wie bisher geglaubt.

In der Praxis wurden jedoch auch Erfahrungen gesammelt, die mit Ergebnissen der Laborforschung übereinstimmen. Bei dem im Kap. 9.4 über biologischen Abbau von CKW beschriebenen Verfahren werden Stämme eingesetzt, die im Labor isoliert wurden. Auch nach mehreren Jahren konnte dieser Bakterienstamm noch in der biologischen Grundwassersanierungsanlage nachgewiesen werden, obwohl enorme Mengen belasteten Grundwassers und damit natürliche Mikroorganismen in diesem Zeitraum durch das System flossen. Der Grund hierfür ist möglicherweise in den sehr spezifischen Anforderungen an den biologischen Abbau zu sehen, den nur die angeimpfte Bakterienkultur erfüllen kann.

Ein besonders gewichtiger Mangel der Forschung zur mikrobiellen Ökologie ist das Fehlen geeigneter Analyseverfahren für die Anzahl und Artenzusammensetzung der Mikroorganismen in der Natur und in umweltbiotechnologischen Verfahren. Diese Analytik beruht zur Zeit überwiegend noch auf Kulturverfahren. Nur wenn ein Mikroorganismus im Labor kultiviert werden kann, kann er gezählt werden. Da jedoch die Wachstumsansprüche vieler Mikroorganismen überhaupt noch nicht bekannt sind, können auch für sie keine geeigneten Kulturverfahren eingesetzt werden.

Nur ein Bruchteil der unter dem Mikroskop sichtbaren Mikroorganismen kann daher heute quantitativ und qualitativ analysiert werden. Noch viel weniger können die Wechselwirkungen innerhalb einer undefinierten Mischkultur von Mikroorganismen eingeschätzt werden. Die große Anzahl noch völlig unbekannter Arten von Mikroorganismen zeigt die Tabelle 2 im Kap. 3.2.

Auch von beratenden Gremien, z.B. der American Academy of Microbiology, wurden diese Zusammenhänge und Schwierigkeiten bei der Übertragbarkeit von wissenschaftlichen Erkenntnissen in die Praxis angesprochen. Eine resultierende Forderung ist die Kooperation von Wissenschaftlern und Anwendern in der Praxis, z.B. im halbtechnischen Versuchsmaßstab, aber auch die Begleitung technischer Verfahren durch Grundlagenforscher.

4 Stoffkreisläufe als Vorbild

4.1 Einführung

In der Natur bewegen sich viele Stoffe und auch organische Verbindungen unverändert oder modifiziert in komplexen dynamischen Kreisläufen. Die idealisierte Vorstellung eines Kreislaufs ist dabei wissenschaftlich nicht immer nachweisbar. Schon im regionalen Rahmen lassen sich Stoffströme nur schwer bilanzieren; der Nachweis geschlossener Kreisläufe gelingt selten.

Um wirklich von Kreisläufen sprechen zu können, wird darüber hinaus eine globale Betrachtung notwendig, die heute von der Wissenschaft erst in Ansätzen geleistet werden kann. Viele Stoffe durchlaufen zahlreiche geogene, biogene und anthropogene Umsetzungen und diese vermutlich auch in Kreisläufen, so daß die Bezeichnung Stoffkreisläufe als solche sicher berechtigt ist.

Bekannten Organismen, wie z.B. den Insekten oder den Würmern, werden zwar im Alltag aufgrund ihrer subjektiv leicht bemerkbaren Anwesenheit häufig erhebliche Funktionen bei der Zersetzung von Stoffen zugeschrieben. Bei übergreifender Betrachtung sitzen an den Schaltstellen der Stoffkreisläufe jedoch fast immer Mikroorganismen. Diese haben quantitativ und qualitativ die größte Bedeutung.

Zur Veranschaulichung der Beschreibung von Umweltbiotechnologie als technische Nutzung von biologischen Selbstreinigungskräften bzw. technische Nutzung von Teilen von Stoffkreisläufen werden im folgenden kurz Beispiele und Prinzipien des Stickstoffkreislaufs aufgezeigt.

4.2 Stickstoffkreislauf

In der biologischen Abwasserreinigung stellen diese Umsetzungen die beiden wichtigsten Reaktionen für die Entfernung der Stickstoffverbindungen aus Abwasser dar.

Wichtige Bausteine von lebendiger Materie sind Proteine (Eiweiße), die ihrerseits aus Ketten von Aminosäuren bestehen, und Kohlenhydrate. Proteine sind die Produkte des pflanzlichen und tierischen Baustoffwechsels. Aminosäuren enthalten als wichtigen zentralen Baustein Stickstoff (N_2), der bei der Zersetzung der Proteine und Aminosäuren in Boden, Wasser oder Luft in Form von Ammoniak frei wird. Auch die meisten anderen Stickstoffverbindungen aus lebenden Organismen gehen bei beginnender Zersetzung in Ammoniak über. Dieses ist daher das Ausgangsprodukt der folgenden Betrachtungen. Kohlenhydrate sind die Produkte der pflanzlichen Photosynthese und setzen sich aus Ketten von Kohlenstoff und Wasser zusammen.

Ammoniak wird in natürlichen Stickstoffkreisläufen und in technischen Verfahren von einer ganz speziellen Bakteriengruppe, den bereits erwähnten Nitrifikanten, in zwei Schritten über Nitrit zu Nitrat oxidiert. Diese Bakterien beziehen ihre Stoffwechselenergie aus der Oxidation anorganischer Verbindungen, nämlich

42

Ammonium und Nitrit, und sie können für ihren Aufbaustoffwechsel Kohlendioxid als Kohlenstoffquelle nutzen und daraus Kohlenhydrate produzieren.

Reaktionsgleichung der Nitrifikation:

Ammoniakoxidation: $NH_4^+ + 1{,}5\ O_2 \rightarrow NO_2^- + 2\ H^+ + H_2O +$ Energie (1)

Nitritoxidation: $\quad NO_2^- + 0{,}5\ O_2 \rightarrow NO_3^- +$ Energie (2)

Mit Einbeziehung des Kohlenstoffes (Nach Kunz 1992):

$$5\ CO_2 + 55\ NH_4^+ + 76\ O_2 \rightarrow C_5H_7O_2N + 54\ NO_2^- + 52\ H_2O + 109\ H^+ \quad (3)$$

$$5\ CO_2 + 115\ NO_2^- + NH_4^+ + 2\ H_2O + 52\ O_2 \rightarrow C_5H_7O_2N + 115\ NO_3^- + H^+ \quad (4)$$

Man nennt diese Form der Gewinnung von Energie aus anorganischen Substraten Chemolithotrophie. Bei der Oxidation des Ammoniaks (Ammoniums) atmen die Nitrifikanten mit Luftsauerstoff. Ammoniak dient als Elektronen- bzw. Wasserstoffdonator. Die Nitrifikanten vermehren sich infolge des geringen Energiegewinns dieses Prozesses vergleichsweise langsam. Zur Erzeugung von 1 g *Nitrosomonas*biomasse werden 13 g Ammoniakstickstoff benötigt.

In der Natur wachsen die Nitrifikanten, vermutlich wegen ihres großen Bedarfs an Sauerstoff und Ammoniak, gerne auf Oberflächen und haften z.B. am Grund von Fließgewässern.

Nur sehr wenige Arten von Bakterien der Gattungen *Nitrosomonas*, *Nitrosococcus*, *Nitrosospira*, *Nitrosolobus* und *Nitrobacter* besetzen als Nitrifikanten die beschriebene Schaltstelle im Naturkreislauf. Dieses tun sie in allen nur denkbaren Lebensräumen, in Boden, Luft und Wasser und in allen Regionen und Klimazonen unseres Planeten. Ammonium aus der Zersetzung von Flechten in arktischen Regionen, solches aus Laub im tropischen Regenwald und auch Ammonium aus einem abgestorbenen Seeigel im Korallenriff wird immer von der gleichen kleinen, extrem spezialisierten Gruppe von Mikroorganismen, den Nitrifikanten der genannten Gattungen, zu Nitrat oxidiert oder mindestens zu Nitrit.

Eine solche zentrale Bedeutung einer kleinen hochspezialisierten Gruppe von Bakterien ist nach heutigem Kenntnisstand der mikrobiellen Ökologie eher selten. Meist konkurrieren mehrere unterschiedliche Gruppen von Mikroorganismen untereinander, und manchmal konkurrieren diese auch mit höheren Organismen zahlreicher Arten, Unterarten und Varianten um derartige zentrale Plätze in regionalen oder globalen Stoffkreisläufen.

Vielleicht müßte man sich um die Nitrifikanten sogar Sorgen machen! Genau bekannt aus der Abwasserreinigung sind eine erhebliche Anzahl von Industriechemikalien, die die Nitrifikation hemmen, also offensichtlich die Aktivität der

Nitrifikanten behindern. Es besteht zwar kein konkreter bekannter Anlaß, aber ihre zentrale Stellung in diesem Stoffkreislauf könnte doch vielleicht zu einem bewußteren Umgang mit ihnen Anlaß geben.

Die überaus wichtige Rolle der Nitrifikanten im Stoffkreislauf spiegelt sich in ihrer unverzichtbaren umweltbiotechnischen Nutzung wider. Auch in der Abwasserreinigung geht nach heutigem Wissen nichts ohne die langsam wachsenden Nitrifikanten, die aber, wenn sie einmal etabliert sind, einen sehr hohen Stoffumsatz bewerkstelligen können. Werfen wir daher zunächst noch einen Blick auf den natürlichen Stickstoffkreislauf. Die Abb. 12 zeigt schematisch einige Vorgänge im Rahmen des Stickstoffkreislaufs.

Eine Randbemerkung mit negativem Beigeschmack: durch die Produktion von Salpetersäure (HNO_3) sind die Nitrifikanten an der Zerstörung von alten Kalksteingebäuden und Monumenten[8] maßgeblich beteiligt.

Die chemisch-physikalischen Vorgänge in der Atmosphäre haben für die derzeitige Diskussion über den Treibhauseffekt Bedeutung, jedoch nur zum Teil für die hier relevanten mikrobiologischen Umsetzungen. Wichtiges Produkt aus Teilen des Stickstoffkreislaufs ist Lachgas (N_2O), welches einen Einfluß auf den Treibhauseffekt hat. Erläutert werden sollen daher vornehmlich die in der Abbildung dargestellten Prozesse im Boden, stellvertretend auch für ähnliche Vorgänge in Gewässern.
Stickstoffverbindungen können über folgende Wege in den Boden gelangen:

- biologische Fixierung molekularen Stickstoffs aus der Luft,
- Dünger aus organischen Verbindungen,
- Mineraldünger,
- unterschiedliche Stickstoffverbindungen, die mit dem Regen eingetragen werden

Ein großer Teil des eingetragenen Stickstoffs wird assimilativ, d.h. zum Aufbau von Biomasse genutzt. Abgestorbene Biomasse wird zersetzt und durchläuft dabei verschiedene Stadien. Letztlich werden alle organischen Verbindungen wieder mineralisiert, und der Stickstoff wird als Ammonium frei. Dieses und über die Oberfläche eingetragenes Ammonium werden im Zuge der Nitrifikation zu Nitrat umgesetzt.

Nach der Oxidation des Ammoniums über Nitrit zu Nitrat durch die Nitrifikanten folgt im Stickstoffkreislauf die Reduktion des Nitrats (NO_3^-) über Nitrit (NO_2^-) und Lachgas (N_2O) zu gasförmigem Stickstoff (N_2). Die Gruppe dieser Mikroorganismen nennt man Denitrifikanten. Sie sind zur anaeroben Atmung mit Nitrat nach folgender Formel befähigt:

$$2\,NO_3^- + 2H^+ + 10\,[H] \rightarrow N_2 + 6\,H_2O$$

---

[8] lithos heißt griech. Stein, daher die Bezeichnung lithotroph (s. auch Schlegel 1992).

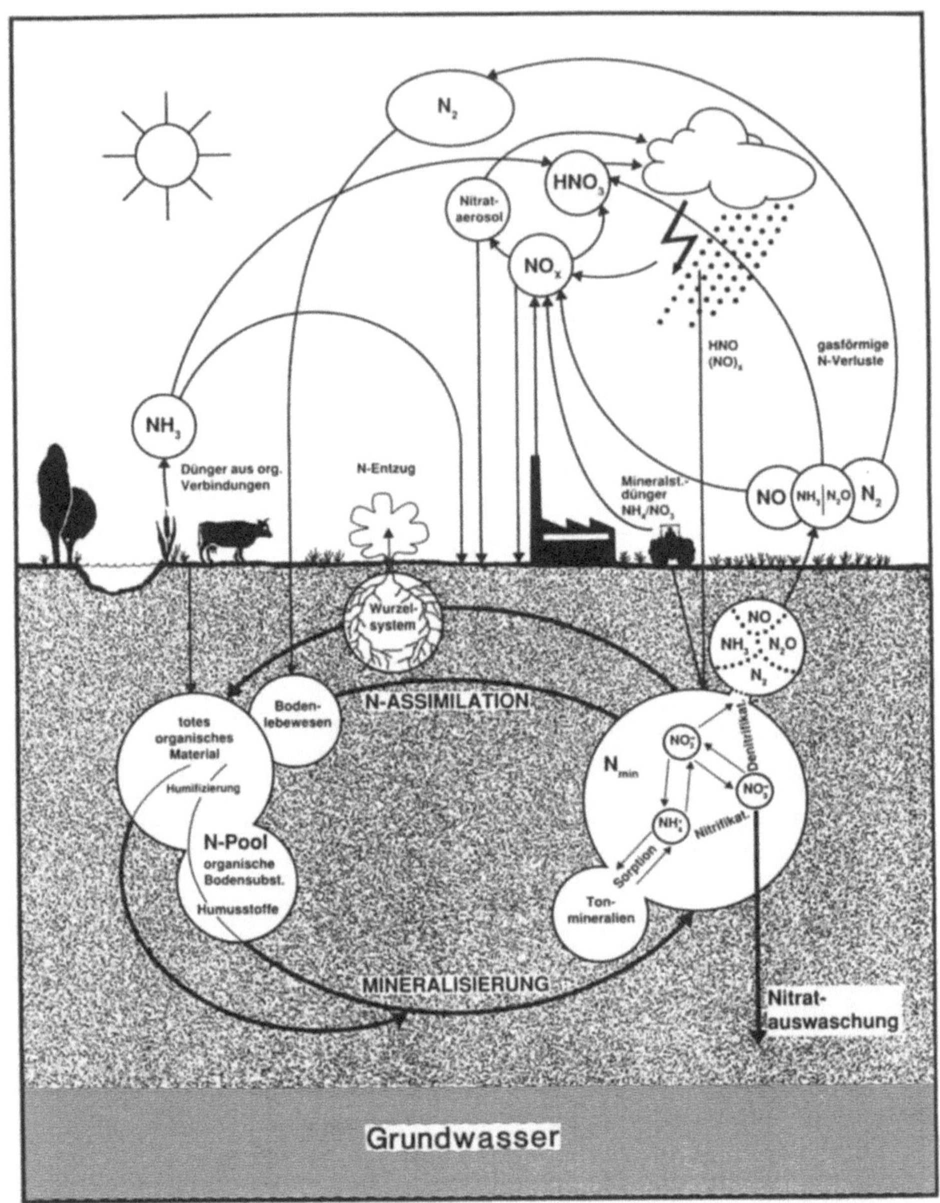

Abb. 12. Stickstoffkreislauf

Denitrifikanten sind im Gegensatz zu den Nitrifikanten sehr wenig anspruchsvoll. Denitrifikanten kommen nahezu überall mit unterschiedlicher Artenzusammensetzung vor. Man kann sogar sagen, daß etwa 10% aller häufig vorkommenden, heute bekannten aeroben Bakterienarten in der Lage sind, zu denitrifizieren. Auch die absolute Anzahl der in der Natur lebenden Denitrifikanten dürfte sich in dieser Größenordnung bewegen.

Die Denitrifikanten haben die aus menschlicher Sicht phantastische Fähigkeit, nicht nur mit dem Sauerstoff aus der Luft zu atmen; sondern sie können ebensogut mit dem im Nitratmolekül gebundenen Sauerstoff atmen, man spricht daher auch von Nitratatmung. Die Elektronen bzw. der Wasserstoff aus organischen Substraten können auf Nitrat übertragen werden. Da der Energiegewinn bei der Denitrifikation geringfügig schlechter ist als bei der aeroben Atmung wird Luftsauerstoff bevorzugt, wenn er zur Verfügung steht.

Die Fähigkeit zur Nutzung von Nitraten für die Atmung ist nur von Bakterien bekannt. Bereits Einzeller können Nitratsauerstoff nur noch nutzen, wenn sie denitrifizierende Bakterien in ihrem Körper beherbergen.

Bei mehrzelligen Organismen gibt es nach heutiger Erkenntnis keine Möglichkeit der Nitratatmung. Denitrifikanten sind von der Arbeit der Nitrifikanten nur bedingt abhängig. Ist vorübergehend kein Sauerstoff verfügbar, nutzen die zur Denitrifikation fähigen Mikroorganismen die Atmung mit Nitrat. Übrig bleibt gasförmiger Stickstoff als Produkt der Denitrifikation.

Die Nitrifikanten bestehen aus zwei unterschiedlichen Gruppen von Organismen, die eine oxidiert Ammoniak (Ammonium) zu Nitrit (Ammoniumoxidierer) und die andere Gruppe Nitrit zu Nitrat (Nitritoxidierer). Beide leben räumlich meist eng beieinander, da die Nitritoxidierer darauf angewiesen sind, möglichst direkt an das aus Ammonium gebildete Nitrit heranzukommen. Nitrit als Zwischenprodukt der Nitrifikation wirkt auf die Ammoniumoxidierer hemmend. Ammonium hemmt die Aktivität der Nitritoxidierer.

Nitrat kann dagegen vor der Denitrifikation über weite Strecken transportiert werden. Daher resultiert das in der Abb. 12 dargestellte Problem der Nitratauswaschung aus landwirtschaftlich genutzten Böden. Umweltbiotechnologische Lösungen werden dafür in späteren Kapiteln (6.2.2) vorgestellt.

Nitrifikanten und Denitrifikanten haben eigentlich nur die Beteiligung am Stickstoffkreislauf gemeinsam. Sie können räumlich weit getrennt voneinander leben. Nitrat wird aufgrund seiner guten Wasserlöslichkeit leicht transportiert, kann also in einem Fließgewässer eine lange Strecke zurücklegen, bevor dann an anderer Stelle geeignete Bedingungen für die Denitrifikanten vorliegen. Geeignet heißt in diesem Fall vorrangig, daß nur sehr wenig Sauerstoff vorhanden sein darf. Der Stickstoff entweicht nach den Denitrifikation wieder als N_2 in die Atmosphäre. Er wird anschließend auf verschiedenen chemisch - physikalischen oder auf einem interessanten biologischen Weg, der Stickstoffixierung, aus der Atmosphäre in den biogenen Kreislauf zurückgeführt. Er kann dann erneut zum Aufbau von Proteinen verwendet werden. Bei der Zersetzung der Proteine wird wieder Ammonium frei, und der Kreislauf ist aus funktioneller Sicht geschlossen.

Real finden enorme regionale und globale Transporte des Stickstoffs und seiner Verbindungen statt, die auch durch den Menschen erheblich beeinflußt werden. Es gibt Quellen und Senken für den Stickstoff. Ein quantitativ geschlossener Kreislauf wird erhofft bzw. vorausgesetzt, ist aber praktisch nicht nachweisbar, sondern eher unwahrscheinlich.

Umweltbiotechnologisch werden vor allem in der kommunalen und industriellen Abwasserreinigung die Prozesse Nitrifikation und Denitrifikation in sehr großem Maßstab zunehmend eingesetzt. Große Mengen von Stickstoffverbindungen werden in der Landwirtschaft als Dünger eingesetzt und gelangen so teilweise in die Kläranlagen.

Die Ammoniumoxidation durch die Nitrifikanten darf aus ökologischen Gründen möglichst nicht im Gewässer stattfinden, da sie dort zuviel Sauerstoff verbrauchen würde, und höhere Organismen infolge des daraus resultierenden Sauerstoffmangels geschädigt werden. Als Teil der natürlichen Selbstreinigung würde das zwar durchaus funktionieren, jedoch den Sauerstoffhaushalt der Gewässer erheblich belasten. Ammonium und Nitrat fördern zudem Eutrophierung[9] und sind daher auch aus diesem Grund im Überschuß in Gewässern unerwünscht.

Für die Oxidation von einem 1 kg Ammonium (bezogen auf Stickstoff) werden 4,6 kg Sauerstoff benötigt. Insgesamt summiert sich der Sauerstoffbedarf der kommunalen Kläranlagen in der Bundesrepublik Deutschland alleine für die Nitrifikation so auf etwa 500.000 t Sauerstoff pro Jahr. Durch die Nitrifikation soll daher gezielt in den Kläranlagen die Ammoniumoxidation erledigt werden. Es ist deshalb gesetzlich vorgeschrieben, Ammonium und Nitrat in den Kläranlagen weitgehend zu entfernen. Das gebildete Nitrat kann dann ebenfalls in der Kläranlage denitrifiziert werden. Ansätze für derartige Verfahren werden in den folgenden Kapiteln beschrieben.

Wie bereits dargelegt, wachsen die Nitrifikanten aufgrund geringen Energiegewinns nur langsam. Heterotrophe Denitrifikanten dagegen kommen häufig vor und haben völlig entgegengesetzte Ansprüche. Nitrifikanten brauchen viel Sauerstoff und lange Aufenthaltszeiten, am liebsten ständig mehr als 1,5−2 mg/l gelösten Sauerstoffs. Gerade in diesem Bereich haben aber viele Kläranlagen Probleme und können mit den vorhandenen Belüftungssystemen zwar die Grundlast des Sauerstoffbedarfs abdecken, sind jedoch bei Stoßbelastungen und daraus resultierendem starken Sauerstoffbedarf überfordert. Als Folge bricht zeitweise die Nitrifikation zusammen und die Nitrifikanten werden ausgespült, was aufgrund der langsamen Wachstumsraten der Nitrifikanten wochenlange Störungen und Nichteinhaltung der Grenzwerte zur Folge hat. Wie auch bereits erwähnt wurde, sind die Nitrifikanten anfällig gegen viele Industriechemikalien und daher manchmal in mit industriellen- oder landwirtschaftlichen Wässern hochbelasteten Kläranlagen schwer zu halten.

---

[9] Unter Eutrophierung versteht man den verstärktes Pflanzenwachstum auslösenden Nährstoffüberschuß im Gewässer mit der Folge von Sauerstoffmangelzuständen durch absterbende Pflanzenbiomasse.

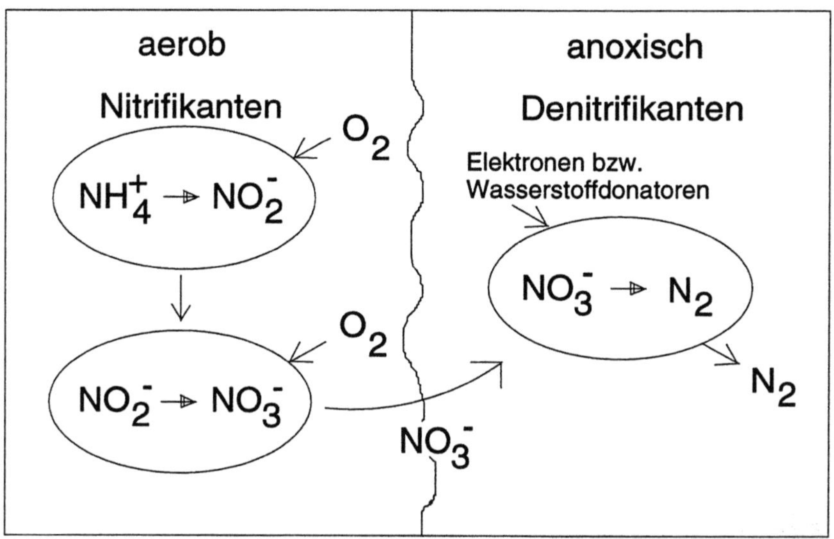

Abb. 13. Nitrifikation und Denitrifikation, z.B. bei der biologischen Abwasserreinigung

Denitrifikanten setzen dagegen erst mit ihrer anaeroben Atmung ein, wenn der Gelöstsauerstoff aufgezehrt ist. Sie sind unanfällig gegen jede Art der übermäßigen Belastung. Zudem stehen in Belebtschlammanlagen die Nitrifikanten in einer Konkurrenzsituation mit den anderen vorhandenen Mikroorganismen.

Im Vergleich zu den heterotrophen Mikroorganismen wachsen sie nur sehr langsam und laufen daher ständig Gefahr, schneller mit dem Überschußschlamm[10] abgezogen zu werden. Die Menge des abzuziehenden Überschußschlammes richtet sich ja nach der gesamten Menge anfallenden Schlammes. Die heterotrophen Mikroorganismen sind mit den Nitrifikanten in Flockenform aggregiert.

In der Abb. 13 werden Nitrifikation und Denitrifikation schematisch gegeneinander abgegrenzt, um die unterschiedlichen Anforderungen zu verdeutlichen.

Eine große verfahrenstechnische Schwierigkeit, die bis heute trotz aufwendigster Kläranlagentechnik noch nicht zufriedenstellend gelöst wurde, besteht daher in der Ansiedlung und sicheren Etablierung einer genügend großen stabilen Population von Nitrifikanten in der Kläranlage. Dieses gelingt bisher fast nur in sehr großen, entsprechend geltenden Regeln dimensionierten und sehr niedrig belasteten Kläranlagen.

Nitrifikanten sind als solche zur Ammoniumoxidation eines Abwassers leicht beherrschbar. Zum Beispiel kann der Ablauf einer kommunalen Kläranlage meistens ohne Schwierigkeiten in technischen Anlagen nitrifiziert werden, da ja aufgrund

---

[10]Überschüssige nachgewachsene Biomasse beim Belebtschlammverfahren; s. auch Kap. 2.2.1 und 6.3.

48

der bereits vorher entfernten organischen Abwasserinhaltsstoffe keine Konkurrenz mit den heterotrophen Mikroorganismen mehr besteht.

Die Nitrifikanten bevorzugen, wahrscheinlich aufgrund ihrer langsamen Wachstumsraten, Aufwuchsflächen, wie sie z.B. in einem Tropfkörper gegeben sind. In einem der Kläranlage nachgeschalteten Tropfkörper kann daher sehr stabil nitrifiziert werden.

Aber selbst wenn man durch sehr niedrige Belastungen der gesamten Mikroorganismenpopulation die Nitrifikanten in der Kläranlage oder in einem nachgeschalteten Verfahrensschritt stabil etablieren kann, ist das ja erst das halbe Geschäft. Zur vollständigen Stickstoffentfernung fehlt nun noch die Denitrifikation. Diese erfordert nahezu entgegengesetzte Bedingungen, nämlich anoxische - also keinen Gelöstsauerstoff - aber viel organische Substrate, da die Denitrifikanten in der Kläranlage einen heterotrophen Stoffwechsel mit anaerober Atmung haben.

Würde man im fiktiven Fall die Denitrifikation hinter die Nitrifikation schalten, würde aufgrund der andersartigen Anforderungen der Denitrifikation ein enormer Aufwand nötig. Gelöster Sauerstoff aus der vorhergehenden Nitrifikation müßte ausgetrieben und zusätzliche organische Substrate bereitgestellt werden. Enormer Platz- und Technikbedarf und entsprechende Kosten wären die Folge. Trotzdem wird genau diese Hintereinanderschaltung in der Praxis vielfach noch betrieben, da es kaum praktikable Alternativen gibt. Auch Kläranlagen wachsen im Laufe der Zeit, und manchmal ist es einfach praktischer, weitere Verfahrensschritte anzubauen oder nachzuschalten, als die gesamte Anlage umzurüsten. Zur Versorgung der Denitrifikanten kann in diesem Fall sogar die Zudosierung von zusätzlichen organischen Substraten, z.B. Alkohole oder Essigsäure, am Ende der Abwasserreinigung sinnvoll sein.

Noch etwas kurioser wird alles durch die Vorstellung, daß ja im Zulauf der Kläranlage für die Denitrifikanten eigentlich sehr gute Bedingungen herrschen. Hohe organische Belastung aus frischem Abwasser und daher Sauerstoffzehrung resultieren in niedriger Gelöstsauerstoffkonzentration. Die Bedingungen sind ideal, aber der Stickstoff liegt noch in der Form des Ammoniums vor und muß erst zum Nitrat oxidiert werden, bevor die Denitrifikanten mit ihrer Arbeit beginnen können. Verschiedene technische Ansätze versuchen daher auch, möglichst viel Abwasser wieder an den Anfang der Kläranlage zurückzuführen. Dies kann funktionieren, verursacht häufig aber hydraulische Probleme.

Versucht man eine technische Lösung zu finden, entstehen schwierige Gegensätze: Sehr unterschiedliche Bakterien, Nitrifikanten und Denitrifikanten, werden quasi im gleichen Prozeß benötigt, erfordern jedoch sehr unterschiedliche Bedingungen. Es gilt daher in den nächsten Jahren weiterhin diese beiden Prozesse des Abbaus von organischen Stoffen durch schnellwachsende, heterotrophe Bakterien mit den langsamwachsenden Nitrifikanten effektiv zu kombinieren. Einen erfolgversprechenden, aber noch nicht genügend praktisch erprobten Ansatz, stellen die im Kap. 6.3.1 und 6.3.2 beschriebenen Verfahren dar, bei denen Nitrifikation und Denitrifikation zeitlich nacheinander in einem Becken stattfinden, und das Abwasser bei dem einen Verfahren sogar gezielt zudosiert werden kann.

Die vorhandenen Ansätze und weitere Bestrebungen sind dabei nicht mehr mit den Mitteln der konventionellen Abwasserreinigung allein zu bewältigen, sondern nur unter genauer Betrachtung und verfahrenstechnischer Berücksichtigung der natürlichen Lebensgewohnheiten der Mikroorganismen zu lösen.

Übergeordnet betrachtet bieten so Nitrifikation und Denitrifikation eindrucksvolle Beispiele, wie durch die Übertragung von natürlichen mikrobiellen Prozessen in technische Verfahren die Umwelt entlastet werden kann.

4.3 Physiologische Aktivitäten

Es würde im vorliegenden Rahmen zu weit führen, ein vollständiges Bild aller relevanten physiologischen Gruppen von Mikroorganismen geben zu wollen. Hierzu sei noch einmal auf das Buch von Schlegel (1992), die Kurzdarstellung des gleichen Autors im Handbuch der Biotechnologie von Präve (1982) sowie auf den Besuch im *Zoo der Mikroorganismen* im Internet verwiesen. Ein kurzer Überblick trägt jedoch zu einem besseren Verständnis bei.

Für die verschiedenen Strategien des Herangehens an Schadstoffe ist eine Kategorisierung der möglichen physiologischen Aktivitäten der umweltbiotechnologisch nutzbaren Gruppen von Mikroorganismen hilfreich. Insbesondere wichtig sind dabei die unterschiedlichen Möglichkeiten der Energie- und Kohlenstoffgewinnung der Mikroorganismen. Erst die Gewinnung von Energie ermöglicht den Stoffwechsel der Zellen, bestehend aus Aufbau- und Erhaltungsstoffwechsel.

Die wichtigsten Stoffwechselwege werden im folgenden kurz vorgestellt. Die vielen Ausnahmen und Abweichungen von den typischen Wegen und die Biochemie bleiben unberücksichtigt.

Von besonderer Bedeutung sind bei dieser Kategorisierung die unterschiedlichen Mechanismen zur Gewinnung von

◆ *gebundenem Kohlenstoff* zum Aufbau der Zellsubstanz und

◆ *Energie* für den Aufbau- und Betriebsstoffwechsel der Zelle.

Den bekannten Weg der Energie- und Kohlenstoffversorgung über organische Verbindungen, z.B. Kohlenhydrate oder Eiweiß, wie er von den Tieren bekannt ist, nennt man Kohlenstoff- oder *C-heterotroph*. Die organischen Verbindungen werden auch als Substrate bezeichnet. Sauerstoff ermöglicht dieser Gruppe eine sehr effiziente Energiegewinnung durch die vollständige Oxidation der Substrate zu Kohlendioxid und Wasser. Elektronen bzw. Wasserstoff aus dem Substrat werden über eine Kette von Reaktionen auf Sauerstoff übertragen. Beim Abbau von organischen Substanzen, z.B. in der Abwasserreinigung, spielt dieser Weg eine wichtige Rolle.

◆ **C-heterotroph:**   Kohlenstoff aus organischen Substraten,

$\Downarrow$

dabei Energiegewinn mittels

◆ **Aerober Atmung**:   Wasserstoffübertragung aus organischen
Substraten und Atmung mit Sauerstoff.

Der Gruppe der Heterotrophen sind bei den Mikroorganismen eine Reihe anderer Spezialisten zuzuordnen, zum Beispiel die bereits im vorhergehenden Kapitel vorgestellten Denitrifikanten. Sie können ihren Kohlenstoff und ihre Energie auch aus organischen Substraten beziehen. Für den Fall, daß Ihnen jedoch nicht genügend Sauerstoff für ihre Atmung zur Verfügung steht, können sie die aus den Substraten gewonnenen Elektronen (Wasserstoff) auf den Sauerstoff aus dem Nitratmolekül oder auf andere Wasserstoffakzeptoren übertragen:

◆ **C-heterotroph:**   Kohlenstoff aus organischen Substraten

$\Downarrow$

Energiegewinn mittels

◆ **Anaerober Atmung:**   Wasserstoffübertragung aus organischen
Substraten, Atmung mit anderen
Elektronenakzeptoren (z.B. Nitrat, Sulfat,
Carbonat, Eisen)

Bei der Übertragung der gewonnenen Elektronen (Wasserstoff) auf Nitrat entsteht als Endprodukt molekularer Luftstickstoff (N_2). Produkte anderer Mikroorganismen aus der anaeroben Atmung sind Schwefelwasserstoff (H_2S), Essigsäure (CH_3-COOH), Methan (CH_4) und Eisen (II). Häufig leben Mikroorganismen, die durch anaerobe Atmung Energie gewinnen in sauerstofffreien (anoxischen) Ökosystemen, z.B. in den Sedimenten von Gewässern. Die anaerobe Atmung spielt für die Erhaltung von Gleichgewichtszuständen eine sehr wichtige Rolle in natürlichen Stoffkreisläufen und kann entwicklungsgeschichtlich als Vorstufe der aeroben Atmung angesehen werden.

Die zweite große, bekannte, ernährungsphysiologische Gruppe sind die Pflanzen. Sie beziehen den Kohlenstoff (C) aus anorganischen Verbindungen, z.B. dem Kohlendioxid der Luft. Ihre Energie gewinnen sie aus dem Sonnenlicht, als Wasserstoffquelle dient Wasser. Bei den Mikroorganismen werden auch anorganische Substrate zur Energiegewinnung genutzt. Man nennt diese Art der Kohlenstoffversorgung *C-autotroph*.

Kohlendioxid wird aufgenommen, organische Verbindungen werden aus anorganischen aufgebaut. Bei der Art der Energieversorgung wird differenziert:

◆ **C-autotroph:**   Kohlenstoffversorgung über anorganische
Substrate,

$\Downarrow$

Energiegewinn mittels

◆ **Phototrophie:**   Wasserstoff aus Wasser oder stärker
reduzierten Verbindungen, Energiegewinn aus
Licht.

Neben den höheren Pflanzen können Algen und auch verschiedene Bakterien Licht als Energiequelle nutzen. Die entwicklungsgeschichtlichen Vorläufer der Photosynthese zeigen sich noch bei den Purpurbakterien und den Grünen Bakterien. Anders als die höheren Pflanzen sind diese beiden Gruppen jedoch auf stärker reduzierte Wasserstoffdonatoren, wie beispielsweise Schwefelwasserstoff (H_2S), angewiesen.

◆ **C-autotroph:**   Kohlenstoffversorgung über anorganische
Substrate, z.B. Kohlendioxid,

$\Downarrow$

Energiegewinn mittels

◆ **Chemolithotrophie:**   Wasserstoff aus anorganischen Substraten,
z.B. Ammonium, Nitrit, Schwefel,
Wasserstoff, Atmung mit Sauerstoff.

Eine Gruppe von Mikroorganismen, die bereits im Rahmen des Stickstoffkreislaufs vorgestellt wurde, sind die Nitrifikanten. Diese beziehen ihre Energie aus der Oxidation anorganischer Substrate. Bei den Nitrifikanten sind dies Ammonium (NH^{4+}) bzw. Nitrit (NO^{2-}). Diese liefern Elektronen bzw. Wasserstoff. Durch Atmung mit Sauerstoff wird ein geringer Energiegewinn möglich. Einige besonders spezialisierte Mikroorganismen sind bei der Nutzung von anorganischen Substraten sogar zu einer anaeroben Atmung fähig.

Einen völlig anderen Weg haben die *gärenden* Mikroorganismen beschritten. Ein organisches Substrat dient ihnen gleichzeitig als Energie- und Kohlenstoffquelle. Gärer leben bevorzugt in sauerstofffreien Lebensräumen, z.B. im Sediment von Gewässern. Häufig sind sie am einleitenden Abbau von Biopolymeren, beispielsweise Zellulose, beteiligt. Gärung erfolgt unter Sauerstoffausschluß und bedeutet, daß organische Moleküle nicht vollständig umgesetzt werden und die Spaltprodukte teils gleichzeitig als Wasserstoffdonatoren, teils als Wasserstoffakzeptoren dienen. Nur ein Teil des organischen Substrates wird oxidiert. Als

Gärungsprodukte entstehen Alkohole, organische Säuren, Kohlendioxid oder Wasserstoff.

Mit den gärenden Organismen durch eine Nahrungskette verbunden setzen andere Organismengruppen die Gärungsendprodukte entweder in weiteren Gärungen oder durch anaerobe Atmung um. Wasserstoff und Essigsäure werden beispielsweise durch methanbildende Bakterien verbraucht. Organische Säuren sind ein bevorzugte Substrat der Denitrifikanten.

Die anaeroben Stoffwechselwege sind wesentlich vielschichtiger aufgebaut als die aeroben. Während bei den aeroben Mikroorganismen häufig die Mineralisierung das Ziel ist, das auch zumindest teilweise erreicht wird, laufen anaerobe Umsetzungen über eine Vielzahl von Zwischenprodukten, die von den Mikroorganismen freigesetzt werden und von anderen Mikroorganismen wieder aufgenommen werden.

Neben diesen wichtigen Grundmechanismen gibt es zahlreiche Kombinationen der unterschiedlichen Stoffwechselwege. Viele Mikroorganismen haben zudem sogar die Möglichkeit, je nach den vorherrschenden Lebensbedingungen, zwischen den Stoffwechselwegen umzuschalten.

Manche Gärer können aerob atmen, andere sind auf die Gärung als Stoffwechselweg angewiesen. Aerob atmende, heterotrophe Organismen können oft auch anaerob atmen, z.B. über die Denitrifikation. Neben der Unterscheidung der möglichen Stoffwechselwege sind daher für die Beschreibung eines umweltbiotechnologischen Prozesses die Milieubedingungen wichtig.

Beispielsweise bedarf es zur gezielten Entfernung von Nitrat aus einem Abwasser nicht nur einer geringen Gelöstsauerstoffkonzentration, damit die aerob atmenden Heterotrophen auf die anaerobe Atmung mit Nitrat umschalten. Es muß dazu gleichzeitig ein geeignetes organisches Substrat vorhanden sein. Wählt man hier ein für Gärer spezifisches Substrat, z.B. Zucker (Glucose), kann zwar bei einer reinen Kultur von denitrifizierenden Mikroorganismen Denitrifikation stattfinden; in einem Bioreaktor jedoch, der über den Zulauf mit Abwasser ständig auch gärende Organismen zugeführt bekommt, entsteht eine Konkurrenzsituation zwischen Gärern und Denitrifikanten, da beide sauerstoffarme Verhältnisse und organische Substrate bevorzugen. Der Prozeß der Denitrifikation kann zurückgedrängt werden und der Gärung ganz oder teilweise weichen. Wählt man dagegen ein Gärungsendprodukt, beispielsweise Essigsäure oder Alkohol, können die Gärer nicht mehr existieren. Die Denitrifikanten werden sich behaupten.

Die Verdrängung kann auch umgekehrt stattfinden. Über die Zugabe von Nitrat kann steuernd in mikrobiologische Prozesse eingegriffen werden. Bei gemischtem organischen Substrat und unerwünschten Gärungen kann die Zugabe von Nitrat und eine daraus resultierende hohe Nitratkonzentration dazu führen, daß die Gärer verdrängt werden.

Die Zugabe einer hohen Nitratkonzentration zu einem anaeroben Biogasprozeß kann diesen über den Anstieg des Redoxpotentials behindern oder sogar vollständig zum Erliegen bringen. Umweltbiotechnologische Prozesse mit undefinierten Mischkulturen können so über die Wahl der Substrate gesteuert werden.

Da schon bisher und auch in den folgenden Kapiteln immer wieder gilt: keine Regel ohne Ausnahme, sei an dieser Stelle auf die endogene Denitrifikation verwiesen. Bei dieser technisch in Kläranlagen eingesetzten Form der Denitrifikation nutzt man Speicherstoffe als Substrat, die innerhalb der Zelle in inerter wasserunlöslicher Form angesammelt werden. Ein derartiger Speicherstoff ist beispielsweise Polyhydroxybuttersäure (PHB), die vielen Mikroorganismen als Kohlenstoff- und Energiespeicher dient. PHB wird auch bei der Herstellung von biologisch abbaubarem Kunststoff verwendet.

4.4 Weitergabe genetischer Informationen

Eine Besonderheit der Mikroorganismenzellen im Vergleich zu den Zellen höherer Organismen sind die Möglichkeiten des Austauschs genetischer Informationen.

Bei höheren Organismen geschieht der Austausch bzw. die Neukombination genetischer Informationen auf dem Wege der Fortpflanzung. Jeweils zwei Sätze von genetischen Informationen werden während der Fortpflanzung zusammengeführt, das genetische Material wird vermischt und wieder in zwei Sätze aufgeteilt. Jeder Nachkomme erhält so einen neukombinierten, aber vollständigen Satz der Erbinformationen.

Mikroorganismen und insbesondere Bakterien dagegen betreiben eine parasexuelle Fortpflanzung. Sie erfolgt durch Teilung der Zellen. Genetisches Material wird durch die drei grundlegenden Prozesse der Konjugation, Transduktion und Transformation nur teilweise ausgetauscht, und zwar nicht an die Vermehrung gebunden.

Den letztgenannten drei Vorgängen gemeinsam ist die Übertragung von Erbinformation der DNA (Desoxyribonukleinsäure) von einem Spenderorganismus zu einem Empfängerorganismus. Anschließend wird die neuerworbene Erbinformation des DNA-Moleküls mit der vorhandenen vereinigt. Dieser Vorgang heißt Rekombination.

Bei der *Konjugation* (Abb. 14) stellen zwei Bakterienzellen aktiv einen direkten Kontakt über kleine Schläuche her, die mikroskopisch außen an den Zellen sichtbar sind und als Pili bezeichnet werden. Die DNA wird danach teilweise zwischen den Zellen ausgetauscht.

Bei der *Transduktion* findet die Übertragung von kleinen DNA-Stücken durch Viren, sog. Bakteriophagen, statt. Viren nutzen für ihre Vermehrung Wirtszellen und haben keine eigene Proteinsynthese.

Als *Transformation* bezeichnet man die Aufnahme von freier, gelöster DNA, die aus einem anderen Bakterium freigesetzt wurde oder sonstwie ins umgebende Medium gelangte.

Neben der chromosomalen[11] DNA existieren in vielen Bakterienzellen zusätzliche extrachromosomale, ringförmige kleine Stücke von DNA, die Plasmide. Diese

---

[11] Als Chromosom bezeichnet man die mikroskopisch sichtbaren Strukturen der DNA. Bei Bakterien gibt es einen langen DNA-Faden.

54

Plasmide enthalten ebenfalls Erbinformationen, jedoch häufig solche, die nicht für die grundlegenden Mechanismen des Stoffwechsels notwendig sind. Vielmehr speichern die Plasmide häufig die Erbinformation für ganz spezifische zusätzliche Funktionen. Plasmide können einzeln, in Gruppen, aber auch in mehreren Kopien in den Zellen vorliegen. Für die Umweltbiotechnologie relevante Abbauwege für Xenobiotika finden sich beispielsweise häufig auf Plasmiden. Für Plasmide und Bakterien, die Plasmide enthalten, konnte nachgewiesen werden, daß spezielle Plasmide häufig ausgetauscht werden. Es könnte daher möglich sein, daß gerade besondere Abbauwege häufig durch Austausch von Plasmiden übertragen werden.

Diese kurze Skizze soll verdeutlichen, daß die Mechanismen des Austauschs von Erbinformationen bei Bakterien sehr effektiv sein können. Erbinformationen zu ganz speziellen Funktionen können leicht ausgetauscht werden.

Zunächst hört sich dieses aus der Sicht des Umweltbiotechnologen erfreulich an, da man vermutet, daß beim Auftauchen neuer Schadstoffe schnell die erforderlichen Erbinformationen zu deren Abbau beschafft werden können. Dieses scheint auch richtig zu sein. Andererseits erfordert die Arbeit im Labor manchmal ein besonderes Fingerspitzengefühl des Forschers, da die Erbinformationen häufig genau so schnell wieder verschwinden, wie sie gefunden wurden.

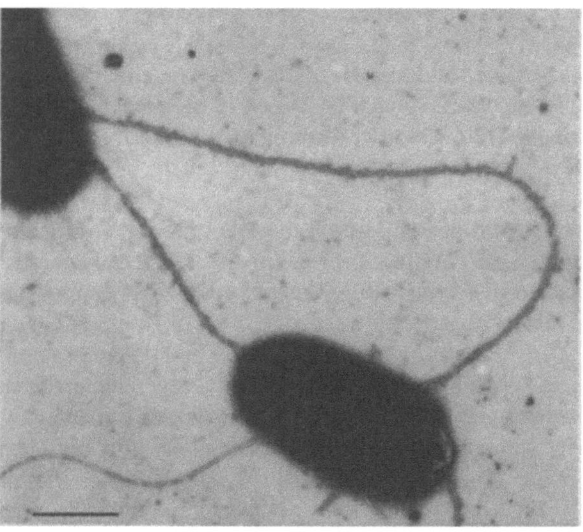

Abb. 14. Bakterienkonjugation

Wie und besonders in welchem Umfang in einer natürlichen, komplexen Mischkultur Erbinformationen untereinander ausgetauscht werden, ist noch unklar. Aber bereits die wenigen im Labor entdeckten Mechanismen deuten an, daß hier zusätzlich zu der bisher nahezu unbekannten interspezifischen Ökologie der Mikroorganismen eine weitere ökologische Ebene darauf wartet, mit neuen Methoden untersucht zu werden.

4.5 Biokatalysatoren

Ein besonderes Merkmal aller biotechnologischen Prozesse sind die im Vergleich zu chemisch-physikalischen Technologien relativ milden Bedingungen, unter denen sie ablaufen.

Im Gegensatz zu chemischen Reaktionen bei industriellen Anwendungen finden biologische Umsetzungen weder bei hohen Temperaturen noch unter hohem Druck statt. Die Temperatur bewegt sich häufig im Bereich der Raumtemperatur. Die Auswirkungen hohen Drucks auf Mikroorganismen und Bakterien werden gerade erst untersucht und spielen heute für die Umweltbiotechnologie noch keine Rolle.

Auch die Spezifität der Mikroorganismen gegenüber ihren Angriffszielen weist Vorteile gegenüber chemischen Reaktionen auf. Mikroorganismen als biologische Katalysatoren können extrem spezifisch eingesetzt werden, um bestimmte Teilreaktionen oder Produkte zu erzeugen. Bei chemischen Reaktionen entsteht dagegen häufig eine Vielzahl strukturell ähnlicher Produkte, die anschließend aufwendig getrennt und aufgearbeitet werden müssen. Grund für die Spezifität sind besonders die als Katalysatoren arbeitenden Enzyme der Mikroorganismen.

Katalysatoren setzen die Aktivierungsenergie herab, d.h. ermöglichen Reaktionen, die aus energetischen Gründen zwar möglich sind, jedoch in dieser Form ohne die Hilfe des Katalysators nicht oder nur langsam ablaufen würden. Als Katalysatoren können Ionen, Metalle, anorganische Verbindungen, oberflächenaktive Strukturen und organische Moleküle wirken. Zu letzteren gehören auch die Enzyme.

Zum besseren Verständnis der Wirkung von Katalysatoren seien kurz unterschiedliche Möglichkeiten zum Ablauf der Zersetzung von Wasserstoffperoxid zu Wasser und Sauerstoff dargestellt.

Tabelle 3. Vergleich der enzymatischen Zersetzung von Wasserstoffperoxid mit der Zersetzung ohne und mit anorganischem Katalysator. (Aus Czihak 1978)

Zersetzung	Aktivierungsenergie [cal/Mol]	Relative Geschwindigkeit
Ohne Katalysator	18.000	1
Mit Platin als Katalysator	12.000	10.000
Mit dem Enzym Katalase als Katalysator	2.000	10.000.000

Enzyme beschleunigen eine solche Reaktion, ohne sich dabei selbst zu verändern. Aus der Reaktion eines Enzyms mit einem Substrat gehen das Produkt und das unveränderte Enzym hervor:

Enzym + Substrat → Enzym + Produkt

Enzyme sind meist entweder Proteine oder Komplexe aus Proteinen und besonderen Wirkgruppen. Ihre biochemische Wirkungsweise und Kinetik wurde von der Biochemie bereits ausführlich untersucht. Für eine ausführliche Darstellung sei auf Lehrbücher der Biologie oder Biochemie verwiesen, z.B. Karlson (1990), Lehninger (1975) oder Stryer (1990).

5 Biologischer Abbau von Schadstoffen

5.1 Einführung

Schon in den vorhergehenden Kapiteln wurden zahlreiche Möglichkeiten mikrobieller Umsetzungen beschrieben. In diesem Kapitel sollen kurz grundsätzliche Strategien und Möglichkeiten aufgezeigt werden, spezielle Schadstoffe mittels mikrobieller Umsetzungen abzubauen. Es sollen dabei nicht die vielfältigen Möglichkeiten mikrobieller Stoffwechselwege im Detail beschrieben werden, sondern vielmehr unterschiedliche Strategien des Herangehens an Problemfälle und -stoffe, wie sie in der Umweltbiotechnologie üblich sind.

Bereits im Zusammenhang mit der Nitrifikation und Denitrifikation zeigten sich unterschiedliche umweltbiotechnologische Strategien zur Beseitigung der Schadstoffe Ammonium bzw. Nitrat. Bei der Oxidation von Ammoniak dient dieses den Nitrifikanten als Energielieferant oder Elektronendonator im Zuge einer aeroben Atmung. Das Nitrat dagegen ersetzt bei den Denitrifikanten den Sauerstoff bei der Atmung, dient also als Elektronenakzeptor. Als Elektronendonatoren stehen organische Substrate zur Verfügung.

Man kann also, wie aus diesem Beispiel ersichtlich ist, unerwünschte Stoffe an ganz unterschiedlichen Stellen in den mikrobiellen Stoffwechsel einschleusen und kann so sehr unterschiedliche Strategien verfolgen. Einige dieser Möglichkeiten werden im folgenden vorgestellt.

5.2 Mineralisierung

Schon bei der Beschreibung der heterotrophen Organismen haben wir die Mineralisierung kennengelernt. Aus der vollständigen Spaltung organischer Stoffe resultieren anorganische Reste, in der Hauptsache Kohlendioxid und Wasser. Ein Teil des Kohlenstoffs wird vorübergehend in die Biomasse eingebunden, aber letztlich auch zu Kohlendioxid und Wasser umgesetzt. Die in den organischen Molekülen als Struktur- bzw. Spurenelemente eingebauten Mineralien werden ebenfalls in anorganischer Form frei.

Organische Abwasserinhaltsstoffe in der aeroben Abwasserreinigung sollen immer als Substrat für die heterotrophen Organismen dienen und möglichst vollständig zu Kohlendioxid und Wasser umgesetzt werden. Gleiches gilt für viele Fälle der biologischen Bodensanierung. Bei Bodenverunreinigungen durch Mineralöle im Boden, z.B. aus einem Dieselölschaden, versucht man die Bedingungen für die heterotrophen Organismen durch Zuführung von Sauerstoff und Zugabe von mineralischen Nährstoffen (Stickstoff und Phosphat) so zu optimieren, daß die Mineralölbestandteile möglichst weitgehend mineralisiert werden.

Ebenso wird in vielen Fällen der biologischen Abluftreinigung der Schadstoff mineralisiert. Organische Bestandteile, z.B. Aromaten und Alkohole als Lösungsmittel bei der Verarbeitung von Lacken, werden von festsitzenden

Mikroorganismen aus der Abluft aufgenommen und zu Kohlendioxid und Wasser umgesetzt.

Die Schadstoffe aus Wasser, Luft und Boden werden bei dieser, in den letzten Jahren im Labormaßstab eingehend untersuchten Umsetzung, von den beteiligten Mikroorganismen jeweils als Kohlenstoff- und Energiequelle genutzt. Diese Mineralisierung kann gleichsam als die einfachste Strategie zur biologischen Beseitigung von Schadstoffen angesehen werden. Sie erfordert nur wenig Kenntnisse über die grundlegenden Zusammenhänge. Vielmehr reicht es oft aus, einer ausreichenden Anzahl heterotropher Organismen genügend Sauerstoff und Nährstoffe anzubieten und sie mit den Schadstoffen in intensiven Kontakt zu bringen.

Auf dem Wege zur Mineralisierung gibt es gerade bei Systemen komplexer Mischkulturen alle Möglichkeiten des nur teilweisen Abbaus von Stoffen. Der Prozeß kann durch entstehende, hemmende Zwischenprodukte oder Mangel an Nährstoffen oder Sauerstoff verlangsamt sein oder ganz zum Stillstand kommen.

Selektive Umsetzungen lassen sich mit komplexen Mischkulturen auf dem Weg der Mineralisierung meist nicht durchführen.

Unterschiedliche physiologische Gruppen können im Zuge der Mineralisierung in mehreren Einzelschritten beim Abbau von Schadstoffen zusammenwirken.

Es können aber auch unerwünschte Substituenten von Schadstoffen, wie Chlorid (Cl^-) bei chlorierten Kohlenwasserstoffen, nur deshalb entfernt werden, um anschließend den Rest des Substrates zur Mineralisierung nutzen zu können.

Häufig sind auch scheinbar unbeteiligte, zusätzliche Mikroorganismen in den Kulturen vorhanden. Bei vielen Isolierungsversuchen im Labor wurden Mikroorganismen in den eingesetzten Mischkulturen gefunden, deren Rolle physiologisch und biochemisch nicht eingegrenzt werden konnte. Dennoch funktioniert der Abbau nicht ohne ihre Anwesenheit.

Mineralisierung kann nach der Betrachtung der vielfältigen Möglichkeiten mikrobieller Umsetzungen somit eher als Strategie bei einer Sanierung oder Umsetzung einer Umweltbiotechnologie dienen, ohne eine wirkliche Beschreibung der realen, komplexen Vorgänge zu geben.

Da mit Hilfe umweltbiotechnologischer Verfahren jedoch auch schwer angreifbare Substanzen und Produkte abgebaut werden sollen, bei denen man die Mineralisierung nicht sofort in den Vordergrund der Sanierungsstrategie stellen kann, werden im folgenden einige andere Möglichkeiten des gezielten Zugriffes auf mikrobielle Stoffwechselprozesse aufgezeigt.

5.3 Kometabolismus

Bei Laboruntersuchungen wird die biologische Abbaubarkeit von einzelnen Stoffen häufig durch einen indirekten Beweis nachgewiesen. Zum Beispiel wird in ein Reagenzglas unter sterilen Bedingungen ein anorganischer Nährstoffcocktail eingefüllt, ein sog. Mineralmedium, das alle lebenswichtigen Mineralien enthält. Als einzige organische Verbindung wird der abzubauende Stoff, z.B. Benzol, zugegeben. Man nennt einen solchen Ansatz auch Batchkultur. Der Versuch beinhaltet einen Kontrollansatz, der steril bleibt, und einen zweiten Ansatz, der mit heterotrophen Mikroorganismen, z.B. *Pseudomonaden*, beimpft wird. Ziel des Versuchs ist zunächst die Mineralisierung des Benzols. Über die Zeit kann analytisch das Verschwinden des Benzols in beiden Ansätzen verfolgt werden. Sind die Mikroorganismen fähig, Benzol zu verwerten, verschwindet das Benzol im beimpften Ansatz, während es im Kontrollansatz unverändert erhalten bleibt. Die Mikroorganismen vermehren sich zudem sichtbar im beimpften Ansatz: das vorher klare Mineralmedium trübt sich als Folge der zunehmenden Zellzahlen. Man spricht bei diesem indirekten Nachweis der Abbaubarkeit davon, daß Benzol als einzige Kohlenstoff- und Energiequelle für das Wachstum der Mikroorganismen verbraucht wurde. Der biologische Abbau gilt auf diesem Weg in erster Näherung als nachgewiesen, obwohl der direkte Beweis des Abbaus fehlt, nämlich der Nachweis des aus dem Benzol mineralisierten Kohlendioxids.

Beim Abbau von strukturell schwierigen, insbesondere naturfremden chemischen Stoffen, wie den Xenobiotika, wurde im Labor in den letzten Jahren immer wieder festgestellt, daß ein nennenswerter biologischer Abbau der Zielsubstanz erst dann einsetzte, wenn zusätzlich zu der schwer abbaubaren Zielsubstanz den Mikroorganismen leicht abbaubare Stoffe zugegeben wurden.

Auf das obige Beispiel übertragen: PCB[12] wurde im Batchansatz durch ein *Pseudomonas*bakterium erst abgebaut, als zusätzlich Essigsäure oder andere leicht verwertbare Substrate zugegeben wurden.

Die Gründe für diesen Kometabolismus kennt man noch nicht immer. Einige der zugrundeliegenden Mechanismen konnten aufgedeckt werden. In anderen Fällen tappt man jedoch noch im Dunkeln, insbesondere auch bei bereits erfolgreich laufenden technischen Verfahren. Die Definition für Cometabolismus nach Schlegel (1992) lautet:

"Die Umsetzung einer Verbindung, die allein nicht die Zellvermehrung ermöglicht, in Gegenwart einer Verbindung, die nutzbar ist und das Wachstum ermöglicht (Kosubstrat), bezeichnet man als Kometabolismus."

Im Unterschied zum eher unspezifischen Kometabolismus gibt es zum Abbau leichtflüchtiger chlorierter Kohlenwasserstoffe bereits gezielte Eingriffsmöglichkeiten und gezielt einsetzbare Kosubstrate. Das Kap. 9.4 beschreibt einige der wenigen in Europa bereits erfolgreich eingeführten, laufenden Verfahren zur Sanierung von leichtflüchtigen chlorierten Kohlenwasserstoffen auf. Das folgende Kapitel beschreibt mögliche Strategien zum gezielten Einsatz von Kosubstraten.

---

[12]PCB ist die Abkürzung für polychlorierte Biphenyle, eine Gruppe aromatischer, chlorierter Verbindungen mit hohem toxischen Potential, die in Transformatoren und Kondensatoren, in Kühlölen und Hydraulikölen verwendet werden.

5.4 Kosubstrate

Leichtflüchtige chlorierte Kohlenwasserstoffe (LCKW) wurden in den letzten Jahrzehnten als Lösungsmittel für organische Verbindungen in großen Mengen verwendet. Erst heute, nach der Freisetzung in Böden, Grundwasser und Atmosphäre zeigt sich deren großes Schadenspotential. Eingesetzt wurden die LCKW und in Teilbereichen werden sie das heute noch - zur Entfettung von Werkstücken und Oberflächen, zur chemischen Reinigung von Textilien und als Extraktionsmittel.

Typische Vertreter sind das Tetrachlorethen (Per) aus der Gruppe der Chlorethene, das Trichlorethan (Tri) aus der Gruppe der Chlorethane oder das Trichlormethan (Chloroform) aus der Gruppe der Chlormethane.

Aufgrund der hervorragenden Eigenschaften als Lösungsmittel für organische Stoffe entfetten die LCKW nicht nur Werkstücke, sondern auch die Haut des Menschen. Sie werden leicht über diesen Weg in den Körper aufgenommen und können Leber- und Nierenschäden sowie Schädigungen des Nervensystems zur Folge haben.

Aufgrund der geringen Molekülgröße und der Eigenschaften als Lösungsmittel machen die LCKW auch vor Beton nicht halt, sondern durchdringen diesen leicht. Einmal in den Untergrund gelangt, können sie sich leicht und schnell ausbreiten und stellen daher häufig auch eine Gefahr für die Trinkwassergewinnung aus Grundwassser dar. Spektakuläre Schadensfälle mit flächenhafter Ausbreitung sind daher nicht selten anzutreffen.

Auch auf Mikroorganismen wirken LCKW konzentrationsabhängig toxisch. In Schadstoffzentren im Boden- oder Grundwasser können Mikroorganismen ihre Zellmembran nicht gegen die entfettende Wirkung der LCKW schützen, werden zerstört und sind daher auch nicht in der Lage, die LCKW abzubauen. Bei niedrigen Konzentrationen tritt diese Wirkung nicht auf.

Noch vor wenigen Jahren hielt man die LCKW für biologische Sanierungsverfahren für nicht geeignet, da unter Mineralisierungsbedingungen keine Mikroorganismen gefunden wurden, die sie abbauten. Mittlerweile hat sich gezeigt, daß durch den Einsatz unterschiedlicher Stoffwechselwege und von Kosubstraten Mikroorganismen gefunden werden können oder natürlich vorkommende Mikroorganismen dazu gebracht werden können, viele LCKW-Schäden mit recht geringem Aufwand biologisch zu sanieren. Da diese Praxis in der Bundesrepublik Deutschland - im Gegensatz zu den USA - noch gut nicht etabliert ist, werden diesbezügliche Beispiele im Kap. 9.4 behandelt.

Wichtigster und schwierigster Schritt beim biologischen Abbau der LCKW ist die Entfernung der recht fest angelagerten Chloratome von den Kohlenwasserstoffen. Unter aeroben Bedingungen kann diese unter Einsatz von Sauerstoff auf dem Weg einer oxidativen Dechlorierung erfolgen. Oxygenasen genannte Biokatalysatoren führen Sauerstoff in das Molekül ein. Die entstehenden Produkte sind Salzsäure und Alkohole. Für diesen oxidativen Abbau können beispielsweise Mikroorganismen aus der Gruppe der methylotrophen Bakterien eingesetzt werden. Die natürlichen Substrate dieser spezialisierten Mikroorganismengruppe sind kurzkettige Kohlenwasserstoffe wie Methan, Methanol oder Formaldehyd. Die zur Spaltung dieser natürlichen Substrate gebildeten Biokatalysatoren verfügen auch über Zugriffsmöglichkeiten auf die LCKW und spalten diese quasi nebenbei.

In der umweltbiotechnologischen Praxis werden die methylotrophen Mikroorganismen mit ihren natürlichen Substraten und LCKW in Anreicherungskulturen angefüttert, um dann unter gezieltem Zusatz von Kosubstraten effektive Kulturen für den LCKW-Abbau zu isolieren.

In der Tabelle 4 werden als Zitat aus dem *Handbuch der Mikrobiologischen Bodenreinigung* (1991) einige vorhandene Erkenntnisse zum biologischen Abbau von Trichlorethylen wiedergegeben.

Auch im anschließenden technischen Verfahren erweist es sich sehr häufig als förderlich, wenn weiterhin die natürlichen Substrate als Kosubstrate zugefüttert werden. Die Mikroorganismen werden so angeregt, die entsprechenden Enzyme zu bilden. Geeignete Konzentrationen zur Optimierung des Abbaus der LCKW sind dabei im Einzelfall zu erproben.

Alternativ zu den Biokatalysatoren der methylotrophen Mikroorganismen kann auch das Enzym Toluoldioxygenase, deren eigentliches katalytisches Ziel Aromaten wie Phenol und Toluol sind, einige LCKW durch oxydative Dechlorierung spalten.

Noch interessanter ist aus der Sicht der in diesem Buch bereits mehrfach behandelten Nitrifikanten der Gattung *Nitrosomonas* die Erkenntnis, daß deren Enzym Ammoniummonooxygenase ebenfalls einige LCKW angreift. Im Zuge einer Nitrifikation mit Ammonium können so auch in technischen Verfahren gleichzeitig Ammonium und LCKW eliminiert werden.

Zahlreiche effektive Abbauwege mit und ohne Kosubstrate existieren ebenso unter anaeroben Bedingungen. Die Chloratome werden dann reduktiv durch die Einführung von Wasserstoff oder durch die Einführung von Wasser abgespalten.

Welche Wege im praktischen Sanierungsfall beschritten werden können, läßt sich aufgrund der vorhandenen theoretischen Erkenntnisse in Kombination mit Laborversuchen festlegen.

Eine wichtige Rolle spielt im praktischen Einsatz bei den genannten Kosubstraten auch deren sekundäre Schadstoffwirkung. Bei einem Einsatz im Grundwasser eignen sich wahrscheinlich Essigsäure oder Ammonium eher als der Schadstoff Toluol, von dem eine sekundäre Gefährdung ausgehen könnte.

Tabelle 4. Charakteristika des biologischen Abbaus von Trichlorethylen (TCE). (Aus: *Handbuch Mikrobiologische Bodenreinigung*, Landesanstalt für Umweltschutz Baden-Württemberg 1991)

Biologischer Abbau von Trichlorethylen (TCE)	
Bedingungen	Anaerob und aerob kometabolisch durch Mikroorganismen, die den Abbau einleitende Oxygenasen als Enzyme besitzen; Cosubstrate: ♦ Methan, Erdgas, Methanol u.ä., ♦ Phenol, Toluol und evtl. andere Aromaten, ♦ Ammonium.
Mechanismus	Aerob oxidative Dechlorierung.
Geschwindigkeit	Aerob wahrscheinlich schneller als anaerob; aerob langsamer als cis-1,2-Dichlorethen.
Limitierung	Aerob keine bekannt.
Konzentration in Abbauuntersuchungen	1–230 µmol/l (133 µg–30 mg/kg bzw. l).
Tagesabbauraten	Anaerob 1–7%, aerob etwa 100% in 12 Stunden bei 10^8–10^9 Zellen pro ml.
Vorteile	Der aerobe Abbau ist effizienter als der anaerobe; hohe Mineralisierungsraten soweit bisher untersucht; das beim ersten Abbauschritt gebildete Epoxid zerfällt spontan innerhalb von Sekunden; keine Bildung von weiteren toxischen Zwischenprodukten bekannt, die Mikroorganismen müssen nicht an die LCKW adaptiert werden; sie können mit den jeweiligen Kosubstraten angereichert werden, dabei ist der Kosubstratbedarf niedriger als anaerob, da die Energieausbeute höher ist.
Nachteile	Die Kosubstrate sollten in ausreichender Menge zur Verfügung stehen, damit die Mikroorganismen hohe Zelldichten erreichen, die einen schnellen Abbau gewährleisten.

In jedem Fall stehen im Gegensatz zur Vorgehensweise bei der Mineralisierung die mikrobiellen Ansprüche bei der Beseitigung der LCKW und damit die Fachkenntnisse der Umweltbiotechnologen deutlich im Vordergrund. Verfahrenstechnische Aspekte können erst nach der Definition der mikrobiellen Ansprüche festgelegt werden.

Für eine detaillierte Übersicht über Strukturen und biologischen Abbau der LCKW sei auf das *Handbuch zur mikrobiologischen Bodenreinigung* der Landesanstalt für Umweltschutz Baden-Württemberg (1991) verwiesen.

5.5 Unspezifische Umsetzung

Beim Einsatz von Kosubstraten, wie im vorherigen Kapitel beschrieben, werden die Ansprüche und Abbaumechanismen der Mikroorganismen vor dem Einsatz in der Technik sehr genau geklärt. In der Praxis der Bodensanierung gibt es zur Beseitigung anderer schwer abbaubarer Stoffe auch eine zunächst eher gegensätzlich erscheinende Strategie, die jedoch auch wieder maßgeblich auf den charakteristischen Eigenschaften bestimmter Biokatalysatoren beruht, die außerhalb der Zellen wirksam werden.

Die Gruppe der polyzyklischen aromatischen Kohlenwasserstoffe (PAK) widersetzt sich in der Praxis immer wieder einem biologischen Abbau. Im Labor gefundene Abbauraten für PAK mit Reinkulturen von Mikroorganismen sind zwar ermutigend, in der Praxis im Boden verläuft der Abbau häufig schleppend. Neben der schwer abbaubaren Struktur wird der Abbau zusätzlich durch die feste Bindung der Moleküle an die Bodenpartikel behindert.

Wie unterschiedlich der biologische Abbau von PAK unter praxisrelevanten Bedingungen verlaufen kann, zeigt die Tabelle 5.

Tabelle 5. Ergebnisse des biologischen Abbaus von PAK im Boden. (Aus Weißenfels 1993)

Parameter	Boden 1	Boden 2	Boden 3	Boden 4	Boden 5	Boden 6
Organischer Kohlenstoff	4,5	5,30	1,30	1,40	2,50	5,40
PAK-Konzentration vor biologischer Behandlung [mg/kg] **mg/kg**	16,50	64,80	13,30	268,30	16,30	702,30
PAK-Konzentration nach biologischer Behandlung [mg/kg]	19,70	53,30	< 0,1	24,90	15,80	636,30

Insbesondere bei tonigen Böden sind PAK daher vermutlich einem biologischen Angriff nur noch schwer zugänglich. Spezialisierte, im Labor vorgezüchtete, und zur Sanierung in den Boden eingebrachte PAK-abbauende Kulturen erbringen in der Praxis meist keine besseren Ergebnisse.

Man nennt diese schlechte bzw. nicht reproduzierbare Abbaubarkeit im technischen Maßstab infolge Anlagerung an die Bodenmatrix zur Zeit noch recht hilflos "schlechte Bioverfügbarkeit", ohne daß hierfür die exakten Gründe oder Meßparameter zu nennen wären.

Bei Bodensanierungsverfahren spielen PAK aber immer wieder eine wichtige Rolle, da sie aufgrund ihrer toxischen Wirkungen aus dem Boden entfernt oder unschädlich gemacht werden müssen. Da sehr viele ehemalige Gaswerkstandorte und Kokereien mit PAK kontaminiert sind und die dort vorliegenden anderen Schadstoffe einem biologischen Abbau oft gut zugänglich sind, werden zur Erweiterung des Abbauspektrums neben den bakteriellen Abbaumöglichkeiten auch die der Pilze im Labor- und im technischen Maßstab untersucht.

In der Natur entstammen sehr viele aromatische Verbindungen dem Lignin, einem aromatischen strukturgebenden Gerüst vieler, miteinander durch unterschiedliche Bindungen verbundener aromatischer Ringsysteme. Lignin wird als Endprodukt des pflanzlichen Stoffwechsels in das Holz eingebaut, von den Pflanzen nicht weiter verstoffwechselt und ist oft auch in der freien Natur nur sehr langsam abbaubar.

Eine Gruppe von Mikroorganismen, die sich auf den schwierigen Abbau des Ligningerüstes spezialisiert hat, ist die der Weißfäulepilze. Bei der natürlichen Zerstörung des Lignins durch diese Pilze bleibt als Rest zunächst Zellulose übrig, die ein charakteristisches, weiß-faseriges Bild hinterläßt: die Weißfäule. Auch makroskopisch an vermoderndem Holz erkennbar, sind die Weißfäulepilze maßgeblich am Holz- und Ligninabbau beteiligt. Einer von ihnen, der Austernpilz (*Pleurotus ostreatus*), ist sogar ein gefragter Speisepilz. Er greift neben dem Lignin gleichzeitig auch Zellulose an und kann daher auf Strohballen für den Verzehr kultiviert werden. Ob das Lignin dabei den Weißfäulepilzen als Kohlenstoff- und Energiequelle dient, ist noch nicht sicher. Möglich wäre ebenfalls, daß das Lignin zersetzt wird, um an die Zellulose und andere Verbindungen, z.B. den Stickstoff im Holz, zu gelangen.

Der Ligninabbau durch die heterotrophen Weißfäulepilze erfolgt unter aeroben Bedingungen durch ein äußerst komplexes System mehrerer Enzyme, die auch aggressive Radikale bilden. Die Wechselwirkungen innerhalb dieser Reaktionen sind noch nicht vollständig aufgeklärt. Die Strategie, mittels eines komplexen Systems mehrerer Enzyme zu arbeiten, wird aufgrund der ebenso komplexen Struktur des Lignins mit sehr unterschiedlichen Vernetzungen notwendig.

Die Fähigkeit zur Spaltung des Lignins gestattet es den Weißfäulepilzen möglicherweise auch, relativ unspezifisch andere Aromaten wie die PAK zu spalten. Es gibt daher einige Verfahren zur Sanierung von PAK-belasteten Böden, bei denen vorgezüchtete Weißfäulepilze oder andere Pilze dem zu sanierenden Boden beigegeben werden.

Die für den Abbau des Lignins verantwortlichen Enzyme liegen außerhalb der Zelle vor: es sind extrazelluläre Enzyme. Eine weitere Eigenschaft der Pilze könnte bei der Bodensanierung ebenfalls behilflich sein. Durch das den Boden durchdringende Myzelgeflecht der Pilze besteht ein besserer Zugang zu den Schadstoffen und der Boden wird zusätzlich durchlüftet.

Nach den Aussagen von Sanierungsfirmen lassen sich mit Weißfäulepilzen auch bei PAK-belasteten Böden gute Erfolge erzielen. Die Pilze werden vor Beginn der Sanierung auf Stroh angezüchtet und dann mit dem zu sanierenden, aufgelockerten Boden vermischt. Die Beete oder Mieten gleichen dann den anderen Bodensanierungsverfahren.

Röckelein (1994) berichtet von einem PAK-Abbau von ca. 1800 mg/kg TS[13] Boden auf ca. 10 mg/kg TS Boden durch den Einsatz von Weißfäulepilzen. Analysiert wurden die PAK nach der Liste der US Environmental Protection Agency (EPA). Derart spektakuläre biologische Reinigungsleistungen wurden bisher nur selten wissenschaftlich überzeugend demonstriert.

Eine andere Erklärung für das Verschwinden der PAK könnte nämlich neben der unspezifischen Spaltung in der festen Einbindung in Huminstoffe bestehen, die bei der Zersetzung von Lignin entstehen. Die PAK wären dann nicht mineralisiert und saniert worden, sondern lediglich aufgrund ihrer andersartigen chemischen Bindung mit den gleichen Analysemethoden nicht mehr zu erfassen, aber immer noch vorhanden (Kästner 1992).

Eschenbach berichtet 1995 von einem radioaktiv markierten Kontrollversuch, der sich möglicherweise auf den gleichen Schadensfall wie den von Röckelein (1994) beschriebenen bezieht. Demnach führte der Zusatz des Pilz-Stroh-Gemisches nur zu geringfügig erhöhten Mineralisierungsraten gegenüber Kontrollen ohne Zugabe von *Pleurotus ostreatus*. Von den im Boden verbleibenden PAK scheint jedoch auch kein erhebliches Gefährdungspotential mehr auszugehen.

Im Laborversuch einer anderen Gruppe von Wissenschaftlern (Sack 1995) gelang es innerhalb von 60 Tagen durch radioaktive Markierung die Mineralisierung eines einzelnen PAK (Phenanthren) zu Kohlendioxid von 13% nachzuweisen.

Die erfolgversprechenden Ansätze mit einigen Weißfäulepilzen haben dazu geführt, daß ihr Abbaupotential auch für andere Schadstoffe, z.B. den Sprengstoff 2,4,6-Trinitrotoluol (TNT), untersucht wird, und man darüber hinaus auch andere Pilzarten testet.

Andere Beispiele unspezifischer Umsetzungen in der Umweltbiotechnologie finden sich in den USA. Dort wird von einigen Firmen versucht, mittels konservierter Enzympräparate - ohne lebende Mikroorganismen - Schadstoffe im Boden in Kohlendioxid und Wasser zu spalten. Die Enzyme entstammen möglicherweise der Waschmittelindustrie. Wissenschaftlich fundierte Daten gibt es hierzu noch sehr wenige.

---

[13]Trockensubstanz, hier bezogen auf Boden.

5.6 Zwischenprodukte

Als Zwischenprodukte werden hier die Stoffe bezeichnet, die beim biologischen Abbau von den Organismen - aus welchen Gründen auch immer - aus der Zelle als Teile oder Endprodukte des Abbauprozesses freigesetzt werden. Gemeint sind Stoffe, die in einem Zusammenhang mit dem Abbau stehen, aber nicht solche aus anderen Stoffwechselfunktionen. Das Zwischenprodukt ist daher in diesem Sinne eher als unerwünschte Zwischenstufe auf dem Weg zur Mineralisierung anzusehen.

In zukünftigen Generationen umweltbiotechnologischer Verfahren könnte das Ziel jedoch auch die Produktion von Zwischenprodukten werden, wie z. B. im Kapitel 9.5 für die industrielle Abwasserreinigung beispielhaft angesprochen.

Viele Grundlagen zum Abbau von Schadstoffen, die in der Boden- und Grundwassersanierung relevant sind, werden zunächst im Labor oder im Labormaßstab erarbeitet. Dabei werden optimale Verhältnisse wie gute Durchlüftung und aerobe Bedingungen eingestellt und im weiteren vorausgesetzt. Vielfach werden einzelne chemische Verbindungen auf ihre Abbaubarkeit durch einzelne Reinkulturen von Bakterien untersucht.

Bereits bei diesen Untersuchungen finden sich eine Vielzahl von Zwischenprodukten des Schadstoffabbaus, die entweder weiter abgebaut und letztlich mineralisiert werden oder aber zunächst keinem weiteren biologischen Abbau unterliegen. Beispiele für nicht weiter abgebaute Zwischenprodukte werden in diesem Buch (Kap. 9.3) aufgeführt.

Im Laborversuch kann man aber auch direkt die Bildung unerwünschter Zwischenprodukte darstellen. Zum Beispiel entstehen bei mangelnder Belüftung bei der Zersetzung von Phenolen direkt nachweisbare, schwer abbaubare Verbindungen.

Anders als im Labor finden sich unter den komplizierten Bedingungen im realen Boden nicht nur undefinierte Mischkulturen, sondern auch unklare Umgebungsverhältnisse. Die Sauerstoffkonzentration wird ebenso wie der pH-Wert, die Temperatur und die Feuchtigkeit auf kleinstem Raum stark schwanken. Zum Beispiel werden im Inneren eines Bodenkorns alle oben genannten physikalischen Größen deutlich andere Werte haben als an der Oberfläche.

Gewisse Tendenzen lassen sich jedoch verallgemeinern. Da die Mineralisierung von organischen Schadstoffen unter aeroben Bedingungen immer noch das Ziel der meisten Sanierungen darstellt, können zumindest die bei diesem Prozeß entstehenden Zwischenprodukte analysiert und beschrieben werden.

Bei oxidativem Abbau entstehen häufig vorübergehend toxische Zwischenprodukte. Durch die Einführung von Sauerstoff in die Moleküle werden diese besser wasserlöslich. Sie können so von den Mikroorganismen leichter aufgenommen und verwertet werden. Die beteiligten Enzyme werden Oxygenasen genannt. Durch andere Enzyme und andere Abbauwege entstehen eine Vielzahl von Zwischenprodukten.

Da mittlerweile deutlich geworden ist, daß es chemisch-analytisch in nächster Zukunft nicht gelingen wird, alle möglicherweise und real freigesetzten Zwischenprodukte zu finden bzw. nachzuweisen, werden zur Einschätzung der

Gefährlichkeit der Zwischenprodukte vorzugsweise Toxizitätstests und Ökotoxizitätstests durchgeführt.

Ziel von Sanierungen wird zunehmend auch eine nur teilweise Mineralisierung der Schadstoffe mit der Bildung von ungefährlichen Zwischenprodukten, z.B. bei der Sanierung von mit Trinitritoluol (TNT) belasteten Böden und dem entstehenden Triaminotoluol (TAT).

Zwischenprodukte von vielleicht geringer Bedeutung für die biologische Sanierung sind natürlich auch die zahlreichen Produkte die frei werden, weil sie auf ihrem Abbauweg von einer Mikroorganismengruppe zu einer anderen "weitergereicht" werden. Nitrit als Zwischenprodukt der Nitrifikation wird von *Nitrosomonas* an *Nitrobacter* weitergereicht. Beide sind daher auf eine enge Nachbarschaft angewiesen und leben in der Natur vermutlich auf engem Raum nebeneinander.

Daß die Freisetzung auch hier Perspektiven für die Umweltbiotechnologie bietet, zeigen Forschungsansätze, die die Schritte vom Nitrit zum Nitrat bei der Nitrifikation ganz zu vermeiden versuchen. Statt dessen soll das aus der Ammoniumoxidation freiwerdende Nitrit direkt in die Denitrifikation einfließen.

Zahlreiche typische Zwischenprodukte finden sich auch bei der in diesem Buch mehrfach angesprochenen anaeroben Umsetzung.

5.7 Humifizierung

Die Humifizierung ist ein überall in der belebten Natur zu beobachtender, grundlegender Prozeß der Bodenbildung mit einem unvollständigen Abbau organischer Stoffe. Leicht abbaubare Materialien werden dabei schnell und vollständig oxidiert. Weniger gut abbaubare Moleküle verbleiben mehr oder weniger unverändert im Boden. Humifizierung findet beispielsweise bei der Kompostierung statt.

Die Humifizierung entstammt als Begriff nicht der Umweltbiotechnologie oder der Bodensanierung. Sie kann auch nicht als biologischer Abbau im eigentlichen Sinne bezeichnet werden, sondern eher als ein - passiver oder aktiver - Entzug aus dem Sanierungsgeschehen der biologischen Bodensanierung. Humifizierung war bisher in der Bundesrepublik Deutschland noch nicht - zumindest nicht offiziell - das erklärte Ziel von Sanierungsverfahren. Vielmehr wurde bei wissenschaftlicher Begleitung von Sanierungsverfahren häufig gefunden, daß die Schadstoffe, die als schlecht oder schwierig abbaubar galten, unerwartet schnell verschwanden. Skeptiker unter den Wissenschaftlern machten sich auf die Suche und fanden schnell heraus, daß viele, insbesondere aromatische Schadstoffe nicht mineralisiert, sondern nach anfänglichem mikrobiologischen Angriff chemisch an Humusfraktionen gebunden wurden. Chemisch-analytisch waren sie daher nicht mehr mit den ursprünglichen Nachweisverfahren zu finden, in ihrer grundsätzlichen Struktur aber noch vorhanden.

Zahlreiche detaillierte Forschungsergebnisse, zum Teil unter Zuhilfenahme von radioaktiven Markierungen gewonnen, belegen diesen Einbau von modifizierten Schadstoffen in eine Huminfraktion. Ob hierbei Pilze, Bakterien oder vielmehr chemische Bindungen die wichtigste Rolle spielen, ist heute noch weitgehend unklar. Auch die Frage, ob denn der Einbau in die Huminfraktion zu einer endgültigen Festlegung der Schadstoffe führt oder ob sie unter Umständen auch wieder freigesetzt werden können, ist noch offen.

Mit der Effektivität der Humifizierung können auch die immer wieder auftauchenden Bestrebungen von Sanierungsfirmen erklärt werden, bei der biologischen Bodensanierung in großem Maßstab Kompost, Rindenhumus oder ähnliche Quellen für Huminsäuren einzubeziehen. Der ursprüngliche Zweck, eine Auflockerung des Bodens bei der Sanierung zu erreichen, tritt möglicherweise vor dem Ziel, durch die Humifizierung Schadstoffe aus dem Verkehr zu ziehen, von der Bedeutung her zurück.

5.8 Elektronendonatoren oder -akzeptoren

Die Nutzung von Stoffen als Elektronendonatoren bzw. -akzeptoren als Teil des Stoffwechsels ist aus vorhergehenden Kapiteln bereits bekannt. Sie soll jedoch hier noch einmal kurz als eigenständige Strategie zur Schadstoffentfernung aufgezeigt werden.

Neben der Mineralisierung ergeben sich durch die Nutzung von Stoffen als Elektronendonatoren bzw. -akzeptoren zahlreiche umweltbiotechnologische Perspektiven, die andere Verfahren ermöglichen.

Grundlage des aeroben Energiestoffwechsels sind Oxidationsprozesse. Dabei gehen Elektronen von einem Elektronendonator auf einen Elektronenakzeptor über. Da meist zwei Elektronen gleichzeitig übertragen werden, spricht man auch von Wasserstoffdonatoren bzw. Wasserstoffakzeptoren. Zur Übertragung dieser chemischen Energie innerhalb der Zelle dient das Adenosintriphosphat (ATP) als Energieträger. Es liefert die chemische Energie für viele Stoffwechselprozesse, aber auch für Bewegungen von Organismen. Nach der Übertragung der Energie müssen die ATP-Moleküle regeneriert werden. Ein wichtiger Weg dieser Regenerierung des ATP ist die Atmungskettenphosphorylierung: Von den Nahrungssubstraten - hier beispielsweise Schadstoffe - werden Elektronen bzw. Wasserstoff enzymatisch abgespalten und anschließend so an eine intrazelluläre Membran angelagert, daß ein elektrochemisches Potential aufgebaut wird. Dieses stellt die treibende Kraft zur Regeneration des ATP. Als Elektronenakzeptor dient letztlich Sauerstoff.

Aus der Beschreibung von Stickstoffkreisläufen bekannt sind:

- ◆ die Entfernung von Ammonium aus Wasser durch Nitrifikation und
- ◆ die Entfernung von Nitrat aus Wasser durch Denitrifikation.

Elektronen werden dabei vom Substrat Ammonium auf Sauerstoff übertragen. Als Zwischenprodukt entsteht Nitrit. Elektronen werden dann von den Nitrifikanten vom Nitrit abgespalten und auf Sauerstoff übertragen. Das Produkt ist das Nitrat.

Nitrat kann seinerseits als Elektronenakzeptor für Elektronen aus organischen oder anorganischen Molekülen dienen. Andere Möglichkeiten für die Nutzung von

Elektronenakzeptoren bzw. -donatoren, die in folgenden Kapiteln (vgl. 6.11) noch erläutert werden, sind beispielsweise:

- die Entfernung von Schwefelwasserstoff (H_2S), der extreme Geruchsbelästigungen in der Abluft verursacht. Schwefelwasserstoff kann in Abluftbiofiltern oder -wäschern als Elektronendonator für *Thiobacilli* entfernt werden

- die Auflösung von Eisenpyrit (FeS_2), das zusammen mit anderen Eisen-(II)-Verbindungen durch *Thiobacilli* oxidiert wird; dadurch gehen vorher unlösliche Metalle in eine lösliche Form über und können gezielt entfernt werden

- die Sulfatreduktion, z.B. mit der Bildung von unlöslichen Metallsulfiden verknüpft; dieser Prozeß wird technisch bereits zur Schwermetallausfällung aus industriellen Abwässern eingesetzt.

5.9 Nährstoffnutzung als Strategie zur Schadstoffentfernung

Vereinzelt finden sich in der wissenschaftlichen Literatur Beispiele, bei denen komplexe schwer abbaubare Substrate nicht deshalb von Mikroorganismen angegriffen werden, weil sie diese als Kohlenstoff- und Energiequelle nutzen, sondern weil sie die in den Substraten enthaltenen Nährstoffe erhalten wollen oder dringend benötigen. Hintergrund dieser Mechanismen ist die weitverbreitete Nährstoffarmut in natürlichen Lebensräumen, die es auch für Mikroorganismen erforderlich macht, besondere Strategien zu entwickeln, um die lebensnotwendigen Nährstoffe zu erhalten.

So berichtet Boothpathy 1992 von einem anaeroben, sulfatreduzierenden Bakterium, welches seinen Stickstoffbedarf durch die am aromatischen Ringsystem des TNT gebundenen Nitrogruppen deckt. TNT diente im Laborversuch bei der Kultivierung des Bakteriums als einzige Stickstoffquelle. Der Organismus war im Laborversuch also offensichtlich in der Lage, seinen Stickstoffbedarf aus dem Sprengstoffmolekül zu decken.

Auch bei den Weißfäulepilzen findet die Zersetzung des Lignins möglicherweise nicht primär statt, um so Kohlenstoff und Energie gewinnen zu können. Ein wichtiges Enzym der Weißfäulepilze wird nur gebildet, wenn eine Stickstoffmangelsituation herrscht. Die Schlußfolgerung liegt nahe, daß die Ligninoxidation auf die Zerstörung des Holzes und damit einhergehend auf die Erschließung von stickstoffhaltigen Verbindungen zielt (Schlegel 1992).

Da in der Natur in der Regel ein Mangel an Nährstoffen herrscht, gibt es für Mikroorganismen wahrscheinlich noch zahlreiche andere, unbekannte Wege sich die nötigen Nährstoffe zu verschaffen. Dieses muß nicht zwangsläufig energetisch lukrativ sein. Vielleicht setzen einige Mikroorganismen sogar Energie ein, um an die für sie wichtigen Nährstoffe zu kommen. Völlig neue Stoffwechselwege für schwierige Schadstoffe könnten vorhanden sein. Die Strategie, Schadstoffe als

Quelle für Nährstoffe einzusetzen, birgt daher möglicherweise noch ein erhebliches, bisher unerkanntes Potential für die Umweltbiotechnologie.

Eine völlig andere Art der Nutzung einer mikrobiellen Nährstoffbeschaffungsstrategie stellt die biologische Phosphatelimination aus Abwasser durch bestimmte Mikroorganismen dar. Im Zuge der Abwasserreinigung sollen nicht nur die organischen- und die Stickstoffbelastungen des Wassers abgebaut werden, sondern möglichst auch die Phosphate als wichtige Pflanzennährstoffe vollständig entfernt werden.

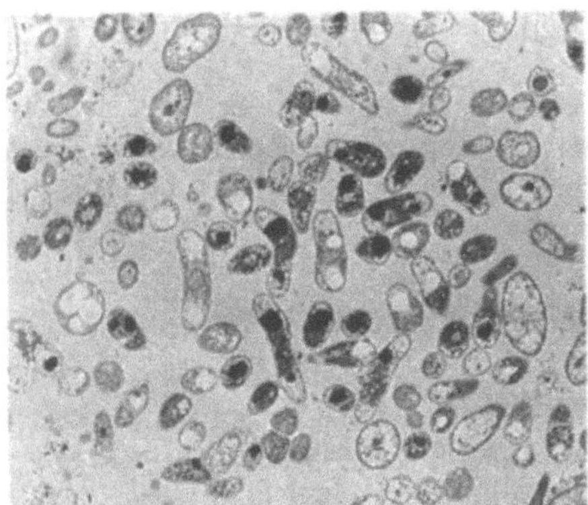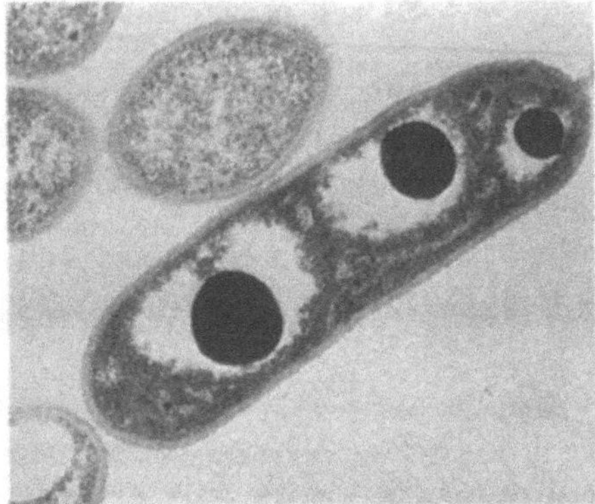

Abb. 15. Elektronenmikroskopische Aufnahme von Bakteriendünnschnitten, *links* Teil einer Abwasserflocke, *rechts*: Einzelzelle, Durchmesser der Bakterien ca. 1,5μm. Die Polyphosphate sind als elektronendichte (schwarze) Einschlüsse zu erkennen.

Durch den Zusatz von anorganischen Salzen als Fällungsmittel in der Abwasseranlage gelingt dies recht gut. Die Bildung und Entfernung unlöslicher Phosphatverbindungen führt jedoch zu zusätzlichem Schlammanfall. Steigende Betriebskosten, auch aufgrund des Chemikalienverbrauchs, sind ein unerwünschter Nebeneffekt der ansonsten funktionierenden chemischen Phosphatentfernung.

Zunehmend macht man sich daher in kommunalen Kläranlagen die Möglichkeit der biologischen Phosphatentfernung zu Nutze, die auf der Grundlage einer Veröffentlichung von Schön (1994) basiert. In diesem Kapitel werden zunächst die biologischen Grundlagen dargestellt. Technische Einsatzmöglichkeiten der biologischen Phosphatentfernung folgen dann im Kap. 6.3.3.

Im kommunalen Abwasser finden sich lösliche Phosphate, organisch gebundenes Phosphat und anorganisches Polyphosphat. Die letzteren beiden werden durch Exoenzyme im Belebungsbecken schnell umgesetzt und liegen dann auch als lösliche Phosphate vor. Beim gesamten Prozeß spricht man daher immer nur von Phosphaten und von biologischer Phosphatentfernung.

Phosphatspeichernde Bakterien sind die Voraussetzung für die biologische Phosphatentfernung. Sie horten Phosphat unter bestimmten Bedingungen als Polyphosphat in ihren Zellen. Die Bakterien knüpfen die einzelnen Phosphate (PO_4^{3-})

durch energiereiche Verbindungen aneinander und erhalten so neben dem Phosphatspeicher auch einen Energiespeicher.

Der Aufbau dieses Energiespeichers erfolgt durch die heterotrophen Bakterien nur in Anwesenheit gut verwertbarer Kohlenstoff- und Energiequellen, wie z.B. kurzkettiger organischer Säuren. Die langen Polyphosphatketten lassen sich sogar im Lichtmikroskop erkennen, noch deutlicher sichtbar macht sie ein Elektronenmikroskop, wie in Abb. 15 gezeigt. Der Phosphorgehalt derartig beladener Zellen kann über 10% der Zelltrockensubstanz betragen und stellt so einen erheblichen Phosphat- und Energiespeicher dar. Bei der Phosphatspeicherung unterscheidet man zwei unterschiedliche Mechanismen:

1. Bei vielen Mikroorganismen findet nach einer Phase des Phosphatmangels eine Überkompensation statt; es wird sehr viel Polyphosphat gespeichert und anschließend verbraucht.

2. Die Mikroorganismen speichern Polyphosphat ohne vorherigen Phosphatmangel. Dieses wird jedoch anschließend nicht verwertet, sondern erst in Streßsituationen bei Mangel an Energie oder Sauerstoff zu Orthophosphat gespalten.

Generell kann nicht nur Phosphat aufgenommen und gespeichert werden, unter bestimmten Bedingungen kann das Phosphat auch wieder freigesetzt werden.

Für alle Schritte des Prozesses spielen die Milieubedingungen eine wichtige Rolle. Für die biologische Phosphatentfernung in Belebungsanlagen ergeben sich daher zwei grundsätzliche verfahrenstechnische Möglichkeiten, die beide in der Praxis erprobt sind:

♦ Optimierung der Polyphosphatspeicherung und Abzug der angereicherten Bakterien mit dem Überschußschlamm,

♦ Optimierung der Polyphosphatspeicherung und anschließend gezielte Freisetzung und chemisch-mechanische Abtrennung der Phosphate.

Wie in der Praxis durch geschickte Prozeßführung beide Verfahren zur biologischen Phosphatentfernung eingesetzt werden, wird im Kapitel 6.3.3 ausführlicher beschrieben.

5.10 Biologische Abbaubarkeit bei der Bodensanierung

Wie aus den vorstehend beschriebenen Strategien bereits ersichtlich, können die beteiligten Vorgänge und biologischen Mechanismen beim biologischen Abbau von Schadstoffen sehr unterschiedlich sein. Die Vorhersage eines zu erzielenden Abbaugrades oder Grenzwertes ist beim heutigen Stand der Erkenntnis nicht ohne Voruntersuchungen des jeweiligen Schadens sicher möglich. Zur Prognose der biologischen Abbaubarkeit von Schadstoffen bei der biologischen Bodensanierung werden in der Regel Vorversuche nach einem einheitlichen Muster im Labor durchgeführt.

Ein Arbeitskreis der DECHEMA hat hierzu Methoden ausgearbeitet und veröffentlicht (Klein 1992): Im Rahmen eines ersten Minimalprogrammes soll demnach eine Aussage darüber erhalten werden, "ob eine Beeinträchtigung der am Standort vorhandenen Bodenmikroorganismen durch die betreffende Kontamination vorliegt". Die nächste Stufe des Laborversuchs beinhaltet eine orientierende Prüfung des mikrobiellen Schadstoffabbaus. Geklärt werden soll, ob die Schadstoffe in einer repräsentativen Bodenprobe von den vorhandenen Mikroorganismen abgebaut werden können. Weiterführende Untersuchungen führen dann zu Hinweisen auf geeignete Sanierungstechniken und die einzuhaltenden Bedingungen für den biologischen Abbau.

Aus den praktischen Erfahrungen und Laboruntersuchungen der biologischen Bodensanierung der letzten Jahre lassen sich einige Erkenntnisse über die biologische Abbaubarkeit und die Anwendbarkeit biologischer Sanierungsverfahren verallgemeinern:

- ◆ Der biologische Abbau von Mineralölkohlenwasserstoffen (MKW) funktioniert in der Praxis häufig gut bis zufriedenstellend. Der Abbau der MKW hängt dabei von der Zusammensetzung der unterschiedlichen Fraktionen der Kohlenwasserstoffe ab. Allgemein gilt, je länger und komplexer die Moleküle sind und je mehr ungesättigte Anteile sie enthalten, desto schwieriger und langwieriger ist der biologische Abbau. Unverzweigte, gesättigte Kohlenwasserstoffe werden unter aeroben Bedingungen schnell und vollständig abgebaut. Da die Moleküle mit unterschiedlichen Raten abgebaut werden, verschiebt sich das Spektrum der MKW während der Sanierung. Zum Abbau von MKW sind viele im Boden vorhandene Mikroorganismen befähigt.

- ◆ Benzol, Toluol, Ethylbenzol, Xylol (BTEX) sind im Boden unter aeroben Bedingungen wie viele andere Aromaten auch gut biologisch abbaubar, z. T. sogar besser und schneller als aliphatische Kohlenwasserstoffe. Ihre Abbaubarkeit hängt in erster Näherung von ihrer Polarität ab. Aromatische Säuren und Phenole sind besser abbaubar als einfache unpolare Aromaten. Einige Aromaten, beispielsweise Toluol und m-Xylol, lassen sich im Laborversuch auch mit Nitrat als Sauerstoffträger abbauen.
Die Schwierigkeit in der technischen Anwendung der biologischen

Sanierung besteht darin, die entsprechenden abbauenden Mikroorganismen mit Sauerstoff (oder Sauerstoffträgern) zu versorgen, ohne die Schadstoffe über die Gasphase auszutreiben.

- LCKW werden unter natürlichen Bedingungen, z.B. im Grundwasser, biologisch - von einigen Ausnahmen abgesehen - fast nicht abgebaut. Aufgrund ihrer hohen Flüchtigkeit eignen sich in der Praxis vielfach physikalische Verfahren zur Sanierung von Schadensfällen. Im mikrobiologischen Labor wurden mittlerweile zahlreiche Abbauwege ermittelt, z.B. die reduktive, die hydrolytische oder die oxidative Dechlorierung. Es wird zur Zeit versucht, diese Abbauwege in die praktische Anwendung zu überführen, wobei oberirdisch in Bioreaktoren erste Erfolge erzielt wurden. Die erforderlichen mikrobiellen Ansprüche und die Zugabe von Cosubstraten bedürfen hierbei ausführlicher Laboruntersuchungen. Für den Abbau von CKW kann es sinnvoll sein, vorgezüchtete Mikroorganismen anzuimpfen.

- Der Abbau von CKW im Boden stellt sich aus technischen Gründen schwierig dar und wird daher nur in Einzelfällen versucht.

- Der Abbau der PAK hängt zunächst von der Anzahl der aromatischen Ringe und der Bioverfügbarkeit im Boden ab. Die einzelnen aromatischen Ringe im Molekül werden von den Mikroorganismen der Reihe nach abgebaut. Je wasserlöslicher die Moleküle sind, desto schneller funktioniert der biologische Abbau. Naphthalin mit nur zwei aromatischen Ringen und guter Löslichkeit in Wasser läßt sich leicht biologisch mineralisieren. Moleküle mit mehreren aromatischen Ringen, z.B. Benz(a)pyren oder Perylen mit fünf Ringen benötigen wesentlich länger für den biologischen Abbau.
Im komplexen Bodensystem werden die gut abbaubaren PAK zuerst entfernt. Neben den biologischen Mechanismen spielen abiotische Prozesse, z.B. die Adsorption an die Bodenmatrix, eine wichtige Rolle. PAK werden auch teilweise in die Huminfraktion des Bodens eingebaut. In jedem Fall sind vor einer biologischen Sanierung umfangreiche Laborvoruntersuchungen durchzuführen. Erfolgreiche biologische PAK-Sanierungen sind eher die Ausnahme als die Regel.

- Aufgrund der geringen Wasserlöslichkeit lassen sich im Grundwasser belasteter Standorte meist nur geringe Konzentrationen von PAK nachweisen. Die höheren Konzentrationen liegen dagegen in der Bodenmatrix vor. PAK, die im Grundwasser gelöst sind, lassen sich leicht biologisch abbauen, z.B. in oberirdisch betriebenen Bioreaktoren.

- Der Abbau von TNT wurde bisher nur in einem einzelnen Fall vollständig durch Mineralisierung erreicht. Die Sanierungspraxis soll zukünftig über eine Kombination von anaeroben und aeroben Abbauschritten laufen. Als Produkt wird Triaminotoluol (TAT) fest und irreversibel in die

Bodenmatrix eingebunden. Für die anderen, auf vielen ehemaligen Rüstungsstandorten vorliegenden Sprengstoffe können noch keine allgemeinen Aussagen gemacht werden.

- Schwermetalle sind als chemische Elemente grundsätzlich nicht biologisch abbaubar. Mit biologischen Elutionsverfahren, die in der Biohydrometallurgie angewendet werden, können Metalle noch nicht ausreichend aus Böden entfernt werden. Im wäßrigen Milieu können Schwermetalle durch Biosorption entfernt werden, bieten aber keine praktischen Vorteile gegenüber herkömmlichen Ionenaustauschern oder adsorptiven Verfahren.

Nicht berücksichtigt wurde bei der Darstellung der biologischen Abbaubarkeit der einzelnen Schadstoffgruppen die Abhängigkeit von der Konzentration der Schadstoffe. Einige der genannten Schadstoffe wirken oberhalb bestimmter Konzentrationen toxisch auf Mikroorganismen und können daher nicht biologisch abgebaut werden. Ebenfalls nicht berücksichtigt wurde der prozentuale Abbaugrad bzw. die Erreichbarkeit der unterschiedlichen Sanierungsziele.

Die erreichbaren Abbauraten und Restkonzentrationen des biologischen Abbaus von Schadstoffen im Boden müssen heute für die Bodenreinigung jeweils noch im standardisierten Laborversuch ermittelt werden.

5.11 Biologische Abbaubarkeit in der Abwasserreinigung

Anders stellt sich die Situation im Bereich der biologischen Reinigung von Abwässern dar. Neben den Hauptgruppen der organischen und anorganischen Nährstoffe in der Summe der sauerstoffzehrenden Stoffe - auch Schmutzstoffe genannt - sind es hier vor allem polare Verbindungen, wie Phosphatersatzstoffe (NTA), Chelatbildner (EDTA) und einige Tenside, die als gesonderte Schadstoffe angesprochen werden können und in der Forschung untersucht werden.

Da sich das im Sprachgebrauch als Abwasser bezeichnete Gemisch von Inhaltsstoffen aufgrund seiner vielfältigen Herkunftsmöglichkeiten aus Haushalten, Industrie und Landwirtschaft fast nicht chemisch-analytisch eingrenzen läßt, kann es für die biologische Abwasserreinigung in folgende Schadstoffgruppen aufgeteilt werden:

- sauerstoffzehrende organische Belastungen,

- Stickstoffverbindungen mit sauerstoffzehrenden oder eutrophierenden Eigenschaften,

- Phosphate als eutrophierend wirksame Pflanzennährstoffe,

- Einzelstoffe mit toxischer, ökotoxischer oder anderweitiger Schadstoffwirkung.

Da das Hauptziel der Abwasserreinigung bisher die Entfernung der sauerstoffzehrenden Inhaltsstoffe und der Pflanzennährstoffe und damit die Entfernung der sauerstoffzehrenden Eigenschaften war und weniger die Entfernung von einzelnen Schadstoffen, hilft für das Verständnis die Betrachtung der zur Messung dieser Schadstoffe eingesetzten Methoden.

Bei der biologischen Bodensanierung werden die Schadstoffe mittels chemischer Einzelstoff- oder Summenparameteranalytik aufgespürt. Das Sanierungsziel liegt in der Entfernung einzelner Schadstoffe, einzelner Schadstoffgruppen oder allgemein in der Entfernung der von den Schadstoffen ausgehenden Toxizität. Die sauerstoffzehrenden Eigenschaften spielen dabei fast keine Rolle.

In der Abwasserreinigung werden dagegen zwei wichtige Messungen eingesetzt, die gemeinsam eine Aussage über die biologische Abbaubarkeit der Summe der sauerstoffzehrenden Abwasserinhaltstoffe ermöglichen.

Stickstoffverbindungen und Phosphate wurden bereits ausführlich besprochen. Bei der Messung des *Chemischen Sauerstoff Bedarfs* (CSB) wird die Abwasserprobe unter genau kontrollierten Bedingungen chemisch vollständig oxidiert und der dabei verbrauchte Sauerstoff gemessen und errechnet. Als Ergebnis wird der für die vollständige Oxidation der in der Abwasserprobe enthaltenen Schadstoffe benötigte Sauerstoff in mg/l angegeben. Der CSB ist seit 1978 der rechtsverbindliche Parameter.

Bei der Messung des *Biologischen Sauerstoff Bedarfs* (BSB) wird die Abwasserprobe mit Belebtschlamm versetzt und über einen definierten Zeitraum - bei der Standardmeßmethode über 5 Tage, daher auch BSB_5 - kultiviert. Der von den Mikroorganismen verbrauchte Sauerstoff wird anschließend gemessen. Der BSB stellt also eine Maßeinheit für die biologische Oxidation oder Abbaubarkeit der Abwasserinhaltsstoffe dar. Neben der Meßmethode im Batchansatz über 5 Tage wurden in den letzten Jahren zudem kontinuierliche Kurzzeitmeßverfahren für den BSB entwickelt, die schnelle Aussagen über die Sauerstoffzehrung eines Abwassers erlauben.

Das Verhältnis von *CSB* zu *BSB* gibt Auskunft darüber, welcher Anteil der chemisch oxidierbaren Belastung auch biologisch abbaubar ist.

Die BSB-Messung wird heute in ihrer herkömmlichen Methode kritisch betrachtet. Die Mikroorganismen, deren Anpassung an die ihnen vorgesetzten Abwässer unklar ist, werden bei dem Meßverfahren über 5 Tage in einem Behälter kultiviert, in dem sich alle Bedingungen mit der Zeit zum Teil drastisch ändern. Es finden keine Korrekturen der Bedingungen im Testansatz statt. Zwischenprodukte werden von den Mikroorganismen produziert und ausgeschieden, der pH-Wert ändert sich, ohne nachgeführt werden zu können. Auch die Nährstoffkonzentration variiert durch den mikrobiellen Verbrauch mit der Zeit. Die Messungen sind daher nicht immer reproduzierbar.

Für die Auslegung vieler biologischer Industrieabwasserreinigungsverfahren hat der BSB daher heute abnehmende Bedeutung. Vielmehr versucht man durch Untersuchungen mit realem Abwasser in kontinuierlichen Versuchen im Labor- oder Pilotmaßstab Daten über die biologischen Abbauleistungen zu erhalten und so Auslegungsgrundlagen zu ermitteln.

Für die kontinuierliche Kontrolle bzw. Überwachung von Abwässern und Abwasseranlagen und insbesondere zur Steuerung werden zunehmend die kontinuierlich arbeitenden BSB-Meßgeräte eingesetzt. In einem kleinen Bioreaktor werden dabei mit einem Teilstrom des Abwassers kontinuierlich abbauende Mikroorganismen gezüchtet. Ihr Sauerstoffverbrauch wird durch Messung der Sauerstoffkonzentration vor, im und nach dem Bioreaktor ermittelt und aufgezeichnet. Die erhaltenen Meßwerte liefern einen sog. *Kurzzeit-BSB*, der auch zur Steuerung von biologischen Abwasserreinigungsanlagen eingesetzt werden kann. Eine Messung dauert nach diesem Verfahren nur 3 Minuten.

Neue Entwicklungsrichtungen versuchen, sauerstoffzehrende Mikroorganismen direkt auf Elektroden zu fixieren und damit einen miniaturisierten Biosensor für die BSB-Messung bereitzustellen.

Je nach Einsatzzweck kann neben der Messung des BSB über den kurzzeitigen Sauerstoffverbrauch auch das Vorhandensein von toxischen Abwasserinhaltsstoffen erkannt werden, die ja durch ihren potentiellen Einfluß auf die biologische Reinigung eine wichtige Rolle spielen können. Bei einem drastischen Absinken des Sauerstoffverbrauchs in einer kontinuierlich mit Abwasser durchströmten Meßzelle kann eine toxische Belastung vermutet werden. Die Messung ermöglicht dann eine Separierung des toxisch belasteten Abwassers und seine gesonderte Behandlung ohne Belastung der biologischen Stufe.

5.12 Suspendierte Mikroorganismen, Aggregate und Biofilme

Während makroskopisch sichtbare Aggregate von Mikroorganismen bei der Bodensanierung weitgehend unbeachtet oder unbekannt sind, spielen sie im wäßrigen Milieu z.B. der Abwasser- oder Abluftreinigung eine wichtige Rolle als konzeptionelles Element der Bioverfahrenstechnik.

Bereits im Kap. 2.2 wurde die Bakterienflocke der Belebungsverfahren vorgestellt. Sie bildet das zentrale Funktionselement dieser Form der biologischen Abwasserreinigung. In der Belebtschlammflocke bilden abbauende Mikroorganismen, extrazelluläre Polysaccharide, höhere Organismen und mineralische Partikel sowie weitere Bestandteile eine unverzichtbare funktionelle Einheit.

Erst die makroskopische Form der Bakterienflocke ermöglicht die Sedimentation als Schritt zur Abtrennung und Rückführung der Mikroorganismen und damit die Funktion des Belebungsverfahrens. Aufgrund ihrer Größe von maximal mehreren Millimetern hat in einer solchen Bakterienflocke eine große Anzahl von Mikroorganismen Platz. Die schleimige Umhüllung aus Polysacchariden bildet ein wichtiges Strukturelement und festigt den Zusammenhalt der Flocke.

Bei Störungen des Verfahrens können neben den Flockenbildnern auch fadenbildende Mikroorganismen aus der Flocke herauswachsen. Die dann vergrößerte Oberfläche des so entstehenden Blähschlammes verursacht dann Sedimentationsprobleme des Belebtschlammes in den Absetzbecken. Dieser Vorgang kann bis zum Zusammenbruch der Reinigungsleistung des Verfahrens führen.

Begrenzt wird die biologische Abbauleistung durch das Diffusionsverhalten der Inhaltsstoffe des Abwassers, die Diffusion der für die Mikroorganismen notwendigen Nährstoffe und Spurenelemente und des Sauerstoffs in die Mikroorganismenflocken. Vielfach herrscht im Inneren der Bakterienflocken Sauerstoffmangel, da der Sauerstoff bereits an der Oberfläche der Belebtschlammflocken aufgezehrt wird.

Der eigentliche Vorteil der Mikroorganismen, die geringe Größe und die große für den Stoffaustausch zur Verfügung stehende Oberfläche, gehen bei der Aggregation der Mikroorganismen zu einer makroskopisch sichtbaren Flocke teilweise verloren.

Zur Leistungssteigerung der industriellen biologischen Abwasserreinigung versucht man daher auch, in der verfahrenstechnischen Entwicklung die Aggregation der Mikroorganismen zu Flocken zu vermeiden. Einzelne Mikroorganismen haben eine wesentlich größere Oberfläche und können daher den geschwindigkeitsbestimmenden Schritt der Stoffaufnahme schneller erledigen. Bioreaktoren mit einzeln suspendierten Mikroorganismen können daher deutlich höhere Leistungen erbringen. Nicht endgültig gelöst ist die Rückhaltung der suspendierten Mikroorganismen, für die es erst wenige Ansätze gibt (s.auch Kapitel 6.5). Bei der Vorreinigung einiger industrieller Abwässer vor einer kommunalen Kläranlage ist es gar nicht nötig, die suspendierten Mikroorganismen zurückzuhalten.

Suspendierte einzelne Mikroorganismen, die aus dem Belebungsbecken oder anderen biologischen Abwasserreinigungsverfahren abgetrieben werden und abgetrennt werden müssen, können nicht in Absetzbecken abgetrennt werden, da sie nicht oder mit nicht ausreichender Sinkgeschwindigkeit sedimentieren. Für die Rückhaltung im System werden daher andere Verfahren eingesetzt. Neben der mechanischen Filtration in Biofiltern auch z.B. die kontinuierliche Membranfiltration. Die Mikroorganismenkonzentration kann so eine bis zu 10fach höhere Konzentration als beim Belebungsverfahren erreichen. Zusammen mit dem Vorteil der größeren Oberfläche werden drastische Leistungssteigerungen möglich, wie im Kap. 6.5 ausführlich beschrieben wird.

Ein anderer Typ der makroskopischen Aggregation von Mikroorganismen ist der Biofilm. Die Mikroorganismen wachsen dabei auf Oberflächen in makroskopisch sichtbaren Filmen oder Schleimen. Im Unterschied zu den Belebtschlammflocken sind die Biofilme bzw. die Aufwuchsflächen meist fest im Bioreaktor fixiert, so daß die aufwachsenden Mikroorganismen weitgehend unabhängig von der hydraulischen Belastung des Bioreaktors sind. In Biofilmen können sich auch langsam wachsende Mikroorganismen, wie Nitrifikanten, halten.

Biofilme wachsen auch auf schwimmenden oder im Wasser frei schwebenden Partikeln, in sog. Wirbelbettreaktoren. Die Aufwuchspartikel im Wirbelbettbioaktor, z.B. Sandkörner, sind dabei wegen der bei der Verwirbelung auftretenden mechanischen Reib- und Scherkräfte nur von einem dünnen, aber daher sehr leistungsfähigen Film überzogen.

Die Schichtdicke von Biofilmen hängt von unterschiedlichen Faktoren ab. Die Art und Konzentration der Abwasserinhaltsstoffe spielen dabei eine wichtige

Rolle, aber auch die auf den Biofilm einwirkenden hydraulischen und mechanischen Kräfte.

Die in den unteren Schichten der Biofilme lebenden Mikroorganismen sind durch die darüberliegenden Schichten gut vor Belastungsstößen und toxischen Beeinflussungen geschützt. Zusätzlich ist der Biofilm in seiner Funktion unabhängiger von der hydraulischen Belastung als die Belebtschlammflocke, die ausgespült werden kann. Festbettbioreaktoren können daher auch bei wechselnden Abwassermengen und -belastungen noch stabil betrieben werden, bei denen Belebtschlammverfahren ohne Zuhilfenahme von Ausgleichsbecken versagen.

Geschwindigkeitsbestimmend für den biologischen Abbau in den Verfahren ist neben der Aufnahmegeschwindigkeit der Stoffe natürlich auch die Konzentration der Mikroorganismen. Beim Belebtschlammverfahren hängt die mögliche Konzentration vom Sedimentationsverhalten der Belebtschlammflocken ab. Oberhalb einer bestimmten Belebtschlammkonzentration nimmt die Sedimentationsfähigkeit der Flocken stark ab. Die Mikroorganismenflocken schwimmen auf und werden damit aus dem System entfernt.

In getauchten Festbettbioreaktoren und damit in den Biofilmen dieser Systeme werden hohe Mikroorganismenkonzentrationen und Abbauleistungen erreicht. Genaue Werte für die Mikroorganismenkonzentrationen lassen sich analytisch nicht erhalten, da es sehr schwierig ist, die Biofilme von den häufig stark strukturierten Aufwuchsflächen vollständig abzulösen und ihre Masse zu analysieren. Es liegen zur Formulierung noch zu wenige Ergebnisse vor.

Ein bekanntes Einsatzgebiet von Biofilmen sind Tropfkörper. Als Aufwuchsfläche dienen entweder mineralische Materialien, z.B. Lavaschlacke, oder speziell entwickelte Kunststoffaufwuchsträger. Die einfache Bauweise der Tropfkörper erlaubt zusammen mit der Stabilität der Biofilme einen wartungsarmen Betrieb.

Getauchte Festbettbioreaktoren werden in der Industrieabwasserreinigung wie auch in der kommunalen Abwasserreinigung eingesetzt. Ursprünglicher Einsatzzweck waren häufig sehr niedrig belastete Wässer, für deren Reinigung ein Belebungsverfahren nicht geeignet war. Mittlerweile werden getauchte Festbettbioreaktoren auch für hochbelastete Industrieabwässer erfolgreich eingesetzt.

Eine besondere Form der Aggregation von Mikroorganismen finden sich in "*Upflow-anaerobic-sludge-blanket-Reaktoren*" (UASB). Bei diesen anaeroben Bioreaktoren bilden die anaeroben Mikroorganismen kompakte Aggregate, sog. Pellets, die in einer Art Wirbelbett im Bioreaktor gehalten und dabei von unten durchströmt werden. Ähnlich dem Belebungsverfahren bilden in diesem Schlammbettverfahren die Mikroorganismen die strukturbildenden Aggregate selbst.

Eine Übersicht über unterschiedliche, technisch bereits erprobte Aufwuchsmaterialien in Tropfkörpern und Festbettbioreaktoren zeigt die Tabelle 6.

Tabelle 6. Aufwuchsmaterialien für Biofilmreaktoren und deren spezifische Eigenschaften

Verfahren	Aufwuchsmaterial	Spezifische Oberfläche (m^2/m^3)
Tropfkörper (siehe auch Kap. 2.2.2)	Lavaschlacke, Kunststoffmaterial	70–90 100–320
Festbettbioreaktor (siehe auch Kap. 6.3.4)	Kies, Kunststoffmaterial, Sinterglas	560 (bei 5–7 mm Körnung) 100–200 30.000
Nachgeschaltete Abwasserfilter	Anthrazit, Braunkohlekoks, Quarzsand	1.900 (bei 2,5–4 mm Körnung) 2.000 (bei 2,5–4 mm Körnung) 3.000 (bei 1,5–2,2 mm Körnung)
Wirbelbett	Quarzsand, Schaumstoffwürfel	6.000 (bei 0,5–0,6 mm Körnung) 1.000

Da in der kommunalen Abwasserreinigung die Ansprüche an den Reinigungsgrad in den letzten Jahren beständig gestiegen sind, wurde hier nach zusätzlichen Möglichkeiten zur weitergehenden Reinigung des Abwassers gesucht. Vielfach verursachen kleine Belebtschlammflocken, die aus der Nachklärung abgetrieben werden, eine sekundäre organische Belastung des aus den Kläranlagen abfließenden Wassers. Auch die im Anschluß an das Belebungsverfahren verbliebenen restlichen CSB-Konzentrationen liegen teilweise über den für das nachgeschaltete Gewässer gewünschten Werten.

Eine Lösung zur Nachreinigung stellen nachgeschaltete Abwasserfilter dar (Abb. 16). Das einströmende, bereits in den vorhergehenden Anlagenteilen weitgehend gereinigte Abwasser, wird von unten durch den Biofilter gedrückt. Partikel werden dabei zurückgehalten und verbliebene organische Abwasserinhaltsstoffe durch den sich bildenden Biofilm abgebaut. Auch eine Nitrifikation von restlichem Ammonium kann in derartigen Biofiltern stattfinden. Die Rückspülung zur Ausspülung der abfiltrierten Stoffe erfolgt mittels Spülwasser. Zur Einstellung aerober Verhältnisse wird der Biofilter belüftet.

In solchen mechanisch-biologischen Filtern, die mit unterschiedlichen mineralischen Partikeln (in der Abb. 16 das Produkt Biolite) befüllt sind, findet neben der Filtration, z.T. in Verbindung mit Flockung durch geeignete Chemikalien, insbesondere Polykationen, also auch ein zusätzlicher Abbau organischer Abwasserinhaltsstoffe durch den Biofilm auf den mineralischen Aufwuchsträgern statt.

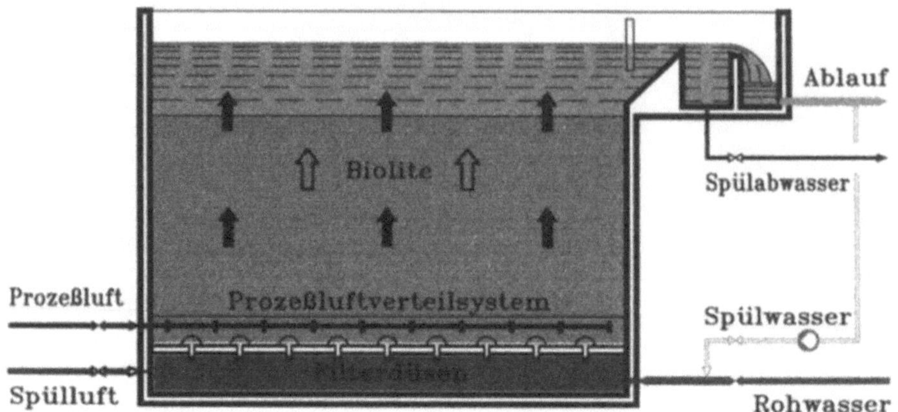

Abb. 16. Biofilter zur Nachreinigung von kommunalem Abwasser

6 Anwendungen

6.1 Einführung

Nachdem in den vorhergehenden Kapiteln einige Prinzipien und Grundlagen der Umweltbiotechnologie besprochen wurden, werden in den folgenden beispielhaft einige zur Zeit besonders erfolgreiche bzw. aktuelle Anwendungsgebiete aufgezeigt und beschrieben.

6.2 Grundwasser- und Bodensanierung

Da vielfach solche Schadensfälle biologisch gereinigt oder saniert werden sollten und sollen, die mit keinem anderen Verfahren erfolgreich oder wirtschaftlich zu bearbeiten sind, gibt es die verbreitete Hoffnung, daß biologische Verfahren zukünftig bei der Boden- und Grundwassersanierung einen erheblichen Beitrag leisten werden. Während bei der biologischen Bodensanierung heute eher eine Phase der Ernüchterung eingetreten ist, obwohl erhebliche Bodenmengen über diese Verfahren gereinigt werden, haben biologische Verfahren zur Sanierung belasteter Grundwässer bzw. Grundwasserleiter heute gute Perspektiven und finden zunehmende Anwendung.

6.2.1 Grundwassersanierung

Bei der Bodensanierung hat man es häufig mit bereits ausgegrabenem Boden zu tun, der eine stark schematisierte Darstellung der beteiligten Vorgänge zuläßt. Die dafür einsetzbaren und eingesetzten biologischen Reinigungsverfahren verlaufen nach relativ einheitlichen Mustern. Bei der Grundwassersanierung dagegen muß aufgrund der Komplexität der Möglichkeiten jeder einzelne Schadensfall einzeln analysiert, bewertet und auf seine Eignung für ein spezielles Verfahren untersucht werden. Da das Schadensereignis oft bereits weit in der Vergangenheit liegt und die Schadstoffe sich unterschiedlich ausgebreitet haben können, ist bereits der Erkundungsphase des Schadens große Aufmerksamkeit zu widmen. Neben der Art und Menge der Schadstoffe werden dabei auch die Zusammensetzung von Boden- und Grundwasser untersucht. Fast immer wird auch eine detaillierte Untersuchung des Bodens nötig, da die Schadstoffe über diesen Weg ins Grundwasser gelangt sind und eine weitere Nachlieferung der Schadstoffe über diesen Weg wahrscheinlich ist.

Bereits während dieser Phase erlauben die Analyse von Zwischenprodukten und der Nachweis abbauender Mikroorganismen erste Hinweise auf bereits vorhandenen biologischen Abbau.

Die Auswahlkriterien für ein Sanierungsverfahren richten sich in der Praxis nach Art und Konzentration der Schadstoffe, deren Verbreitung und Ausbreitungsverhalten, der zur Verfügung stehenden Zeit, dem verfügbaren Platz, den zu erreichenden Sanierungszielen, der Infrastruktur, den Empfindlichkeiten und Erfahrungen der beteiligten Behörden und natürlich auch nach den zur Verfügung stehenden Finanzmitteln.

Grundsätzlich kann die Sanierung eines Grundwasserschadens direkt im Untergrund bzw. Grundwasserleiter oder auch oberirdisch mit abgepumptem Grundwasser in Bioreaktoren ablaufen. Aber auch Kombinationen beider Verfahrensschritte können sinnvoll sein.

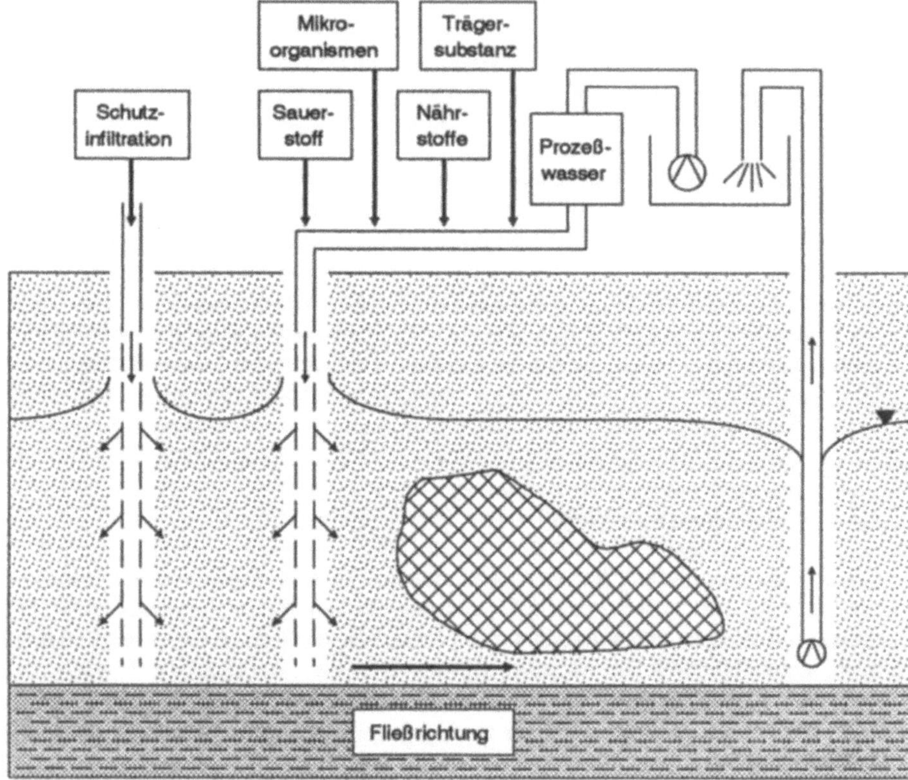

Abb. 17. Verfahrenstechnische Darstellung eines Spülkreislaufs in Kombination mit einer Schutzinfiltration für die gesättigte Zone

Das Schema eines grundsätzlich möglichen Sanierungsverfahrens zeigt Abb. 17. Der schraffiert dargestellte Schadensherd liegt in der gesättigten Grundwasserzone, d.h. er wird von Grundwasser in Fließrichtung der eingezeichneten Markierung durchflossen.

Denkbar wäre eine derartige Sanierung beispielsweise für einen Dieselölschaden, wie er häufig bei Tankstellen auftritt. Aufgrund geographischer Nähe zu

einem Fließgewässer steigt und sinkt beispielsweise regelmäßig der Grundwasser-
pegel. Der Schadensherd liegt abwechselnd in der ungesättigen Bodenzone und
dann wieder im Bereich der gesättigten Zone im Einflußbereich des Grundwassers.
Es besteht daher die Gefahr, daß der aus dem ungesättigten Bereich stammende
Schaden sich mit dem Grundwasser ausbreitet und einen in der Nähe des Fließge-
wässers liegenden Brunnen erreicht. Auf dem Grundwasserleiter findet sich kein
aufschwimmendes Dieselöl. Trotzdem wird eine Sanierung notwendig, da die
Konzentrationen der im Wasser gelösten Inhaltsstoffe des Dieselöls die Verwendbarkeit des geförderten Wassers aus den Trinkwasserbrunnen gefährden können.

Ein Eingriff direkt in den Grundwasserleiter von der Oberfläche her ist nicht
praktikabel bzw. wäre extrem aufwendig. Hierzu müßte vor einer Ausbaggerung
des Schadens der Schadensherd durch Spundwände hydraulisch vollständig abgetrennt und das verunreinigte Wasser entsorgt werden. Der Aufwand einer solchen
Maßnahme wäre im Vergleich zu einer In-situ-Sanierung beträchtlich. Ein sandig
kiesiger Boden und die natürliche Abdichtung des Schadensherdes nach unten
durch eine undurchlässige Tonschicht begünstigen die Durchführung des folgenden Konzepts einer biologischen Sanierung.

Zum Abpumpen des verunreinigten Grundwassers wird in Fließrichtung des
Grundwassers ein Entnahmebrunnen (Abb. 17 rechts) installiert. Eine Pumpe führt
über diesen Brunnen abgezogenes, verschmutztes Grundwasser oberirdisch einer
Behandlungsstufe, z.B. einem Bioreaktor, zu. Mikroorganismen reinigen durch
Mineralisierung das mit Dieselölbestandteilen belastete Grundwasser weitgehend.
Die Linie in der Mitte der Abbildung kennzeichnet den Grundwasserspiegel und
verdeutlicht die Funktionen der beiden Brunnen.

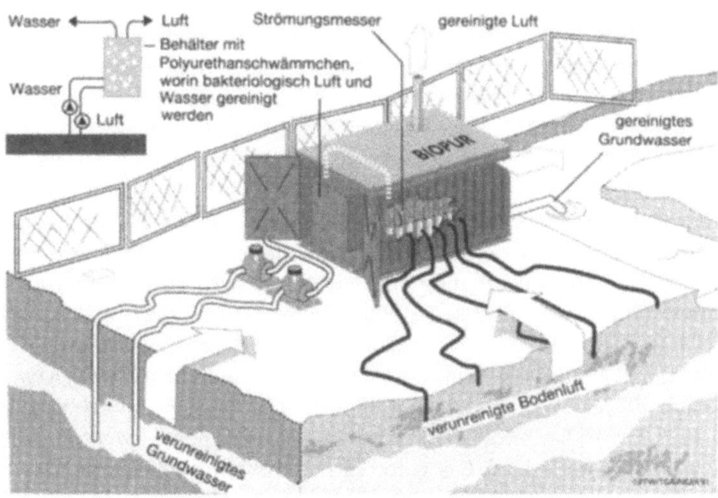

Abb. 18. Biologische Sanierung verunreinigten Grundwassers mit gleichzeitiger Reinigung
der Bodenluft im gleichen Bioreaktor

Da zur hydraulischen Sicherung des Standortes ständig etwas mehr Wasser abgezogen als zugeführt werden muß, kann ein Teil des oberirdisch gereinigten Wassers mit den nachgewachsenen Mikroorganismen und sonstigen Reststoffen (beispielsweise ausgefälltes Eisen) der städtischen Kläranlage zugeführt werden. Vor der Reinfiltration des gereinigten Wassers (durch den Brunnen auf der linken Seite der Abb. 17) pumpt eine Dosieranlage, zur Förderung des mikrobiologischen Abbaus direkt im Schadensherd gelegen, Nährstoffe (N und P) und einen Sauerstoffträger, z.B. Wasserstoffperoxid, als Zuschlagstoffe zu. Neben der oberirdischen biologischen Reinigung laufen durch die Förderung des biologischen Abbaus auch im Untergrund weitere biologische Prozesse zur Verminderung der Schadstoffe ab.

Die Eignung der Mikroorganismen für den Abbau spielte bei diesem Beispiel keine Rolle. Da der Schaden bereits einige Jahre alt war, hatten genügend Mikroorganismen Zeit, sich an die Schadstoffe anzupassen. Mikrobiologische Analytik zur Bestimmung der Anzahl abbauender Mikroorganismen bestätigte diese Vermutung. Das Dieselöl zeigte sich in der Laborvoruntersuchung als gut abbaubar. Die verbliebenen Restkonzentrationen machten eine weitere Ausbreitung des Schadens sehr unwahrscheinlich.

Derartige Grundwassersanierungen laufen in der Praxis bereits seit Jahren erfolgreich, wenn auch nicht immer exakt unter den idealisiert dargestellten Bedingungen.

In der Abb. 18 wird ein solches erprobtes Verfahren dargestellt. Die abbauenden Bakterien sind dabei als Biofilm auf Polyurethanschwämmchen in einem Bioreaktor angesiedelt, der gleichzeitig Wasser und Bodenluft reinigt.

6.2.2 Biologische Nitratentfernung aus Grundwasser

Ein ganz anderes Gebiet der umweltbiotechnologischen Grundwassersanierung stellt die Reinigung von nitratbelastetem Grundwasser dar. Nicht aus spektakulären Altlasten, sondern aus der täglich stattfindenden Überdüngung der Felder und Äcker mit überschüssiger Gülle aus der Massentierhaltung stammt das Problem. Stickstoff wird in großen Mengen als Futtermittelzusatz importiert, z.B. aus den USA als Sojaeiweiß. Der darin enthaltene Stickstoff wird von den Tieren nur zum Teil verwertet, der überwiegende Teil landet mit der Gülle auf dem Acker. Zusammen mit anderen Stickstoffbelastungen aus Futtermitteln entsteht ein enormer Stickstoffüberschuß. Bei der Aufbringung auf den Acker wird ausgebrachtes und freigesetztes Ammonium in den obersten Bodenschichten nitrifiziert, und das gut wasserlösliche Nitrat sickert ins Grundwasser. Da das Nitrat der menschlichen Gesundheit schaden kann, gibt es für Trinkwassser einen einzuhaltenden Grenzwert von 25 mg/l. Kann dieser Wert nicht mehr eingehalten werden, ist Abhilfe zu schaffen. In der Praxis wird bei nitratbelastetem Grundwasser heute zwar meist der betreffende Brunnen stillgelegt bzw. das geförderte Wasser mit nitratarmem Wasser verschnitten.

Abb. 19. Permapor-Bioreaktor zur biologischen Nitratentfernung aus Grundwasser

Es gibt jedoch auch Fälle von überhöhten Nitratkonzentrationen im Grundwasser, die nur unter Einsatz technischer Verfahren zur Entfernung des Nitrats gelöst werden können. Praktiziert werden dann meist chemisch-physikalische Technologien - wie Ionenaustauscher- und Membranverfahren oder bei kleineren Wassermengen die Umkehrosmose.

Aber auch die biologische Nitratentfernung aus Grundwasser wird in der Bundesrepublik Deutschland und in Frankreich seit Jahren erfolgreich in zahlreichen großtechnischen Anlagen betrieben. In diesen Verfahren werden natürliche, in Gewässern vorkommende denitrifizierende Bakterien in Bioreaktoren angezogen. Sie wachsen dort als Biofilm auf Kunststoffträgermaterialien und erhalten ihre Energie aus zugeführtem Wasserstoff, Essigsäure, Alkohol oder anderen Elektronendonatoren. Sie entfernen durch heterotrophen oder autotrophen Stoffwechsel das Nitrat aus dem zugeführten Grundwasser.

Durch aerobe Atmung der Mikroorganismen im Bioreaktor oder durch Entgasung mit Stickstoff stellen sich in der ersten Stufe eines Grundwasserdenitrifikationsverfahrens sauerstoffarme oder sauerstofffreie Bedingungen ein. In der nächsten Verfahrensstufe findet dann die eigentliche Denitrifikation in einem oder mehreren Bioreaktoren statt. Das Nitrat wird zu gasförmigem Stickstoff (N_2) reduziert. Die nicht unerheblichen Mengen nachwachsender Bakterienbiomasse werden anschließend abgetrennt. Das Wasser muß vor der Verwendung als Trinkwasser dann noch gefiltert, belüftet und entkeimt werden.

Eine solche biologische Anlage zur Entfernung von Nitrat zeigt Abb. 19. Die Denitrifikanten wachsen dabei auf schwimmenden Kunststoffträgermaterialien.

Die überschüssige Bakterienbiomasse wird durch regelmäßige Spülungen abgewaschen oder in einem externen Kreislauf entfernt.

In einem nachgeschalteten aeroben Filter werden die restlichen organischen Reduktionsmittel oxidiert. Eine zweistufige, aerob-biologische Nachreinigung über Mehrschichtfilter gewährleistet hohe Betriebssicherheit. Zum Schluß folgt die Desinfektion. Überschüssige abgezogene Bakterienbiomasse verläßt die Anlage nach Eindickung und Abpressung.

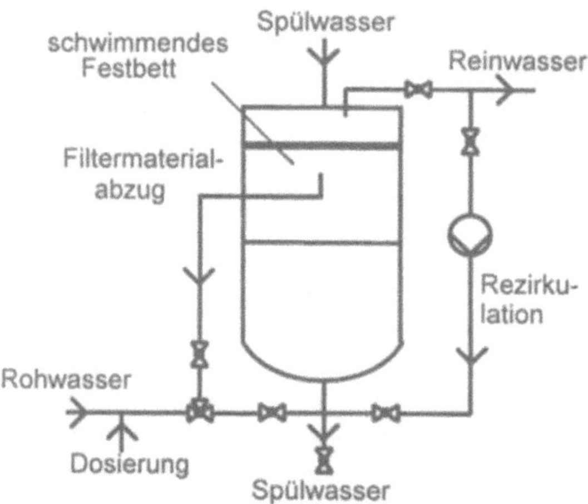

Abb. 20. PERMAPOR-Verfahren zur biologischen Nitratentfernung aus Grundwassser; das schwimmende Festbett kann mittels Spülwasser oder in einem externen Kreislauf von überschüssiger Biomasse befreit werden

Eine ähnliche Anlage läuft erfolgreich seit 1988 in Langenfeld-Monheim. Nach Auskunft der dortigen Stadtwerke hat die Anlage seit der Inbetriebnahme bereits ca. 10 Mio. m^3 Abwasser vollständig vom Nitrat befreit. Die Zulaufkonzentration beträgt ca. 60 mg/l Nitrat. Das Reinwasser enthält weniger als 5 mg/l Nitrat. Die Kosten zusätzlich zur vorhandenen Aufbereitung belaufen sich auf etwa 0,30–0,40 DM pro m^3 nitratbefreites Wasser.

Der PERMAPOR-Prozeß wurde für kleinere Wasserwerke entwickelt (Abb. 19 und 20). Als Trägermaterial für die denitrifizierenden Mikroorganismen dienen geschäumte, kleine Kügelchen aus Polystyrol, die ein schwimmendes Festbett bilden. Das mit Nitrat beladene Wasser durchströmt den Reaktor von oben nach unten. Der Biofilm aus Mikroorganismen auf den Kügelchen sorgt für eine effektive biologische Denitrifikation. Überschüssige Bakterienbiomasse wird in einem externen Kreislauf mechanisch abgeschert und entfernt. Als Energie- und Kohlenstoffquelle dient Ethanol. Zudosiert werden bei Bedarf Phosphat und/oder Spurenelemente.

Die erste Anlage dieser Art wurde 1990 bei einer Brauerei errichtet und in Betrieb genommen. Das Brauwasser enthält nach dem biologischen Prozeß weniger als 5 mg/l Nitrat bei einer Eingangskonzentration von 27–30 mg/l. Gereinigt wird in der Anlage eine Menge von 50 m³ pro Stunde bei Kosten von ca. 0,50 DM pro m³.

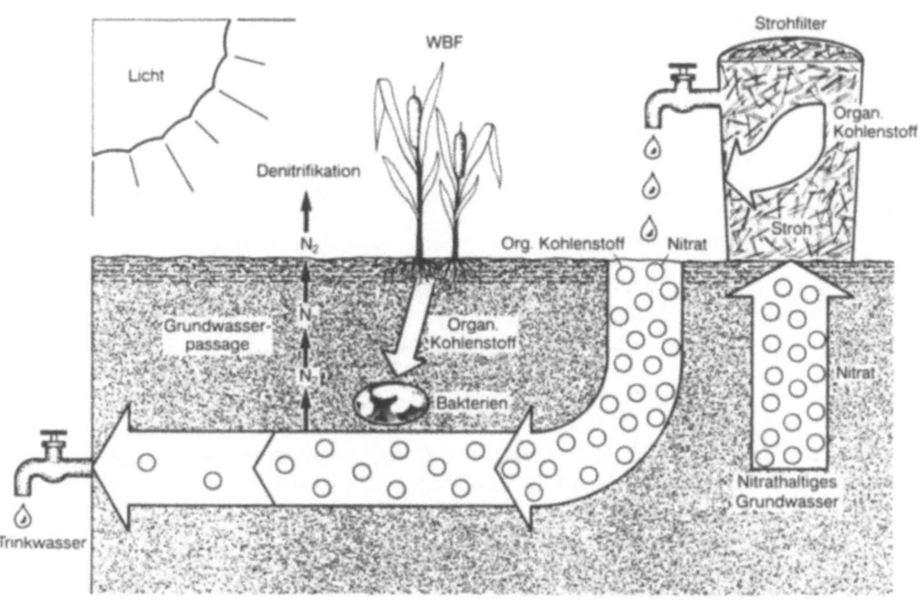

Abb. 21. DENIPLANT-Verfahren (WBF) zur biologischen Nitratentfernung aus Grundwassser

An dieser Stelle sei neben den technischen Bioreaktoren ein weiterer Prozeß vorgestellt, der unter Nutzung von Wasserpflanzen Nitrat entfernt. Zum einen, um auch die Einbeziehung höherer Pflanzen in umweltbiotechnologische Reinigungsprozesse beispielhaft aufzuzeigen, zum anderen, um ein weiteres, nahezu unbekanntes, aber seit vielen Jahren praxiserprobtes Verfahren vorzustellen.

Es handelt sich um das DENIPLANT-Verfahren der Stadtwerke Viersen. Hierbei wird unter maßgeblicher Beteiligung von Wasserpflanzen und Mikroorganismen Nitrat in einem natürlichen Wasserpflanzenbett reduziert. Herzstück der Anlage ist der sogenannte Wasserpflanzenbodenfilter, den das Funktionsschema in der Abb. 21 zeigt.

Nitratbelastetes Grundwasser strömt durch eine mit Wasserpflanzen bewachsene, durchlässige Kiesschüttung. Auf den Wurzeln der Wasserpflanzen leben denitrifizierende Mikroorganismen, wahrscheinlich auch von organischen Ausscheidungen der Wasserpflanzen. Neben der mikrobiellen Denitrifikation nehmen die höheren Pflanzen zusätzliches Nitrat auf und verbrauchen es als Stickstoffquelle für ihren Aufbaustoffwechsel. Im Winter sollten die oberirdischen Teile der Pflanzen verrotten und über diesen Weg organische Substanzen als Elektronendonatoren für die mikrobielle Denitrifikation im Kiesbett zur Verfügung stellen.

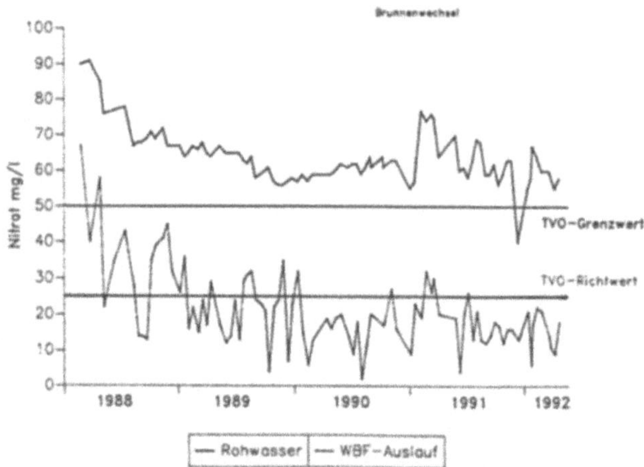

Abb. 22. Reinigungsleistung einer DENIPLANT-Anlage zur biologischen Entfernung von Nitrat aus Grundwassser, zentraler Funktionsbestandteil ist der Wasserpflanzenbodenfilter (WBF)

Die wissenschaftliche Begleitung der ersten Versuche zeigte sehr bald, daß das System vor allem im Winter durch einen Mangel an organischen Substraten für die denitrifizierenden Mikroorganismen nicht effizient arbeitet. Als zusätzliche Quelle für organischen Kohlenstoff für die denitrifizierenden Mikroorganismen installierten die Betreiber daher sog. Strohfilter. In großen Behältern zersetzt sich durch mikrobielle Tätigkeit das Stroh und gibt organische Substrate als Elektronendonatoren frei. Die Denitrifikation im Strohfilter, im Wasserpflanzenbodenfilter und in der zur Nachreinigung folgenden Grundwasserpassage wurden so gesteigert und ein ganzjähriger Betrieb möglich. In Abb. 22 sind die Rohwasser- und Auslaufwerte für Nitrat dargestellt.

Die Anlage läuft nunmehr seit fast 10 Jahren. Es werden stündlich 20 m³ Grundwasser aufbereitet, in der Grundwasserpassage nachgereinigt, erneut gefördert und ins Trinkwassernetz eingespeist.

Dieses Beispiel zeigt nur einen der möglichen Einsätze von Wasserpflanzen in der Umweltbiotechnologie. Insbesondere auch kleinere Abwasserströme aus Haushalten oder kleinen Gewerbegebieten, die aufgrund fehlender Kanalisation nicht oder nur unwirtschaftlich einer vorhandenen größeren Kläranlage zugeleitet werden können, werden heute vielfach durch ähnlich aufgebaute Wasserpflanzenkläranlagen gereinigt.

Nach der mechanischen Entfernung der Feststoffe übernehmen die Wasserpflanzen wiederum einen Teil der Reinigung, stellen Besiedlungsraum für abbauende Mikroorganismen und Sauerstoff zur Verfügung und halten durch ständiges Wurzelwachstum die Kiesschüttung durchlässig.

6.2.3 Bodensanierung

Ein seit einigen Jahren besonders beachtetes und medienwirksam gewordenes Arbeitsgebiet der Umweltbiotechnologie ist die Beseitigung von Bodenverunreinigungen aus Altlastenböden und anderen Schadensquellen durch mikrobiologische Zersetzung.

Technische und wirtschaftliche Gründe sowie mangelnde Akzeptanz von Behörden und Bevölkerung machen es zur Zeit unmöglich, die vorhandenen großen Mengen verschmutzter Böden zu verbrennen. Leider bleiben daher viele Altlasten heute einfach liegen und werden überhaupt nicht saniert. Alternativ werden bei Sanierungen anfallende Böden deponiert.

Als Alternative zu chemisch-physikalischen und thermischen Verfahren hat sich in den letzten 10 Jahren die biologische Bodensanierung stürmisch weiterentwickelt. Der mit unerwünschten Stoffen angereicherte Boden wird bei der biologischen Reinigung entweder am Ort selbst, in speziell angelegten Biobeeten oder in Bioreaktoren gereinigt oder zu zentralen Bodensanierungszentren gebracht und dort ähnlich behandelt.

Zunächst wird wie bei der Grundwassersanierung im mikrobiologischen Labor die Anzahl und die Abbaufähigkeit der bereits etablierten schadstoffabbauenden Mikroorganismen im Boden analysiert. Bei frischen Bodenbelastungen können zudem spezialisierte Mikroorganismen massenhaft vermehrt und dem Boden zugegeben werden. Nach der ersten Prüfung im Labor kann der Schadstoffabbau zusätzlich in Modellbioreaktoren untersucht werden, um die Abbaugeschwindigkeit zu ermitteln. Jede Bodenverschmutzung hat durch die Art und Weise der Verunreinigung und die Eigenschaften des Bodens besondere Ansprüche an das Sanierungsverfahren. Ziel der Laboruntersuchungen ist eine Vorhersage der in den technischen Verfahren erreichbaren Grenzwerte und des nötigen Zeit- und Kostenbedarfs.

Das Funktionsprinzip bei der technischen Anwendung der biologischen Bodenreinigung ist heute überwiegend eine Beschleunigung des natürlichen biologischen Abbaus.

Einen anschaulichen - wenn auch an einigen Stellen unzureichenden - Vergleich bieten die Vorgänge in einem Komposthaufen. Auch bei diesem gibt es zahlreiche Möglichkeiten der Optimierung. Wenn ein Komposter im Garten bereits längere Zeit aufgestellt ist, vollzieht sich der Abbau von neu zugegebenen Abfällen durch die bereits vorhandenen, angepaßten Mikroorganismen deutlich schneller als bei frischen Schüttungen von Abfällen. Im Gartenbedarfshandel gibt es daher Starterkulturen von zersetzenden Mikroorganismen zu kaufen, die die Entstehung humoser Erde aus organischen Abfällen beschleunigen.

Ein weiterer wichtiger Einflußfaktor auf die Zersetzungsgeschwindigkeit ist die Temperatur. Zum Beispiel verläuft in Thermokompostern die Kompostierung aufgrund der höheren Temperatur durch eingebaute Wärmedämmung deutlich schneller.

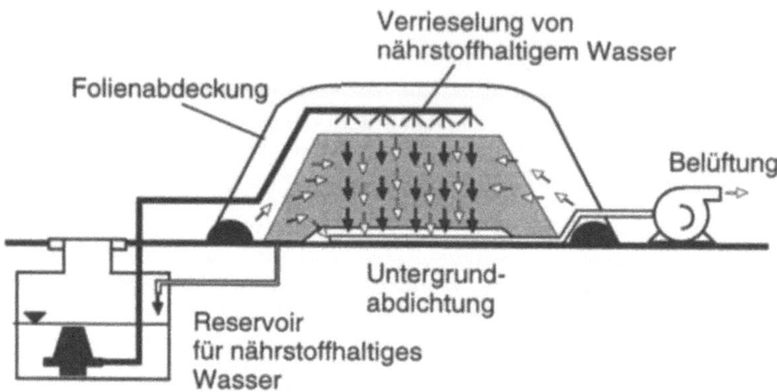

Abb. 23. Aufbau eines Beetverfahrens zur biologischen Bodenreinigung

Auch bei der biologischen Bodensanierung steigt die Umsatzgeschwindigkeit der Schadstoffe mit steigender Temperatur an. Biologische Bodenreinigung in einer beheizten Halle benötigt bei einer mittleren Schadstoffkonzentration ca. 3–6 Monate für eine befriedigende Schadstoffreduzierung.

Wird eine solche Maßnahme in Beeten im Freien durchgeführt, kann sie leicht die doppelte Zeit in Anspruch nehmen und weitere Verzögerungen erfahren, wenn die Sanierung im Winter fortgeführt werden muß.

Auch bei der Kompostierung kann es zu Problemen bei der Humifizierung kommen. Ein Komposthaufen fängt bei Sauerstoffmangel schnell an zu stinken oder zu faulen. Auch bei Bodensanierungsverfahren stoppt der biologische Abbau bei ungeeigneten Bedingungen. Die Ursachen liegen häufig in mangelnder Belüftung, die durch tonigen Boden erschwert sein kann oder in völlig unsachgemäßer Nährstoffzugabe und demzufolge entstehenden Zwischenprodukten, die toxisch sein können. Bei der Auswahl des Bewässerungssystems muß die mögliche Verdichtung des Bodens bei der Zufuhr von Wasser beachtet werden.

Den prinzipiellen Aufbau eines Beetes zur biologischen Bodensanierung großer Mengen mineralölverunreinigter Böden verdeutlicht die Abb. 23. In der Abb. 24 werden die wichtigsten Eingangs- und Ausgangsstoffe skizziert dargestellt. Neben geeigneten Mikroorganismen, Nährstoffen und Sauerstoff sind wichtige Ausgangsprodukte neben dem gereinigten Boden das entstehende Sickerwasser und belastete Abluft.

Neben großen Mengen aus Altlasten oder Unfällen fallen kleinere Mengen häufig beim Umbau von Tankstellen an. Aufwendige Genehmigungsverfahren oder fehlende Entsorgungswege führten in der Vergangenheit oft dazu, daß Container mit belasteten Böden wochen- oder gar monatelang vor Ort stehen blieben.

Eine neue Entwicklung stellen transportable Bioreaktoren in Form von Containern dar, die mittlerweile von mehreren Firmen angeboten werden. In wenigen Wochen sollen darin unter geeigneten Bedingungen die mineralölhaltigen Bestandteile biologisch zersetzt werden. Meist werden bei Sanierungen in diesem kleinen Maßstab keine Voruntersuchungen im Labor durchgeführt, sondern bei verzögertem biologischen Abbau einfach längere Behandlungszeiten gewählt.'

Der Boden kann nach der Reinigung wieder vor Ort eingebracht, im Garten- und Landschaftsbau oder zur Abdeckung von Deponien verwendet werden. Es entsteht kein Abfall. Die Containerbioreaktoren haben genormte Formen und können auf Lastwagen, von der Eisenbahn oder mit Schiffen transportiert werden.

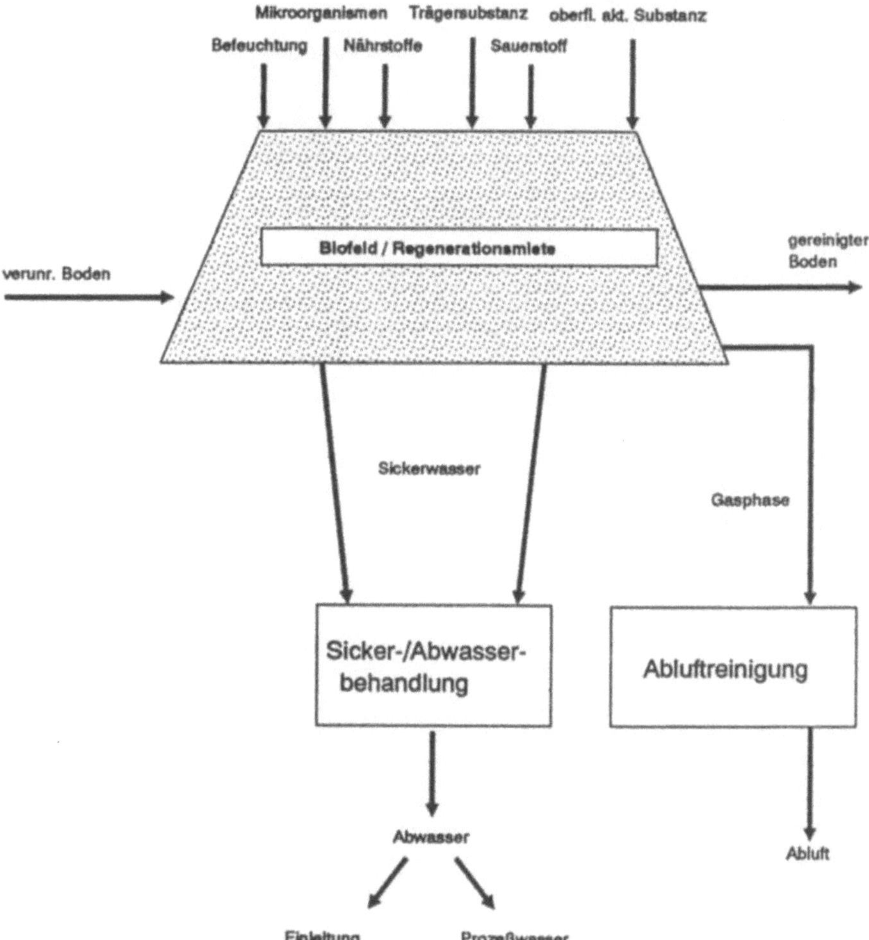

Abb. 24. Eingangs- und Ausgangsstoffe eines Verfahrens zur biologischen Bodenreinigung

Es ist sogar denkbar, daß solche Containerbioreaktoren in modifizierter Form auch zum umweltfreundlichen Recycling von ölbelasteten Reststoffen aus der Metallindustrie eingesetzt werden. Schleifschlämme, Metallspäne, Walzzunder, Sinter und andere ölverunreinigte Feststoffe, die bei der mechanischen Bearbeitung von Metallen anfallen, wurden im Labormaßstab bereits soweit gereinigt, daß ein Recycling in Aussicht gestellt werden kann. Die Aufenthaltszeiten hängen dabei von der Art und Konzentration der Mineralölkohlenwasserstoffe und der Korngröße der Feststoffe ab. Die Metalle könnten anschließend als Wertstoffe nutzbar sein und die Wirtschaftlichkeit des Verfahrens erhöhen (Raphael 1993).

Abb. 25. Stationäre Anlage zur biologischen Bodenreinigung

Auch ölhaltiger Wüstensand, der während der Besetzung Kuwaits durch den Irak 1990 in weiten Teilen der Region extrem mit Rohöl verschmutzt wurde, kann mittels biologischer Verfahren gereinigt und wiederbelebt werden (Michaelsen 1995). Die Firma Umweltschutz Nord aus Ganderkesee bei Bremen, eine der führenden Fachfirmen in Deutschland, entwickelte und erprobte zusammen mit dem Kuwait Institute for Scientific Research ein Sanierungskonzept für den ölbelasteten Wüstensand. Das Konzept wurde durch praktische Versuche vor Ort geprüft und abgesichert. Ziel des Verfahrens war nicht lediglich gereinigter Sandboden, sondern vielmehr kulturfähiger Boden. Durch den Einsatz unterschiedlicher Strukturmaterialien, wie z.B. Kompost, zur Verbesserung der Wasserhaltekapazität und eine Versorgung des Bodens mit Nährstoffen und Sauerstoff gelang im Pilotversuch eine deutliche Absenkung des Ölgehalts der Böden.

Das im November 1992 gestartete Projekt lieferte nach Angaben der Betreiber nach 7,5 Monaten einen zu ca. 80% von Mineralölkohlenwasserstoffen gereinigten Boden. Pflanzen wuchsen anschließend im behandelten, biologisch aktiven Boden sogar besser als im unbelasteten Boden des Kontrollversuchs. Das Verfahren soll auch zukünftig in der Region für die Sanierung derartiger Böden eingesetzt werden.

6.3 Biologische Abwasserreinigung

Nicht nur in der Bundesrepublik Deutschland, sondern auch in vielen anderen industrialisierten Ländern hat die Reinigung des anfallenden Abwassers aus Industrie, Landwirtschaft und Kommunen zum Schutz der Oberflächengewässer in denn letzten Jahrzehnten beachtliche Fortschritte gemacht.

Wer sich beispielsweise an die Gerüche, die Färbung und Trübung des Rheins in den 60er und 70er Jahren erinnern kann und dies mit dem heutigen Zustand vergleicht, findet darin schon rein subjektiv einen deutlichen Hinweis auf eine der ersten gelungenen und auch analytisch nachweisbaren, großräumigen Umweltsanierungen überhaupt. Auch analytisch sind diese Erfolge meßbar. Der Eintrag sauerstoffzehrender, organischer Belastungen und der Stickstoffeintrag in die Oberflächengewässer wurde durch den kontinuierlichen Ausbau der Kläranlagen in 'den letzten Jahrzehnten konsequent minimiert. Xenobiotika oder toxische Abwasserbelastungen, wie z.B. chlorierte Kohlenwasserstoffe, und Schwermetalle wurden zusätzlich in ihrer Anwendung stark eingeschränkt und gelangen daher in deutlich niedrigeren Konzentrationen in die Gewässer.

Heute schwimmen durch den Rhein wieder Lachse, die hohe Ansprüche an die Wasserqualität haben. Bei weiteren Anstrengungen, deren Kosten-Nutzen-Verhältnis allerdings vor dem Hintergrund des katastrophalen Zustandes anderer Oberflächengewässer in Europa diskutiert werden muß, ist die Wiedereinbürgerung von stabilen Populationen empfindlicher Organismen wie den Lachsen längst keine Utopie mehr.

Erreicht wurde diese Umwelt- bzw. Gewässersanierung durch den Anschluß von mittlerweile weit über 95% aller Haushaltsabwässer an kommunale Kläranlagen (Statistisches Bundesamt 1991) und die sorgfältige Reinigung eines Großteils der Industrieabwässer in kommunalen oder werkseigenen Kläranlagen.

Bei den meisten in der Abwasserreinigung heute eingesetzten biologischen Verfahren werden in erster Linie die Fähigkeiten der aeroben heterotrophen Mikroorganismen genutzt. Unter Sauerstoffverbrauch oxidieren diese die organischen Schadstoffe zu Kohlendioxid und Wasser und wachsen dabei durch Teilung. Sie produzieren Biomasse, die kontinuierlich aus dem Verfahren abgezogen wird und einen Teil des gesamten anfallenden Klärschlamms ausmacht. Bei vielen Verfahren, insbesondere den weitverbreiteten konventionellen Belebungsverfahren, kann dies eine ganz erhebliche Menge sein. Allein in Deutschland fallen jährlich etwa 3,3 Mio. t TS Klärschlamm an (Stand 1991). Mittelfristig ist mit einem Anstieg der zu entsorgenden Menge an Klärschlamm von 15–20% zu rechnen (Witte 1995).

Das Wasser durchläuft nach den biologischen Belebungs- oder Tropfkörperstufen und Sedimentationsbecken je nach Größe der Abwasseranlage noch weitere Aufbereitungsschritte zur Entfernung von Nährstoffen. Vielfach wird in der 3. Reinigungsstufe Phosphat durch Ausfällung und mechanische Abtrennung des Schlammes entfernt. Zunehmend wird auch diese Aufgabe nach dem Vorbild von natürlichen biologischen Prozessen gelöst. Dank der biologischen Phosphatentfernung kommt man in einigen Fällen ganz ohne den Zusatz von Chemikalien aus.

94

Gelöste organische Substanzen werden in der biologischen Stufe einer Belebtschlammanlage je nach Dimensionierung fast vollständig aus dem Wasser entfernt. Zu Kohlendioxid und Wasser umgesetzt, werden sie in die natürlichen Stoffkreisläufe zurückgeführt. Bei Phosphaten und Schwermetallen findet eine biologische Anreicherung im Klärschlamm statt, der dann aus dem System ausgetragen wird.

Neben der Aufzählung der Vorteile des Belebungsverfahrens dürfen auch einige seiner Nachteile nicht unerwähnt bleiben. Ein sehr bekanntes, weitverbreitetes Problem, das auch die Hilflosigkeit gegenüber den komplexen biologischen Prozessen im Belebungsverfahren unterstreicht, ist die Blähschlammbildung.

Unter normalen Betriebsbedingungen aggregieren die abbauenden Bakterien zu flockenförmigen Aggregaten, den Belebtschlammflocken, die sich dann in den Sedimentationsbecken schnell absetzen.

Das Problem des Blähschlammes besteht in der starken Vermehrung von fadenförmigen Bakterien innerhalb der Belebtschlammflocken, die dann eine Sedimentation der Flocke erschweren oder verhindern. Ist Blähschlamm in einer Belebtschlammanlage erst einmal vorhanden, helfen meist nur noch sehr radikale Maßnahmen. Die biologischen Ursachen der Blähschlammbildung sind noch weitgehend unbekannt. Nach Kunz (1992) zeigen eine Vielzahl empirischer Beobachtungen, daß die Schlammflocken in den heutigen, von den Fachgremien empfohlenen schwachbelasteten Abwasseranlagen eine zunehmende Neigung zur Blähschlammbildung aufweisen.

Beim Belebungsverfahren spielt die Belebtschlammflocke als strukturbildendes Element des biologischen Abbaus eine maßgebliche, unverzichtbare Rolle im gesamten Prozeß. Erst die Flockenbildung ermöglicht die Sedimentation im Nachklärbecken und die kontrollierte Rückführung und Aufrechterhaltung einer definierten Konzentration der abbauenden Mikroorganismen. Frei suspendierte, einzelne Mikroorganismen setzen sich aufgrund des geringen Dichteunterschiedes zu Wasser im Sedimentationsbecken nicht ab. Die Steuerung einer stabilen Konzentration des Belebtschlammes wird also erst durch die Rückführung des sedimentierten Rücklaufschlammes aus der Nachklärung in die Belebungsstufe möglich.

Leider sind die Mechanismen und Einflußgrößen, die zur Bildung der Belebtschlammflocke führen, trotz angestrengter Forschung noch nicht bekannt. Sicher spielen die chemisch-analytisch nachweisbaren Polysaccharide (Schleime) in den Flocken ebenso wie gegensätzliche elektrische Ladungen innerhalb der Bakterienflocken eine Rolle. Auch mineralische Bestandteile haben vielleicht wichtige strukturbildende Eigenschaften.

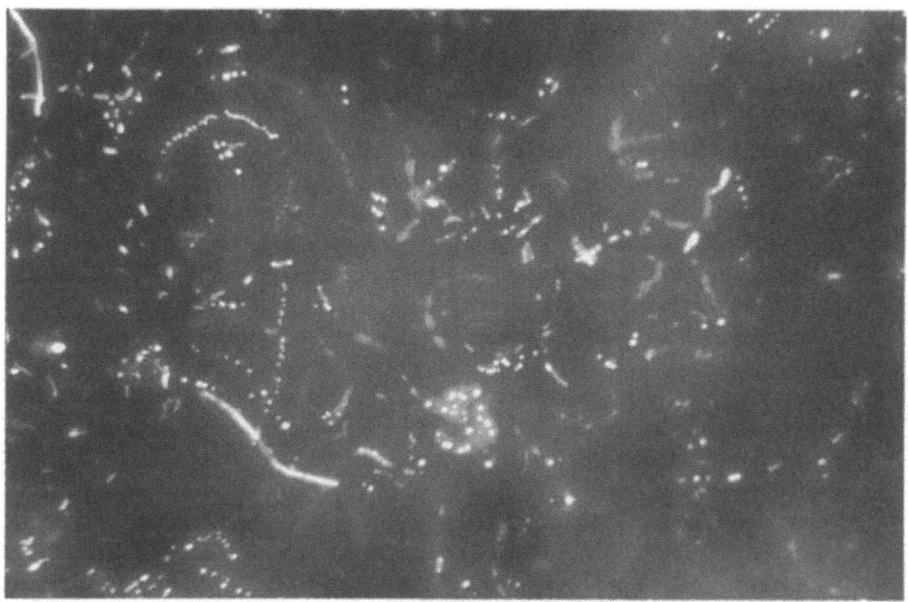

Abb. 26. Lichtmikroskopische Aufnahme fadenbildender Bakterien

Ausgelöst wird Blähschlamm durch einige spezielle Arten mikroskopisch deutlich erkennbarer fadenförmiger Bakterien (Abb. 26), die meist anspruchslose Bodenbakterien sind. Eine verbreitete Theorie besagt, daß die fadenförmigen Organismen einen Vorteil gegenüber anderen haben, wenn es um die Aufnahme von Stoffen in geringer Konzentration aus dem Abwasser geht. Durch ihre fädige Struktur haben diese Bakterien relativ zu ihrem Volumen eine sehr große Oberfläche, die sie in diesem Punkt bevorteilt. Gerade bei den nahezu volldurchmischten, niedrig belasteten Belebungsbecken heutiger kommunaler Kläranlagen sind die Konzentrationen vieler für das Mikroorganismenwachstum benötigter organischer Stoffe im Abwasser sehr niedrig.

Blähschlamm entsteht häufig auch bei ungeeignetem Nährstoffverhältnis (C:N:P) und bei einseitig zusammengesetzten Abwässern, möglicherweise gilt auch hier die obige Begründung.

Auch die Belastung des Schlammes, also die Menge der organischen Belastung die einer bestimmten Menge Belebtschlamm täglich zugemutet wird, spielt der Literatur nach eine Rolle. Demnach kann bei sehr hohen und bei sehr niedrigen Schlammbelastungen Blähschlamm entstehen. Eine Handlungsempfehlung für durch Blähschlamm geplagte Kläranlagenbetreiber kann hieraus jedoch noch nicht generell abgeleitet werden. Hoffnung weckt dagegen das im Kap. 6.3.2 beschriebene Verfahren.

Zusätzlich kann in der Nachklärung von Belebungsverfahren das durch die Nitrifikation entstandene Nitrat zu Problemen führen. Als Produkt der dann in der Nachklärungsstufe einsetzenden Denitrifikation wird Stickstoff in Form von

Gasbläschen frei. Diese feinen Gasbläschen lagern sich an die Belebtschlammflokken und insbesondere an Blähschlammflocken an. Die Auftriebskraft der Stick-
stoffgasbläschen führt dann zum Aufschwimmen und Abtreiben des Schlammes
aus der Nachklärstufe.

Regelmäßige mikroskopische Betrachtungen der Belebtschlammflocken durch
erfahrenes Fachpersonal sowie die Messung des Schlammvolumens je g TS des
Belebtschlammes können helfen, fadenförmige Mikroorganismen und den Zustand
der Belebtschlammflocken zu beurteilen. Manchmal kann durch Änderungen der
Belastungs- oder Nährstoffsituation der Belebtschlammflocken der Blähschlammbildung vorgebeugt werden.

Es kommt jedoch auch immer wieder vor, daß Blähschlamm dazu führt, daß ein
Großteil des Belebtschlammes aus der Nachklärung abgetrieben wird. Neben der
Nichteinhaltung der Ablaufgrenzwerte durch die organische Belastung, die die Belebtschlammflocken darstellen, bedeutet ihr Davonschwimmen auch eine Einbuße
an abbauenden Bakterien, d.h. unter Umständen einen Verlust von Reinigungsleistung oder -potential.

Aus umweltbiotechnologischer Sicht besteht hier also noch erheblicher For-
schungsbedarf, da letzlich die Ursachen der Blähschlammbildung unklar sind. Das
Aufzeigen eines gezielten Weges zur Bekämpfung von Blähschlamm als Resultat
grundlegender Erkenntnisse über die Bildung der Belebtschlammflocken hätte sicher eine größere Anerkennung der Bedeutung der biologischen Wissenschaften in
der Abwassertechnik zur Folge und wäre nicht nur deshalb ein wichtiges und loh-
nendes Forschungsziel.

6.3.1 Sequencing-Batch-Bioreaktoren

Extreme Neigung zur Bildung von Blähschlamm findet sich häufig bei Abwasseranlagen der Industrie, die mit einseitig zusammengesetztem Abwasser beschickt
werden. So führt beispielsweise der Betrieb von Belebungsanlagen für Abwässer
der Lebensmittelindustrie häufig zu Blähschlamm. Abhilfe schafft in einigen Fällen der Einsatz einer andersartigen Belebtschlammtechnologie, dem sogenannten
Sequencing-Batch-Verfahren (SBR), dargestellt in der Abb. 27. Anders als bei den
herkömmlichen Belebtschlammverfahren laufen die einzelnen Reinigungsschritte
hier zeitlich und nicht räumlich nacheinander in einem Becken ab. Die einzelnen
Reinigungsphasen können wie folgt beschrieben werden:

- In der *Einlaufphase* wird das Becken mit dem anfallenden Abwasser beschickt. Der Flüssigkeitspegel im Becken steigt langsam an. Das Belüftungssystem versorgt die Mikroorganismen bereits jetzt mit Sauerstoff aus
  der Luft. Die abbauenden Mikroorganismen des Belebtschlammes entfernen bereits gelöste organische Abwasserinhaltsstoffe durch Mineralisierung.

- Nach Abschluß der Befüllung des Beckens wird über einen definierten Zeitraum der Beckeninhalt vollständig durchmischt und belüftet. In dieser *Belüftungsphase* findet der weitere Abbau der organischen Inhaltsstoffe statt. Bei geeigneter Dimensionierung der Becken und niedriger organischer Belastung kann eventuell vorliegendes Ammonium von Nitrifikanten zu Nitrat umgesetzt werden. Während dieser Phase anfallendes Abwasser wird in vorgeschalteten Becken aufgestaut oder einem zweiten SBR-Reaktor zugeführt.

- In der folgenden *Umwälzphase* wird das in der vorhergehenden Phase gebildete Nitrat durch Denitrifikation entfernt. Der Beckeninhalt wird lediglich durchmischt, ohne noch belüftet zu werden.

- Ohne jede Durchströmung des Beckens setzen sich die Belebtschlammflokken in der dann folgenden *Sedimentationsphase* ab. Sofort nachdem sich eine Klarwasserphase gebildet hat, kann der klare gereinigte Ablauf abgezogen werden. Der sedimentierte Belebtschlamm steht für den nächsten Reinigungszyklus zur Verfügung. Überschüssiger nachgewachsener Schlamm wird abgezogen und der Schlammbehandlung zugeführt.

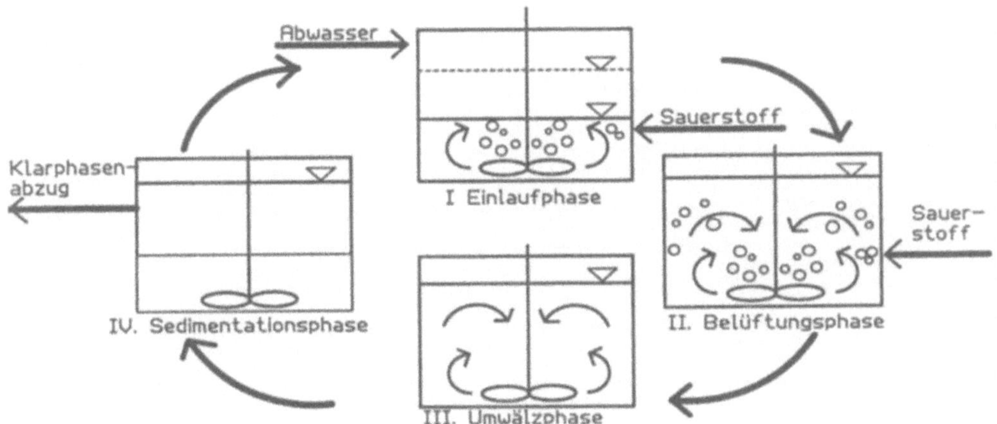

Abb. 27. Biologische Abwasserreinigung nach dem Sequencing-Batch-Bioreaktorverfahren

98

Neben vielen Anwendungen in der Lebensmittelindustrie wurden mittlerweile auch Anlagen zur Reinigung von kommunalen (Morling u. Nyhuis 1996) und von Abwässern der chemischen Industrie realisiert (Kimmerl et al 1996). Der Vorteil gegenüber kontinuierlich betriebenen, konventionellen Belebtschlammanlagen besteht in der Flexibilität des SBR-Verfahrens:

- Hydraulische Stoßbelastungen können aufgefangen werden, ohne die biologische Reinigung wesentlich zu beeinflussen.

- Die Reinigungszyklen können automatisch oder manuell den Anforderungen angepaßt werden.

- Für die Entfernung von Stickstoff können spezielle Bedingungen eingestellt werden.

- Bei Störungen eines Reaktors können andere Reaktoren weiter betrieben werden.

6.3.2 Sukzedane Denitrifikation

Während die Entfernung der organischen Belastung als CSB und BSB in den Kläranlagen heute kaum noch Schwierigkeiten bereitet, ist es manchmal komplizierter, gleichzeitig die biologische Entfernung von Stickstoff und Phosphaten mit der vorhandenen Kläranlage ohne wesentliche Erweiterungen der Bausubstanz zu erreichen. Leere Kassen in den Kommunen und bei den Betreibern der Kläranlagen haben auch in diesem Bereich dazu geführt, daß nicht beliebig viele Stufen zur Erledigung dieser Aufgaben den Kläranlagen nachgeschaltet werden können.

Neue umweltbiotechnologische Verfahren, wie beispielsweise die sukzedane Denitrifikation, ein im Institut für Biotechnologie des Forschungszentrums Jülich entwickelter Prozeß (Abb. 28), erlauben allein durch gezielte Steuerung der biologischen Umsetzungen eine Optimierung der Prozeßführung.

Das international patentierte Jülicher Abwasserreinigungsverfahren (JARV) ermöglicht ohne umfangreiche bauliche Veränderungen an bestehenden Kläranlagen mikrobiologische Nitrifikation und Denitrifikation und die Vermeidung von Blähschlamm. Ähnlich wie beim bereits beschriebenen SBR-Verfahren laufen die Abbau- und Umsetzungsprozesse dabei nicht räumlich getrennt ab, sondern zeitlich nacheinander.

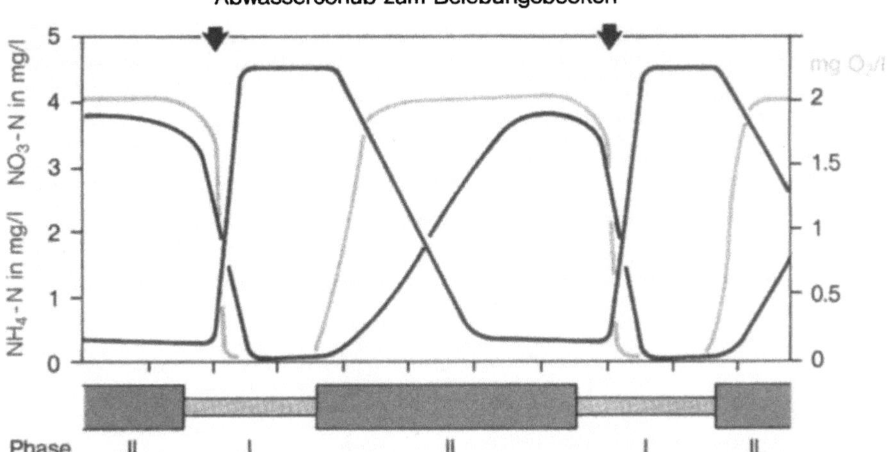

Abb. 28. Reinigungsphasen bei JARV (Jülicher Abwasserreinigungsverfahren)

Das der Kläranlage zulaufende Abwasser fließt nicht mehr unkontrolliert je nach Anfall in die Belebungsbecken der Kläranlage, sondern wird in vorgeschalteten vorhandenen Vorklärbecken oder Regenrückhaltebecken aufgefangen und anschließend gezielt stoßweise in die Belebungsbecken dosiert (Abb. 29). So können dort die heterotrophe Entfernung der organischen Inhaltsstoffe, die Nitrifikation und die Denitrifikation im kontinuierlichen Prozeß gesteuert zeitlich nacheinander in einem definierten Zyklus ablaufen.

- Betrachten wir zunächst eine *aerobe Phase*. Bei eingeschalteter Belüftung arbeiten die heterotrophen Bakterien im Belebungsbecken an der Spaltung und Mineralisierung der organischen Stoffe. *CSB und BSB* werden entfernt. Parallel dazu beginnt die *Nitrifikation*. Die hierzu erforderlichen Bedingungen, auch das erforderliche Schlammalter, entsprechen denen konventioneller Belebungsanlagen. Über das Verschwinden von Ammonium oder über die Entstehung von Nitrat wird der Nitrifikationsprozeß meßtechnisch verfolgt.

- Ab einem festgelegten, vorher berechneten Wert oder nach vollständiger Nitrifikation wird ein *neuer Abwasserstoß* in das Belebungsbecken dosiert. Die Konzentration organischer Schmutzstoffe im Becken, die mit der Kurzzeit-BSB-Messung verfolgt werden können, steigt dadurch deutlich an. Die heterotrophen Organismen verbrauchen schnell viel Sauerstoff. Bei der Umsetzung sinkt die Gelöstsauerstoffkonzentration im Becken. Zusätzlich wird die *Belüftung* einige Minuten vor Einsetzen des Abwasserstoßes abgeschaltet. Es liegen jetzt optimale *Denitrifikationsbedingungen* für das durch die vorherige Nitrifikation gebildete Nitrat vor. Durch die hohe Konzentration von organischen Abwasserinhaltsstoffen können die Denitrifikanten in sehr kurzer Zeit das Nitrat zu gasförmigem Stickstoff umsetzen. Die Denitrifikation wird wiederum meßtechnisch verfolgt.

- Wenn nach kurzer Zeit das Nitrat reduziert worden ist, kann die Belüftung wieder eingeschaltet werden. Der heterotrophe Abbau wird fortgesetzt, jetzt wieder unter aeroben Bedingungen. Die Nitrifikation des mit dem neuen Abwasserstoß in die Becken gelangten Ammoniums kann erneut beginnen.

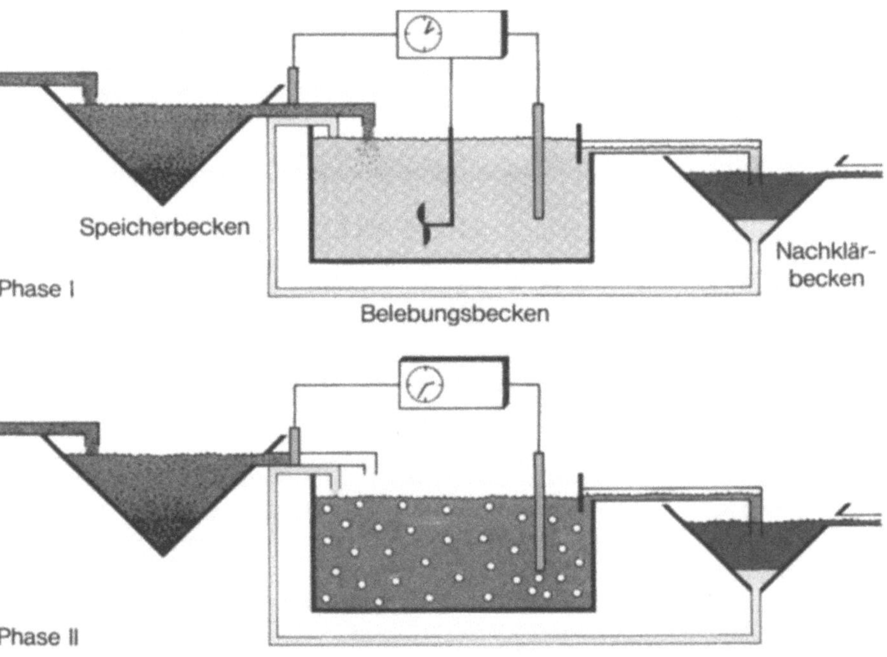

Abb. 29. Darstellung der Reinigungsphasen bei JARV (Jülicher-Abwasser-Reinigungs-Verfahren), Phase I: Abwasserschub und Denitrifikation, Phase II: Belüftung und Nitrifikation

Im Gegensatz zum Sequencing-Batch-Reaktor-Verfahren findet ein kontinuierlicher Ablauf in die Absetzbecken statt. Rücklaufschlamm wird kontinuierlich in die Belebungsbecken zurückgeführt. Das Verfahren kann mittlerweile sogar auch in Kombination mit biologischen Phosphatentfernungsverfahren im Nebenstrom eingesetzt werden.

Ohne erhebliche Umbauten werden so in vorhandenen Kläranlagen Stickstoff effizient aus dem Abwasser entfernt. Die bevorzugten Bedingungen der am Abbauprozeß beteiligten Mikroorganismen werden bei diesem Verfahren weitgehend beachtet und eingehalten.

Abb. 30. Kläranlage, die in Anlehnung an das Jülicher Abwasserreinigungsverfahren JARV betrieben wird. Die vier Belebungsbecken werden alternierend beschickt.

Erste Kläranlagen werden bereits erfolgreich nach dem beschriebenen JARV-Verfahren betrieben (Abb. 30).

Ein weiterer Vorteil des Verfahrens liegt in der praktisch erreichten Vermeidung der Blähschlammbildung (Abb. 31). Regelmäßige Belastungstöße durch die gezielte Zudosierung von Abwasser führen offenbar zur Verdrängung von fadenbildenden Mikroorganismen und zur Ausbildung von gut absetzbaren Belebtschlammflocken ohne Blähschlammbildung.

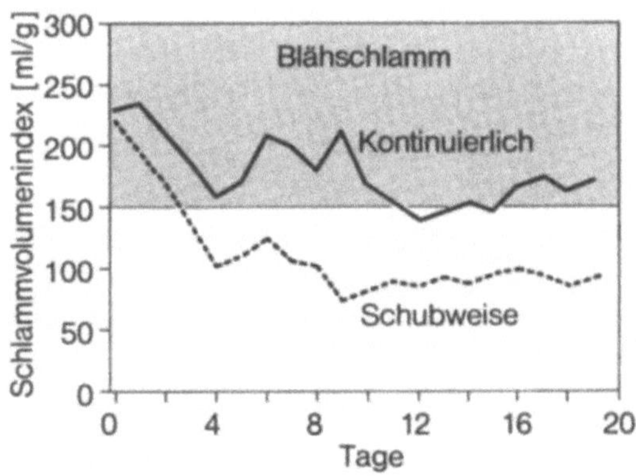

Abb. 31. Vermeidung von Blähschlamm bei JARV. Gemessen wurde der Schlammvolumenindex, der das Volumen des Belebtschlammes bezogen auf die Trockensubstanz angibt.

6.3.3 Biologische Phosphatentfernung bei Belebungsverfahren

Noch etwas schwieriger als die Integration von Nitrifikation und Denitrifikation gestaltet sich die zusätzliche Nutzung der biologischen Phosphatentfernung mit dem Abbau der organischen Belastung. Wie bereits im Kap. 5.9 von den Grundlagen her erläutert, gibt es mehrere unterschiedliche biologische Mechanismen, die Mikroorganismen dazu bringen, erhebliche Mengen Phosphat zu speichern. Mit der Entfernung dieser mit Phosphat angereicherten Organismen als Überschußschlamm wird so auch Phosphat abgezogen.

Unter besonderen biologischen Bedingungen, nämlich beim alternierenden Wechsel von aeroben und anaeroben Betriebszuständen, beginnen sich Mikroorganismen im Belebtschlamm anzureichern, die während der aeroben Phase Phosphat in erhöhten Mengen als Polyphosphat speichern. Mit dem Überschußschlamm kann Phosphat abgezogen werden. Gelangt der Belebtschlamm in der angereicherten Form in eine anaerobe Phase oder Zone, wird Phosphat von den Mikroorganismen wieder freigesetzt. Bei anschließender Belüftung bindet der Schlamm wieder Phosphat, jetzt aber noch weit mehr als vorher. Trotz der zwischenzeitlichen Rücklösung wird insgesamt mehr Phosphat gespeichert und in der Bilanz Phosphat entfernt. Eine für diesen Vorgang geeignete Belebtschlammpopulation in der Kläranlage heranzuziehen, erfordert manchmal Zeiträume von vielen Wochen oder noch länger.

Verfahrenstechnisch stellt eine anaerobe Zone oder Phase im Belebungsbecken eine der notwendigen Bedingungen dar. In dieser darf kein Nitrat aus der Nitrifikation vorhanden sein, denn dieses behindert seinerseits die Phosphataufnahme der Mikroorganismen.

Die Nitrifikation darf also im Verfahren entweder noch gar nicht stattgefunden haben oder die Denitrifikation muß bereits vollständig abgeschlossen sein, bevor mit der biologischen Phosphatentfernung begonnen werden kann. Diesen Anforderungen kann in der Praxis unterschiedlich begegnet werden:

- Im Hauptstrom des Abwassers wird der Rücklaufschlamm abwechselnd anaeroben und aeroben Bedingungen ausgesetzt. Die Phosphatentfernung erfolgt über den Schlammabzug.

- Der Rücklaufschlamm des Belebungsverfahrens wird in einer gesonderten Bioreaktorstufe anaeroben Bedingungen ausgesetzt. Das in dieser Stufe rückgelöste Phosphat wird mit Kalk ausgefällt und dem Verfahren entnommen. Der Schlamm wird anschließend in die Belebungsbecken geleitet und speichert erneut Phosphat.

- Auch eine Kombination beider Verfahren ist in der Praxis möglich.

Den ablaufenden biologischen Phosphatentfernungsmechanismen liegen einige Modellvorstellungen über die biologischen Mechanismen zugrunde. Bis heute sind jedoch viele Zusammenhänge wissenschaftlich unklar, insbesondere auch welche

Gruppen und Arten von Mikroorganismen denn nun letztlich in der komplexen Population von Belebtschlammbakterien für die biologische Phosphatentfernung verantwortlich sind.

6.3.4 Festbettverfahren

Neben Verfahren mit zu Flocken aggregierten Mikroorganismen etablieren sich neuerdings wieder zunehmend auch solche, bei denen die abbauenden Mikroorganismen einen Biofilm bilden. Während in der Flocke unterschiedliche Mikroorganismen zusammen mit höheren Organismen und mineralischen Bestandteilen eine dreidimensionale Struktur bilden, die frei im Wasser schwebt, hat ein Biofilm im Vergleich eher zweidimensionalen Charakter und wächst auf einer festen Unterlage. Je nach Belastung und Abwasser können jedoch auch sehr unterschiedliche Schichtdicken von Mikroorganismen bzw. Biofilmen erreicht werden.

Bereits seit Jahrzehnten werden in der kommunalen Abwasserreinigung Tropfkörper eingesetzt. Dabei wird mechanisch vorbehandeltes Abwasser von oben über einem Trägermaterial verrieselt. Der Biofilm bildet sich auf dem natürlichen oder synthetischen Aufwuchsträger und reinigt das überströmende Abwasser.

Bereits beschrieben wurde im Kap. 5.12 ein Abwasserbiofilter nur Nachreinigung des Ablaufs kommunaler Kläranlagen. Im Kap. 6.7 dargestellte Abluftbiofilter arbeiten ebenfalls mit Hilfe von Biofilmen.

Eine andere Variante stellen ständig getauchte, belüftete Festbettbioreaktoren dar. Diese werden zur Erreichung von niedrigen Ablaufkonzentrationen in der Abwasserreinigung häufig als Kaskaden hintereinandergeschaltet, um mehrere mikrobielle Gemeinschaften für unterschiedliche Aufgaben anzusiedeln.

Ein wichtiger Unterschied der Biofilmverfahren besteht in der relativen Unanfälligkeit gegenüber Stoßbelastungen und Betriebsstörungen. Bei Industrieabwässern, die häufig in sehr unterschiedlichen Mengen und Belastungen anfallen, kann daher mit deutlich verringertem Wartungsaufwand gerechnet werden. Bei Biofilmverfahren fällt zudem weniger Schlamm an, als bei vergleichbar belasteten Belebtschlammverfahren. Der Nachteil von Biofilmverfahren in der kommunalen Abwasserreinigung besteht darin, daß mit Festbettverfahren keine biologische Phosphatelimination zu schaffen ist.

In Abb. 32 ist ein Festbettbioreaktor schematisch dargestellt. Von unten wird den auf dem Festbettmaterial wachsenden Mikroorganismen Sauerstoff über Belüfterkerzen zugeführt. Das Abwasser wird links oben dem System zugeführt und durchläuft die Kompartimente kaskadenförmig. Der Ablauf erfolgt über eine Ablaufrinne.

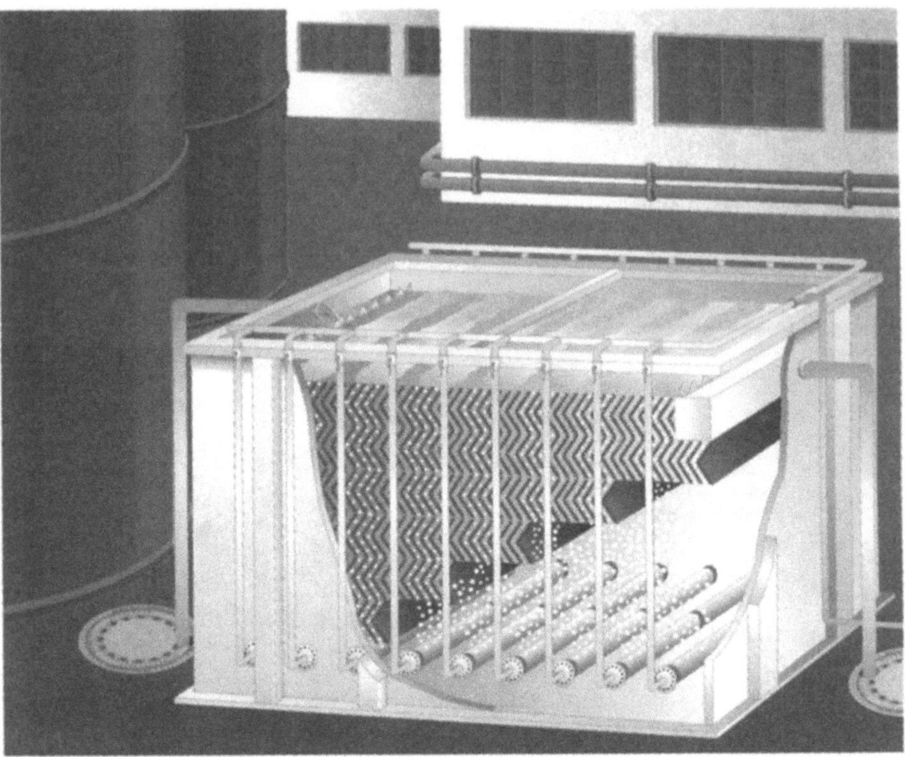

Abb. 32. Festbettbioreaktor zur Reinigung von Industrieabwasser

Obwohl mittlerweile solche Festbettbioreaktorverfahren auch erfolgreich bei hochkonzentrierten Abwässern eingesetzt werden, liegt der klassische Einsatz eher bei gering belasteten Wässern, die zwingend aufgewachsene Biofilme zur Reinigung benötigen. Dies sei im folgenden durch ein fiktives Beispiel einer Teilstrombehandlung eines Molkereiabwassers demonstriert.

Bei der Herstellung von Käse fallen große Mengen Molke an. Aus der Eindampfung der Molke zur Volumenreduzierung resultieren Abwässer, sog. Brüdenkondensate, die mit einer CSB-Konzentration von im Mittel 85 mg/l nach den gesetzlichen Bestimmungen den Mindestanforderungen an die Einleitung in ein Gewässer genügen. Da der Vorfluter[14] jedoch sehr wenig Wasser im Verhältnis zur Abwassermenge führt, legten die zuständigen Wasserbehörden einen niedrigeren Grenzwert von 50 mg/l für die erlaubte Einleitung des Brüdenkondensatabwassers fest. Für das Abwasser müssen daher neue Ableitungs- bzw. Reinigungsmöglichkeiten gefunden werden. Aus Kostengründen scheidet die Reinigung des gering belasteten Wassers in der kommunalen Kläranlage aus.

---

[14]Als Vorfluter bezeichnet man das die Abwässer aufnehmende Gewässer.

Als Inhaltsstoffe des Brüdenkondensates wurden gut biologisch abbaubare Zukker und organische Säuren vermutet. Es wurde daher eine biologische Reinigung des Brüdenkondensates mit der Option auf eine anschließende Wiederverwertung erwogen. Aufgrund der niedrigen CSB-Konzentration von im Mittel 85 mg/l mit nur geringen Abweichungen und einer hohen hydraulischen Belastung kamen nur Verfahren zur aeroben Behandlung zur Auswahl, bei denen das Abwasser mit einem festsitzenden Biofilm gereinigt wird.

In einem Pilotversuch wurden daher zunächst die Auslegungsgrundlagen für eine technische Anlage erarbeitet. Der bereits nach wenigen Tagen angewachsene Biofilm erreichte bei Raumabbauleistungen von ca. 1 kg CSB/m^3 d Ablaufwerte von 10-15mg/l. Die technische Realisierung ist zur Zeit in Vorbereitung.

6.3.5 Anaerobe Verfahren

Anaerobe Mikroorganismen, die ohne Sauerstoff durch die Produktion von Methan (Biogas) Energiegewinn aus organischen Substraten ermöglichen, werden in Teilbereichen der Abwasserreinigung verwendet. Die manchmal schwierige Handhabung und die speziellen Anforderungen dieser Mikroorganismengruppe haben dazu geführt, daß diese Verfahren neben der Schlammbehandlung bisher lediglich für eine Teilreinigung hochbelasteter Industrieabwässer eingesetzt wurden. Organisch hochbelastete Industrieabwässer für anaerobe Verfahren findet man z.B. in der Lebensmittelindustrie (Stärkeproduktion, Brauereien, Zuckerfabriken) oder der Papierindustrie.

Ein gewichtiger Vorteil der anaeroben Verfahren liegt in der Einsparung von Belüftungsenergie. Bei aeroben biologischen Abwasserreinigungsverfahren beruht der größte Teil der Betriebskosten der Anlagen auf dem Energiebedarf für die Belüftung. Die zu Wasser und Kohlendioxid oxidierten organischen Inhaltsstoffe benötigen ja Sauerstoff für ihre Arbeit, der mit Kompressoren oder Gebläsen zugeführt wird. Demgegenüber produzieren anaerobe Verfahren energiereiches Methan, ohne dabei Sauerstoff zu benötigen. Mindestens die energetischen Betriebskosten der Abwasseranlage können so gedeckt werden. Zudem produzieren anaerobe Abwasserreinigungverfahren deutlich weniger Überschußschlamm als vergleichbare aerobe Verfahren und sind daher auch in dieser Hinsicht für einige Abwässer kostengünstiger und wirtschaftlicher.

Während prinzipiell jede organische Abwasserbelastung mit einem aeroben Verfahren gereinigt werden kann, liegt der verfahrenstechnisch und wirtschaftlich sinnvolle Einsatzzweck der anaeroben Verfahren bei hoch organisch belasteten Abwässern oder Reststoffen. Der anaerobe Abbau, von dem die für den letzten Schritt wichtigen methanogenen Bakterien bereits bekannt sind, vollzieht sich in mehreren Stufen. Bei einigen Verfahren finden diese zur Optimierung der einzelnen Schritte in räumlich getrennten Stufen statt:

◆ In der *Hydrolysestufe* werden komplexe Abwasserinhaltstoffe - falls solche vorhanden sind - vorgespalten und große Moleküle werden in einzelne Bausteine zerlegt:

- ◆ aus Eiweiß werden Aminosäuren;
- ◆ aus Fetten werden Fettsäuren;
- ◆ aus Kohlenhydraten werden Monosaccharide.

◆ In der *Versäuerungsstufe* bilden säurebildende Mikroorganismen aus den organischen Bestandteilen wiederum kleinere Bruchstücke; es entstehen:

- ◆ organische Säuren,
- ◆ Alkohole,
- ◆ Kohlendioxid,
- ◆ Wasserstoff,
- ◆ reduzierte Schwefel- und Stickstoffverbindungen.

◆ In der *Essigsäurephase* werden die Bruchstücke aus der vorhergehenden Phase umgesetzt zu

- ◆ Essigsäure,
- ◆ Wasserstoff und
- ◆ Kohlendioxid.

◆ Die abschließende *Methanisierungsphase* führt zur Bildung von

- ◆ Methan und
- ◆ Kohlendioxid.

Die Mikroorganismen der ersten beiden Stufen sind fakultative[15] und obligate[16] Anaerobier und nur wenig anfällig gegen Änderungen ihrer Lebensbedingungen. Auch bei wechselnden Abwasserzusammensetzungen vermögen sie, schnell zu wachsen.

Die Mikroorganismen, die in der Essigsäurephase und der Methanisierungsphase arbeiten, leben streng unter anaeroben Bedingungen und vertragen keinen Sauerstoff. Besonders anfällig sind sie, auch aufgrund ihres langsamen Wachstums, gegen Änderungen der Umgebungsbedingungen. Nur bei genauer Beachtung der notwendigen Milieubedingungen in den einzelnen Stufen können hohe Abbauleistungen in den Verfahren erreicht werden.

Anaerobe Abwasserreinigungsverfahren werden häufig für die Vorreinigung von Abwässern aus der Lebensmittel, Papier- und Holzverarbeitungsindustrie

---

[15] Wechsel zwischen aeroben und anaeroben Bedingungen ist für diese Mikroorganismen möglich.

[16] Mikroorganismen können nur anaerob leben und vertragen keinen Sauerstoff.

eingesetzt, da dort hohe organische Belastungen anfallen. Aber auch in der landwirtschaftlichen Tierhaltung anfallende Gülle kann anaerob behandelt und zur Erzeugung von Biogas genutzt werden.

Da die organische Restbelastung des ablaufenden Wassers aus anaeroben Verfahren in der Regel so hoch liegt, daß ein aerobes Verfahren zur Nachreinigung nachgeschaltet werden muß, werden anaerobe Verfahren fast nie als einziges Verfahren eingesetzt, sondern immer in Kombination mit einer aeroben biologischen Nachreinigung.

Einen neuen Einsatzbereich, der im Kap. 6.6.2 besprochen wird, stellen anaerobe Verfahren zur Vergärung von organischem Hausmüll und Grünabfällen dar, die bioverfahrenstechisch ähnlich denen der Abwassereinigung ablaufen.

In Abb. 33 wird ein anaerobes Verfahren der Firma Schwarting-Uhde dargestellt, daß zur Reinigung flüssiger organischer Reststoffe und Abwässer eingesetzt wird. Die erste Verfahrensstufe wird in der Regel bei Temperaturen von 35°–37°C (mesophil) betrieben. Die Temperatur im 2. Bioreaktor beträgt ca. 55° C (thermophil). Eine speziell ausgebildete Strömungsführung sorgt für eine ausreichend lange Aufenthaltszeit im 2. thermophil betriebenen Bioreaktor und damit zu einer Hygienisierung infolge dieser hohen Temperatur. Das im Prozeß entstehende Biogas kann energetisch genutzt werden und zur Erwärmung des zuströmenden Reststoffes oder Abwassers und der beiden Bioreaktoren - hier Fermenter genannt - verwendet werden.

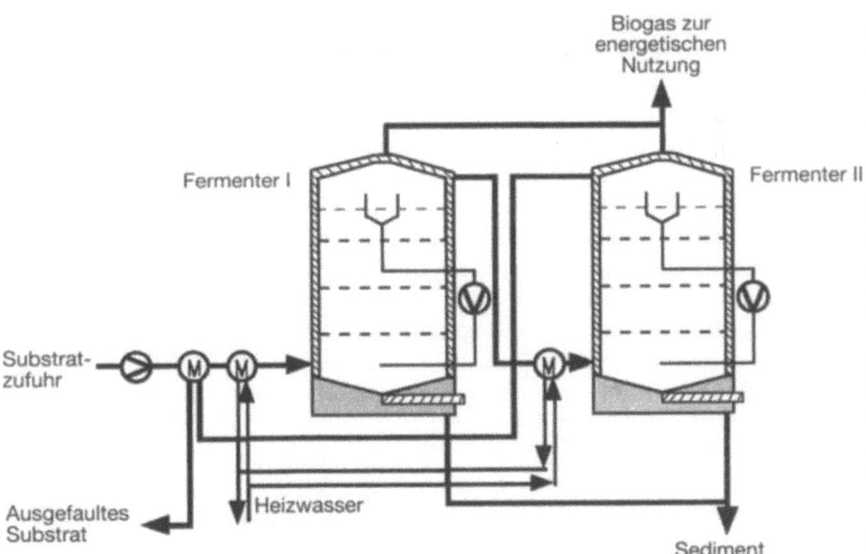

Abb. 33. Anaerobes Verfahren zur Reinigung von organischen Reststoffen

In derartigen anaeroben Verfahren konnten bei organisch hochbelasteten Wässern bei Raumbelastungen von bis zu 50 kg CSB/m³ Bioreaktorvolumen pro Tag immer noch Abbauraten von 70–80% erreicht werden. Im Vergleich: in der aeroben industriellen Abwasserreinigung werden häufig Raumbelastungen von ca. 2–5 kg CSB/m³ Bioreaktorvolumen pro Tag eingestellt, um eine ähnliche Reinigungsleistung zu erreichen.

Sinnvoll eingesetzt und seit vielen Jahrzehnten überregional verbreitet, produzieren die Anaerobier auch bei einer nachgeschalteten Stufe der kommunalen Abwasserreinigung Biogas. Zur Volumenreduzierung und zur Verminderung der Konzentration der organischen Inhaltsstoffe wird der produzierte Klärschlamm, der sich aus dem Vorklärschlamm und dem Überschußschlamm zusammensetzt, in Faultürmen ausgefault. Bei sehr vielen kommunalen Kläranlagen erkennt man diese oft charakteristisch eiförmigen Behälter schon aus weiter Entfernung. Bei einer Aufenthaltszeit des Klärschlammes von 10–20 Tagen und Temperaturen von im Mittel 30–35° C erreichen die Anaerobier eine Reduzierung des organischen Schlammanteils von ca. 50%.

Neben der Produktion von Biogas und der Volumenreduzierung trägt die anaerobe Schlammfaulung zur Abtötung der pathogenen Organismen des Schlammes bei und verbessert die Entwässerungsfähigkeit des Schlammes. Bei der anschließenden landwirtschaftlichen Ausbringung wird die Geruchsbelästigung vermieden.

Interessant sind in diesem Umfeld neuartige Verfahren zur Behandlung des Wassers aus der Schlammfaulung (s. Kap. 6.8) dar. Da bei der Schlammfaulung durch die Zersetzung von Eiweiß sehr hohe Konzentrationen von Ammonium freigesetzt werden, können die bei der Schlammfaulung anfallenden Wässer effektiv an dieser Stelle des Gesamtverfahrens nitrifiziert werden und zusätzlich für erhöhte Konzentrationen von Nitrifikanten im Belebungsverfahren sorgen. Das nitrifizierte Wasser kann an Stellen des Belebungsbeckens eingeleitet werden, an denen eine Denitrifikation aufgrund anoxischer Verhältnisse leicht möglich ist.

Eine schematische Darstellung der Kohlenstoffbilanz eines anaeroben Abwasserreinigungsverfahrens im Vergleich zu einem aeroben Prozeß zeigt Abb. 34. Neben der Produktion des energetisch nutzbaren Methans (Biogas) sind die Vorteile der anaeroben Technologie hinsichtlich der geringeren Produktion von Überschußschlamm offensichtlich. Die höhere Restbelastung des behandelten Wassers oder Reststoffes als Nachteil wurde oben bereits angesprochen.

Der Vorteil der Produktion von Biogas mit einem hohen Gehalt an Methan darf jedoch nicht darüber hinwegtäuschen, daß in der Praxis häufig allenfalls die betreffende Anlage mit dem entstehenden Biogas energieautark betrieben werden kann.

Nicht vernachlässigt werden darf bei der Beurteilung der anaeroben Technologie auch die in Teilen erheblich aufwendigere Verfahrenstechnik und die damit verbundenen höheren Betriebskosten. Ob deshalb aus der Anwendung anaerober Verfahren wirtschaftliche Vorteile resultieren, muß jeweils noch im Einzelfall geklärt werden. Bei kommunalen Abwässern, die im Vergleich zu vielen Industrieabwässern mit einem CSB von wenigen hundert mg/l nur relativ gering organisch belastet sind, können anaerobe Verfahren bisher nicht sinnvoll eingesetzt werden.

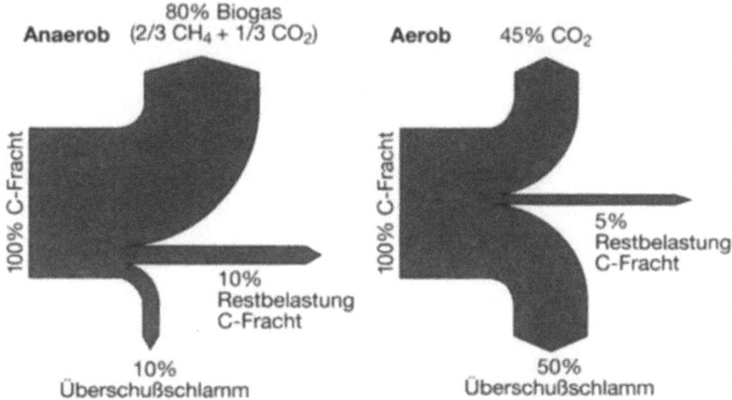

Abb. 34. Vergleich der Kohlenstoffbilanz von anaeroben und aeroben Verfahren

6.4 Industrieabwasser und Deponiesickerwasser

Bei der Reinigung kommunalen Abwassers kommen in der Praxis bisher überwiegend großräumige Verfahren mit Becken in Betonbauweise zum Einsatz. Die Kläranlagen liegen in der Regel weit ab von den Zentren der Städte und Gemeinden. Ausreichender Platz steht somit zur Verfügung.

Die kommunale Abwasserreinigung wurde zudem bisher überwiegend von Bauingenieuren geplant und von Bauunternehmen in Betonbauweise realisiert. Ausführlich ausgearbeitete Regelwerke der Abwassertechnischen Vereinigung (ATV) als führender Institution auf diesem Gebiet führten zusätzlich zu beachtlichen Sicherheitszuschlägen bei der Dimensionierung der Anlagen.

In der kommunalen Abwasserreinigung anfallendes häusliches Abwasser ist durch die oft langen Aufenthaltszeiten in der Kanalisation zudem quantitativ und qualitativ bereits vergleichmäßigt und im Vergleich zu vielen Industrieabwässern relativ gering belastet.

Bei der Reinigung von Industrieabwässern steht dagegen auf dem jeweiligen Firmengelände oft nur sehr wenig und zudem teures Industriegelände zur Verfügung. An der Umsetzung der biologischen Abwasserreinigungsverfahren sind häufig Verfahrenstechniker beteiligt, die mit der Produktion betraut sind. Die Behälter werden daher oft in Stahl oder Kunststoff, manchmal auch in Beton gebaut und die Anlagen insgesamt auf eine hohe Leistung ausgelegt.

Während die kommunale großräumige Klärtechnik eine lange Geschichte hat, ist die Entwicklung spezieller industrieller Kläranlagen erst in jüngster Zeit intensiviert worden. Die Industrieabwasseranlagen sind aufgrund der beschriebenen Zusammenhänge daher im allgemeinen deutlich effektiver in der Raum-Zeit-Ausbeute, d.h. auf weniger Raum wird in kürzeren Zeitspannen mehr Abwasserbelastung abgebaut als in vergleichbaren kommunalen Anlagen. Die Anlagen in der Industrie werden auf die real anfallenden Abwasserbelastungen ausgelegt und müssen ohne die in der kommunalen Abwasserreinigung gewohnten Sicherheitszuschläge betrieben werden.

Erste Entwicklungen in den 70er Jahren, insbesondere in der chemischen Großindustrie, führten zu hochgebauten Abwasseranlagen, z.B. den BIO-HOCH-Anlagen der Firma Hoechst oder den Turmbiologieanlagen der Firma Bayer, die bei Wassertiefen von über 20 m, unter anderem besonders effektiven Sauerstoffeintrag bei guter Durchmischung ermöglichen. Diese Verfahren sind mittlerweile vielfach erprobt. Von anderen Herstellern wurden sogar Reaktoren mit einer Tiefe von bis zu 120 m realisiert.

Die Funktionsweise eines BIOHOCH-Reaktors wird von der Herstellerfirma wie folgt beschrieben (Abb. 35): Der BIOHOCH-Reaktor besteht aus einem nahezu zylindrischen Belebungsraum, den ein Lochblech in zwei Kammern aufteilt, und aus einem konischen Nachklärraum, der ringförmig um den Belebungsraum angeordnet ist. Zur Sauerstoffversorgung des Belebtschlammes dienen die am Boden angebrachten und speziell für den Einsatz in BIOHOCH-Reaktoren entwickelten Radialstromdüsen. Durch lange Aufenthaltszeiten der am Boden des Bioreaktors durch Düsen eingeblasenen, feinverteilten Luft sowie durch für den Sauerstoffübergang günstigere Druckverhältnisse werden wesentliche Energieeinsparungen bei der Belüftung erzielt.

Das zu reinigende Abwasser wird entweder über diese Düsen oder über separate Rohrleitungen in den Reaktor gepumpt. Hier findet unter optimalen Bedingungen der biologische Abbau statt. In der oberen Kammer, der Beruhigungs- und Entgasungszone, wird der Belebtschlamm von eventuell anhaftenden Gasbläschen befreit, die andernfalls die Sedimentation in der Nachklärung behindern könnten. Das Belebtschlamm- Abwasser-Gemisch gelangt anschließend in die Nachklärzone, wo sich der Belebtschlamm absetzt und in seiner Hauptmenge wieder in den Belebungsraum zurückgeführt wird. Das gereinigte Abwasser fließt in die konzentrisch angebrachte Klarwasserrinne (Nachklärung) und verläßt danach über eine Ablaufleitung den Reaktor. Der entstehende Überschußschlamm wird aus der Nachklärzone abgezogen und kann statisch oder mechanisch weiter entwässert werden.

BIOHOCH - Anlagen werden seit vielen Jahren insbesondere in der chemischen Industrie erfolgreich betrieben, z.B.: E. Merck GmbH, Darmstadt, mit etwa 6000 m^3 Abwasser pro Tag; Boehringer Ingelheim KG, mit etwa 7.000 m^3 Abwasser pro Tag; Hoechst AG, Werk Griesheim, mit etwa 60.000 m^3 Abwasser pro Tag und Dow-Stade GmbH mit etwa 120.000 m^3 Abwasser pro Tag.

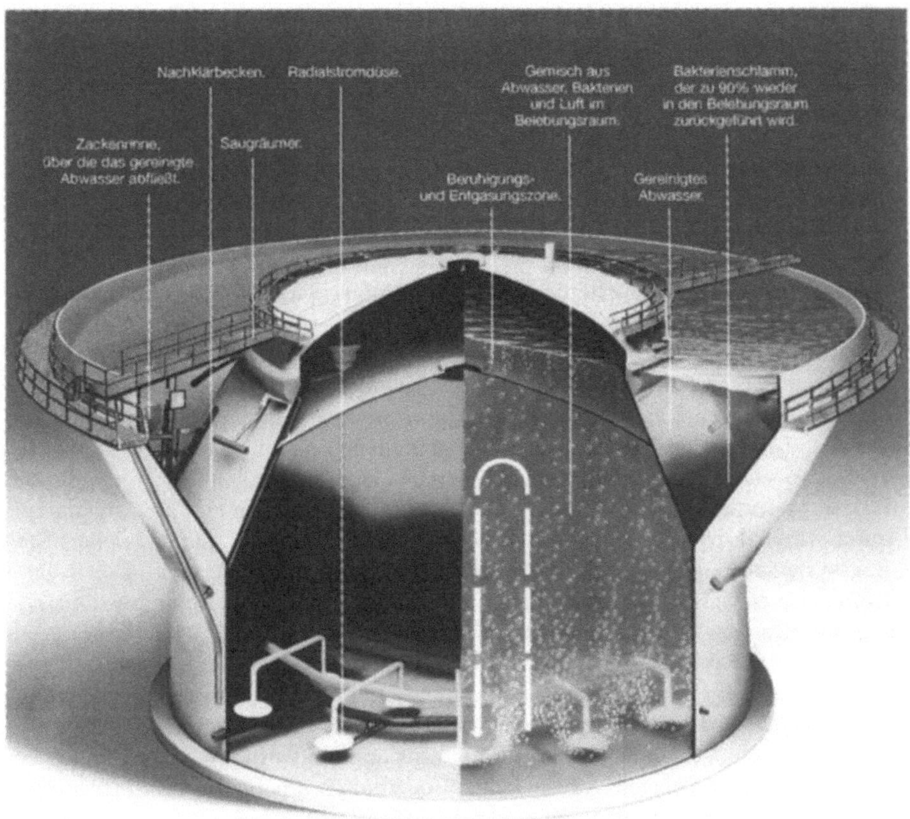

Abb. 35. BIOHOCH-Reaktor zur aeroben biologischen Abwasserreinigung

Der enorme Energieverbrauch für die Bereitstellung des Sauerstoffs (O_2) für die Mikroorganismen stellt auch bei allen anderen aeroben Verfahren nach wie vor die wichtigste betriebswirtschaftliche Größe dar. Als Kenngröße für die Effizienz des Eintrags wird meistens die Sauerstoffeintragsleistung in kg O_2/kWh angegeben. Viele Optimierungsbestrebungen und neue Verfahren haben einen effektiveren Sauerstoffeintrag in biologische Abwasserreinigungsanlagen zum Ziel. Entwicklungen beziehen sich auch auf nachträglich einbaubare Belüftungssysteme. Bei herkömmlicher Verfahrensweise wird der Sauerstoff in Form von Luft mit mechanischen Belüftern in die Belebungsbecken der Kläranlagen eingebracht. Die Leistungsfähigkeit vieler Reinigungsanlagen wird begrenzt durch die Eintragsleistung der mechanischen Belüfter sowie durch den Sauerstoffgehalt der Luft, der rund 21 % beträgt.

Verwendet man statt Luft technisch reinen, industriell erzeugten Sauerstoff, kann in vielen Fällen die Reinigungsleistung vorhandener Abwasseranlagen erheblich gesteigert werden. Auf den Bau zusätzlicher Belebungsbecken oder sogar den Neubau ganzer Anlagen kann manchmal verzichtet werden.

Mit dem Eintragssystem Oxy-Dep (Abb. 36) kann der Ausnutzungsgrad des eingetragenen Reinsauerstoffs bis auf über 90 % gesteigert werden, so daß die sehr hohe spezifische Eintragsleistung von 4–5 kg O_2/kWh Eintragsenergie erreicht wird. Der Sauerstoff wird über einen Teilstrom den Belebungsbecken der Kläranlage zugeführt und dann in Form von feinsten Bläschen über ein Düsensystem eingeblasen. Bei konventionellen Belüftungssystemen beträgt die erforderliche Eintragsleistung nur 0,5–2 kg O_2/kWh.

Da ein solches Belüftungssystem neben dem effizienten Eintrag auch eine sehr gute Regelbarkeit der zugeführten Sauerstoffmenge ermöglicht, können qualitative oder quantitative Belastungsspitzen in Kläranlagen wesentlich besser aufgefangen werden. Zur stabilen Versorgung der empfindlichen Nitrifikanten muß eine Konzentration von 1,5–2 mg/l gelöstem Sauerstoff sicher eingehalten werden, die bei Belastungsspitzen häufig kurzzeitig unterschritten wird. Auch hier können sinnvoll durch vorübergehenden Einsatz von technischem Sauerstoff und speziellen Eintragssystemen Engpässe in der Belüftung vermieden werden. Das Oxy-Dep System kann beispielsweise ohne Umbauten in bestehenden Kläranlagen eingesetzt werden und so helfen, bauliche Erweiterungen zu vermeiden.

In einigen Bereichen der Industrieabwasserreinigung, z.B. hoch organisch belasteten Abwässern der Lebensmittelindustrie, hat der Einsatz von technischem Sauerstoff mittlerweile deutliche Vorteile aufgezeigt.

Insbesondere Verfahrenstechniker demonstrierten in den letzten Jahren auch bei den für Abwasseranlagen verwendeten Bioreaktoren erhebliche Optimierungspotentiale bei der Raum- und Zeitausbeute durch Verbesserung des Stoffübergangs und des Stoffumsatzes. Die Richtungen sind vielfältig und Tendenzen noch nicht eindeutig erkennbar. Viele Entwicklungen beschäftigen sich dabei nicht mehr mit den herkömmlichen Belebungsverfahren.

Technologisch an der Spitze der aktuellen Entwicklungen stehen heute Verfahren, die ursprünglich für die biologische Reinigung von Deponiesickerwässern entwickelt wurden. Aufgrund der Einschätzung ihres Gefährdungspotentials für die Umwelt werden bei Deponiesickerwässern heute vielerorts gewaltige Anstrengungen unternommen, um diese hochbelasteten Wässer zu klären, selbst wenn diese Aufgabe durch nahe kommunale Kläranlagen hätte übernommen werden können.

Die Kosten erreichen dabei nicht selten eine Größenordnung von 50–100 DM/m^3 vorgereinigtes Deponiesickerwasser. Für die Reinigung von kommunalem Abwasser liegen die Kosten dagegen heute bei ca. 2-10 DM/m^3. Vor dem Hintergrund des erheblichen finanziellen Spielraums wurden in der Deponiesickerwassereinigung Entwicklungen möglich, die unter Einsatz zahlreicher verfahrenstechnischer und biologischer Optimierungen wesentlich effektiver sind als die herkömmlichen biologischen Verfahren zur Abwasserreinigung. Besonders eindrucksvolle Beispiele geben solche Prozesse, bei denen Membranfiltrationsverfahren mit Bioreaktoren gekoppelt sind.

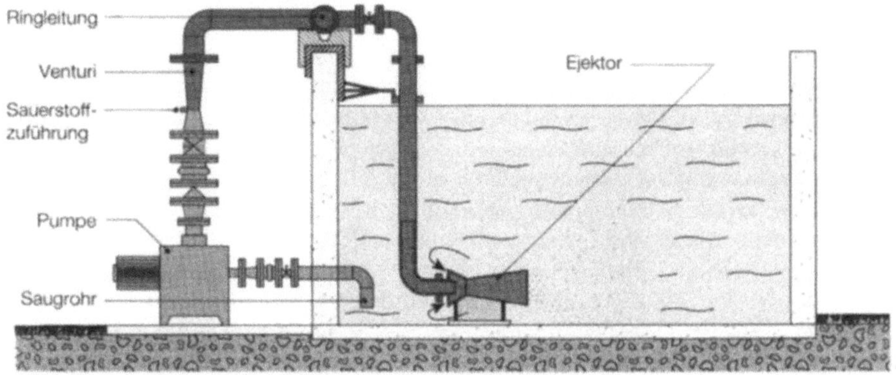

Abb. 36. Eintragssystem Oxy-Dep für reinen Sauerstoff in Abwasserreinigungsverfahren

6.5 Aerobe Membranverfahren

Ein anschauliches Beispiel für Hochleistungsverfahren in der Abwasserreinigung geben Bioreaktorverfahren, bei denen die Mikroorganismen nicht wie üblich beim Belebungsverfahren über Sedimentation, sondern über eine kontinuierlich arbeitende Membranfiltration zurückgehalten werden.

Während bei der Sedimentation das natürliche Volumen der Mikroorganismen häufig die Konzentration der gesamten Biomasse begrenzt - und damit die Effektivität des Verfahrens - kann bei vollständiger Rückhaltung über Membranen die Konzentration der Mikroorganismen ein Vielfaches über den in konventionellen Belebungsverfahren möglichen Konzentrationen liegen. Das Problem der Bildung von Blähschlamm oder Schwimmschlamm kann bei derartigen Anlagen konstruktionsbedingt nicht mehr auftreten. Die Aggregatform der Mikroorganismen spielt nicht mehr eine derart wichtige Rolle.

Das patentierte BIOMEMBRAT-Verfahren der Wehrle Werk AG als eines der am häufigsten eingesetzten biologischen Verfahren zur Deponiesickerwasserreinigung wird im folgenden skizziert (Abb. 37 und 38). Die Darstellung des Verfahrens beruht auf aktuellen Veröffentlichungen (Wagner u. Staab 1995; Schalk u. Wagner 1995).

Die Ursprünge der Entwicklung gehen auf ein Forschungsprojekt der Universität Stuttgart im Jahre 1972 zurück. Dort dachte man zu dieser Zeit über den Einfluß von erhöhtem Druck auf den Sauerstoffübergang und andere Verfahrensparameter von Belebungsanlagen nach. Die Ergebnisse des Betriebs bei Überdruck zeigten erwartungsgemäß erheblich erhöhte Sauerstoffausnutzung und demzufolge wesentlich geringeren Luftdurchsatz. Unter modizifierten Betriebsbedingungen - beispielweise bei einem Systemüberdruck von 8×10^5 Pa (8 bar) - betrug der Luftdurchsatz lediglich noch 8% gegenüber dem notwendigen Luftdurchsatz bei Atmosphärendruck.

Schon damals wurde im Forschungsstadium darüber hinaus beobachtet, daß deutlich weniger überschüssige Mikroorganismenbiomasse entsteht. Der Überschußschlammanfall verringerte sich mit dem Druckanstieg, bezogen auf die abgebaute organische Belastung. Vermutlich durch die effektivere Sauerstoffzufuhr zu den Mikroorganismen - auch den teilweise in Flocken aggregierten - verbesserte sich die Atmungsrate der Mikroorganismen. Insgesamt wurden einschneidende Verbesserungen beim Sauerstofftransfer und beim Stoffumsatz der Mikroorganismen beobachtet.

Nicht befriedigend dagegen verlief die Sedimentation des Belebtschlammes in der nachgeschalteten Absetzstufe. Große unkontrollierbare Mengen sehr aktiver Biomasse gelangten ähnlich wie beim schon bekannten Problem des Blähschlamms in den Ablauf und standen dem Verfahren nicht mehr zur Verfügung. Auch alternative Trennverfahren wie Flotation oder Sandfiltration waren nicht in der Lage, Abhilfe zu schaffen. Zunächst schien damit die Entwicklung in einer Sackgasse angekommen zu sein.

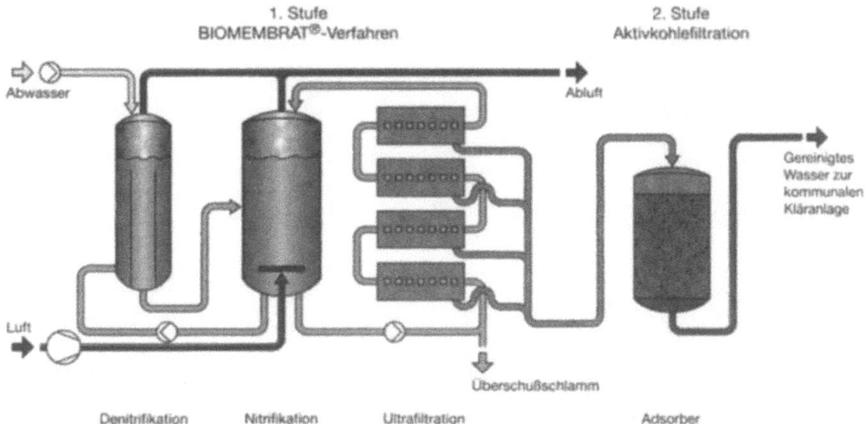

Abb. 37. Verfahrensfließbild des auf der Sonderabfalldeponie Billigheim eingesetzten BIOMEMBRAT-Verfahrens. Die abbauenden Mikroorganismen der Denitrifikations- und der Nitrifikationsstufe werden mit den anderen abbauenden Mikroorganism über eine Ultrafiltrationsstufe vollständig zurückgehalten. Nicht biologisch abgebaute Inhaltsstoffe werden adsorptiv an Aktivkohle gebunden.

Der Durchbruch gelang erst mit der in diesem Zeitraum parallel verlaufenden Entwicklung von Membranmodulen, bei denen durch die Überströmung langer Membranen aus unterschiedlichen Materialien mit hohen Strömungsgeschwindigkeiten eine nahezu kontinuierliche Filtration entwickelt wurde. Bis dahin bekannte Filtrationsverfahren bildeten Filterschichten, die mechanisch entfernt werden mußten und keine kontinuierliche Filtration erlaubten.

Die Filtrationsleistung derartiger, kontinuierlich arbeitender Membranmodule wiederum wird beeinflußt von der Anströmgeschwindigkeit, dem Druckgefälle zwischen Innen- und Außenseite der Membran, der Temperatur des durchströmenden Mediums, der Konzentration der zurückgehaltenen Stoffe sowie der Viskosität der Flüssigkeit.

In Kombination mit dem unter Druck betriebenen Bioreaktor wurde so ein besonders effektives biologisches Abwasserreinigungsverfahren entwickelt. Die Abtrennung bzw. die vollständige Rückhaltung der abbauenden Biomasse ermöglicht in diesem Verfahren eine um eine Zehnerpotenz höhere Mikroorganismenkonzentration im Vergleich zu den herkömmlichen Belebungsverfahren.

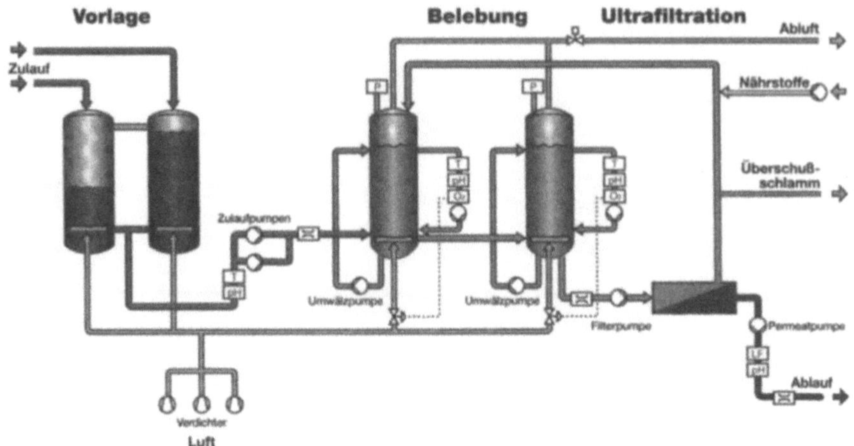

Abb. 38. Verfahrensfließbild des BIOMEMBRAT-Verfahrens zur Reinigung industrieller Abwässer

Derart optimierte Betriebsbedingungen ergaben effizientere raumspezifische Stoffumsätze und damit die entscheidende Leistungssteigerung der biologischen Reinigung. Mikrobiologische Prozesse können im BIOMEMBRAT-Verfahren kombiniert werden, die früher so in einem einzigen Reaktor nicht möglich waren. Auch langsam wachsende Mikroorganismen, wie die Nitrifikanten, können angereichert werden. Durch die andersartige Wachstumskinetik bei den hohen Konzentrationen der Mikroorganismen im Bioreaktor fällt deutlich weniger Überschußschlamm an. Eine Übersicht über Reinigungsleistungen einer solchen Anlage zeigt die Tabelle 7.

Ein weiterer Vorteil derartiger Systeme ergab sich am Rande. Die vollständige Rückhaltung der Mikroorganismen im Bioreaktor ermöglicht einen hygienisch einwandfreien sterilen Ablauf aus dem Bioreaktor und erleichtert so die Wiederverwendung der Wässer.

Von der Deponiesickerwasserreinigung war es nur ein kurzer Schritt bis zur Behandlung schwieriger Industrieabwässer. Die größte der 14 im Jahr 1994 betriebenen BIOMEMBRAT-Anlagen betreibt ein lederverarbeitender Betrieb. Der hydraulische Durchsatz beträgt 700 m³ Abwasser pro Tag. Auf rund 300 m² Grundfläche wird Abwasser mit einer Belastung, die der von 45.000 Einwohnern entspricht, gereinigt. Bei einer konventionellen kommunalen Belebungsanlage wäre hierfür nach den Angaben von Imhoff (1979) überschlägig eine Fläche von 29.250 m² Grundfläche nötig.

Tabelle 7. Reinigungsleistungen einer BIOMEMBRAT-Anlage, die in Kombination mit einer Umkehrosmose betrieben wird; Daten aus Firmenprospekt der Wehrle Werk AG, Deponie Dortmund-Nordost

Parameter	Zulauf Deponiesickerwasser	Ablauf der Anlage
Menge	160 m³	160 m³
CSB	3.000 mg/l	< 800 mg/l
BSB	300 mg/l	< 20 mg/l
Ammonium-N	800 mg/l	< 10 mg/l
AOX[a]	1,5 mg/l	< 0,5 mg/l

[a]AOX = Adsorbierbare, organisch gebundene Halogenverbindungen.

Mittlerweile bieten zahlreiche andere Anlagenbauer ähnliche Systeme an, die sich vorrangig in der Anreicherung des Belebtschlammes durch kontinuierliche Filtrationsverfahren gleichen. Viele betreiben dabei die Bioreaktoren nicht unter Druck.

Eine besonders interessante und außergewöhnliche Variante der Membranverfahren befaßt sich mit der Reinigung ölbelasteter Wässer. Bei der mechanischen Bearbeitung von Metallen werden meist Kühlschmierstoffe eingesetzt. Emulgierte Öle haben dabei die Aufgabe, das zu bearbeitende Metall zu schmieren und zu kühlen. Nach der Abnutzung der entstehenden ölhaltigen Emulsionen müssen diese gespalten werden, um Wasser und ölhaltige Bestandteile getrennt entsorgen zu können. Aufgrund damit verbundener hoher Kosten und Entsorgungsunsicherheiten werden neben den etablierten Wegen neue Verfahren gesucht und entwickelt.

Ein solches Verfahren mit Einsatz eines Membranbioreaktors wird großtechnisch in den USA bereits seit 1992 erfolgreich zur Abwasserreinigung ölhaltiger Emulsionen in der Automobilindustrie eingesetzt. Gereinigt werden erfolgreich die Betriebsabwässer der Cadillac Luxury Car Divison in Mansfield, Ohio, USA. Ähnlich den Verfahren in der Deponiesickerwasserreinigung werden effektiv begaste, geschlossene Behälter als Bioreaktoren betrieben. Eine dem Bioreaktor nachgeschaltete kontinuierliche Filtration hält mittels Ultrafiltrationsmembranen die Mikroorganismen zurück und konzentriert sie gemeinsam mit den ölhaltigen Bestandteilen auf. Vorrangige Aufgaben der Anlage sind die Entfernung von BSB und CSB, Öl- und Schmierstoffen, Feststoffen, Ammonium und Spuren von Schwermetallen.

Die Betriebsbedingungen der Membranbioreaktoranlage und die Ablaufergebnisse werden in den Tabellen 8 und 9 dargestellt.

118

Tabelle 8. Betriebsbedingungen einer Membranbioreaktoranlage zur Reinigung ölbelasteter Abwässer. (Aus Janson et al. 1993)

Parameter	Streubereich	Mittelwert
Zufluß zum Bioreaktor	4–25 m³/Tag	9,26 m³/Tag
behandelter Ablauf	4–24,3 m³/Tag	9,1 m³/Tag
Bioreaktorvolumen	17,1 m³	18,5 m³
pH-Wert	4,3–8,5	7,1
Temperatur	33,9–45,0°C	39,5°C
Gelöstsauerstoff	0–5,7 mg/l	1,4 mg/l
Feststoffe	10–25 g/l	18,3 g/l
hydraulische Aufenthaltszeit	1,2–4,9 Tage	2 Tage
Aufenthaltszeit des Schlammes	71–126 Tage	104 Tage
Schlammanfall	4,4–7,8 m³/Monat	5,2 m³/Monat

Ein flächendeckender Einsatz derartiger Verfahren für andere Bereiche der metallverarbeitenden Industrie und insbesondere für kleinere Betriebe kann zur Zeit nicht erwartet werden. Vorrangig wird dieser Einsatz durch die Vielzahl der eingesetzten Additive und die sehr unterschiedlichen Schmierstoffe im Bereich der Kühlschmiermittel verhindert. Zur längeren Haltbarkeit der Kühlschmierstoffe im betrieblichen Einsatz werden auch mikrobizide Stoffe eingesetzt, die die Mikroorganismen hemmen können. Zusätzlich ist die biologische Abbaubarkeit der mineralölhaltigen Komponenten sehr unterschiedlich zu bewerten.

Tabelle 9. Reinigungsleistungen einer Membranbioreaktoranlage zur Reinigung ölbelasteter Abwässer der Automobilindustrie. (Aus Janson 1993)

Parameter	Entfernung [%]
Biologischer Sauerstoffbedarf (BSB)	94%
Chemischer Sauerstoffbedarf (CSB)	90%
Mineralölkohlenwasserstoffe	98%
suspendierte Feststoffe	97%

6.6 Organische Reststoffe und Abfälle

Die in den letzten Jahren geänderten Strategien zur Abfallbehandlung führten auch zu neuen Wegen bei der Behandlung von organischen Abfällen bzw. Reststoffen. Organische Abfälle haben teilweise bereits das Niveau von Wertstoffen erreicht und werden in unterschiedlichen Anlagen verwertet. Der Bereich Abfallbehandlung innerhalb der Umweltbiotechnologie gliedert sich insgesamt in die in der Abb. 39 dargestellten Bereiche.

Eine schwierige Hürde stellt für Verfahren zur biologischen Abfallbehandlung zur Zeit die Technische Anleitung Siedlungsabfall (TASI) dar. Ab dem Jahr 2005 dürfen danach nur noch Abfälle auf Deponien abgelagert werden, die nicht mehr als 5% organische Substanzen enthalten. Nach heutiger Erkenntnis kann dieser Wert nur mit Verbrennungsanlagen erreicht werden. Ansätze zur Behandlung von Mischabfällen mit biologisch-mechanischen Vorbehandlungsverfahren werden so behindert und vielleicht sogar verhindert.

Biomüll wird vielerorts bereits getrennt vom Hausmüll eingesammelt, um dessen Menge zu reduzieren. Er kann im eigenen Garten oder in zentralen Anlagen kompostiert werden. Für den entstehenden Kompost aus technischen Anlagen gibt es zwar noch keine etablierten Verwertungswege, vielfältige Anstrengungen lassen jedoch hier Perspektiven erkennen. Die getrennte Behandlung des Biomülls vom Restmüll erscheint insgesamt sinnvoll.

Nachteilig erweisen sich nicht nur im eigenen Garten, sondern auch bei großtechnischen zentralen Anlagen die entstehenden Gerüche. Abluftbiofilter können hier zwar einen Beitrag zur Entfernung der Geruchsstoffe leisten. Alle Geruchsstoffe können jedoch meist nicht in die Abluftbehandlung einbezogen werden.

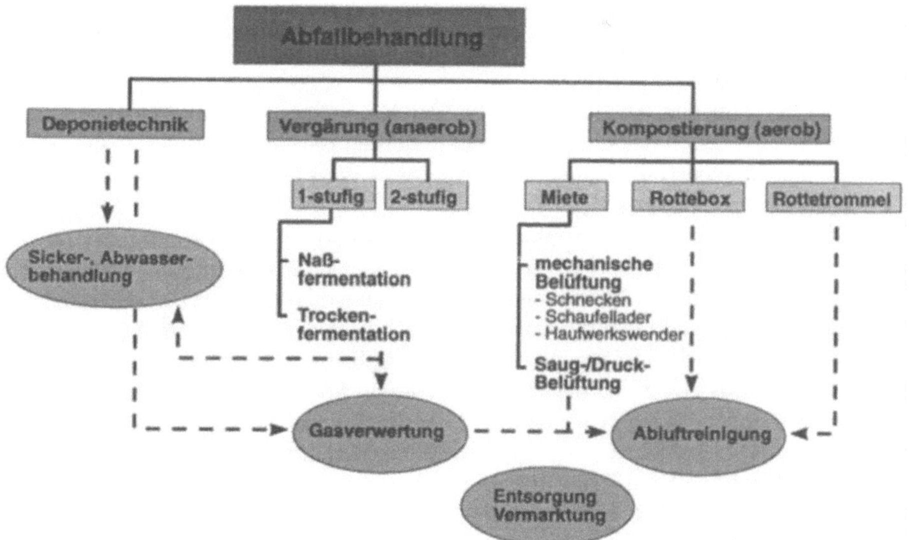

Abb. 39. Gliederung der Bereiche der biologischen Abfallbehandlung

120

Über die Vorteile anaerober Verfahren in der Abwasserreinigung und Klärschlammbehandlung wurde bereits berichtet (Kap. 6.3.5). Für organische Abfälle bieten sich durch anaerobe Verfahren sinnvolle Alternativen zur bisher oft praktizierten Kompostierung, Deponierung und Verbrennung an. Die Verfahren werden als Vergärungsverfahren bezeichnet.

Neben der Kompostierung und Vergärung gehört auch die Reinigung von Deponiesickerwässern und die Abwasserbehandlung von Kompostierungsanlagen zu diesem Bereich, wurde aber thematisch bereits in Kap. 6.4 angeschnitten.

6.6.1 Kompostierung

Kompost entsteht durch biologischen Umbau und natürliche Zersetzung mechanisch vorbehandelter organischer Abfälle. Um einen weitgehenden Abbau der organischen Stoffe und Strukturen durch die Mikroorganismen zu erreichen, werden bei der Kompostierung aerobe Bedingungen angestrebt.

Als Ausgangsstoffe für die Kompostierung in technischen Anlagen dienen beispielsweise:

- Bioabfall (im Siedlungsabfall enthaltene, natürliche organische Abfallbestandteile wie Küchen- und Gartenabfälle),

- Pflanzenabfall (durch gärtnerische Tätigkeit resultierende pflanzliche Abfälle),

- Klärschlamm aus biologischen Abwasserreinigungsanlagen und

- Hausmüll nach Sortierung, Zerkleinerung und Homogenisierung.

Den biologischen Abbauvorgang bei der Kompostierung bezeichnet man auch als Rotte. Bei allen bekannten Verfahren werden die im Material enthaltenen abbauenden Mikroorganismen verwendet, oder es wird fertiger Kompost vor Beginn des Verfahrens zugesetzt.

Die Temperatur bei der Kompostierung kann und sollte sogar aufgrund intensiver mikrobieller Tätigkeit bis auf etwa 70–75° C ansteigen. Bei diesen hohen Temperaturen können thermophile Mikroorganismen noch arbeiten, pathogene Keime, Parasiten und Unkrautsamen werden jedoch sicher abgetötet und der Kompost so hygienisiert. Der aerobe biologische Abbau bei der Kompostierung produziert insgesamt einen Wärmeüberschuß von ca. 8600 kJ/kg TS Abfall(Emberger 1993).Besonders beachtet werden muß bei der Kompostierung ein ausgeglichenes Verhältnis von Kohlenstoff zu Stickstoff (C/N-Verhältnis). Der biologische Abbau verzögert sich bei Kohlenstoffüberschuß, da die Mikroorganismen nicht genügend Stickstoff zur Bildung von Proteinen zur Verfügung haben. Bei Stickstoffüberschuß im Rottematerial wird Ammonium als Ammoniak freigesetzt, was zu Geruchsbelästigungen führt.

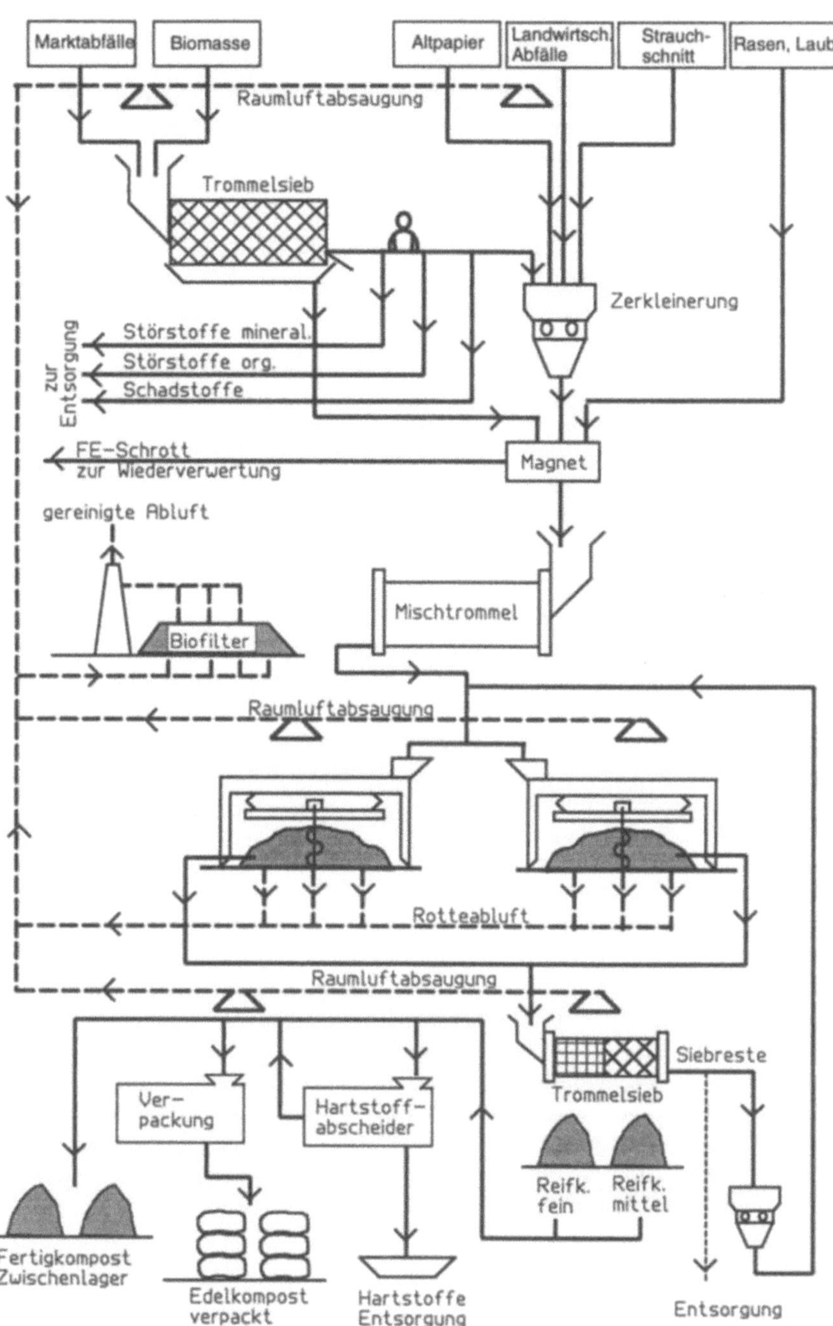

Abb. 40. Verfahrensablaufschema eines technischen Kompostierungsverfahrens

Ähnlich der biologischen Bodensanierung besteht die verfahrenstechnische Herausforderung bei der Kompostierung in der Bereitstellung von genügend Sauerstoff und von Wasser. Die Zugabe von Wasser erfordert dabei wieder außerordentliches Fingerspitzengefühl, da zum einen zwar die Verdunstungsverluste aufgrund der Durchlüftung ersetzt werden müssen, um ein Austrocknen zu verhindern. Zum anderen sollte eine übermäßige Bewässerung vermieden werden. Eine zu feuchte Kompostierung entwickelt anaerobe Zonen durch die Verbackung des organischen Materials und den damit verbundenen mangelhaften Sauerstofftransport. Unangenehme Gerüche und mangelhafter Abbau sind die Folge. Ein zu stark abgesunkener pH-Wert durch sehr feuchte oder zusammenbackende Materialien kann zur Verzögerung beim biologischen Abbau führen. Die Zugabe von strukturbildenden Stoffen und deren intensive Einmischung in den Kompost kann hier helfen. Alle bekannten Kompostierungsverfahren laufen im Batchansatz und haben Lagerungszeiten von 8 bis 15 Wochen.

Als Beispiel für ein Kompostierungsverfahren wird ein Verfahren mit der Nutzung von Tafelmieten beschrieben. Der Abfall wird dabei in der 1. Stufe zunächst in einem Trommelsieb klassiert. Nach der magnetischen Entfernung von Metallen und anderen Störstoffen durch manuelle Auslese laufen die Materialien einem Zerkleinerer zu. Stoffe, die frei von störenden Bestandteilen sind, können dem Zerkleinerer direkt zugeführt werden. Über eine Mischtrommel gelangt das vorbehandelte Material in die Kompostierungshallen und wird dort zu großflächigen Tafelmieten aufgeschichtet. Eine Auflockerungsschnecke gewährleistet die Durchmischung und die Auflockerung während der ca. 8–10wöchigen Kompostierungsphase. Eine derartige Anlage wird in der Abb. 40 dargestellt.

Nach der Kompostierung abgesiebte grobkörnige Stoffe werden wieder in die Kompostierung gegeben oder entsorgt.

Andere Verfahren arbeiten mit intensiver, langandauernder Durchmischung des zu kompostierenden Materials in großen Trommelmischern oder mit einzelnen abgetrennten Boxen, die für die jeweils anfallenden Chargen eine separate Abluftbehandlung ermöglichen. Boxenverfahren haben Vorteile bei der Reinigung der Abluft, da deutlich geringere Mengen anfallen.

Die eingesetzten Verfahren und Prozesse unterscheiden sich hinsichtlich ihrer Belüftungs-, Durchmischungs-, Bewässerungs- und Lagerungsstrategien, haben jedoch alle grundsätzlich gleiche mikrobiologische Prozesse als Grundlage der Kompostierung. Forschung und Entwicklung haben sich der Optimierung der eingesetzten Anlagen und Geräte, aber bisher nicht der Optimierung der biologischen Vorgänge der Kompostierung gewidmet. Wesentlich mehr umweltbiotechnologisches Know-How ist in die Entwicklung von Verfahren zur Vergärung von organischen Abfällen eingeflossen.

6.6.2 Vergärung

Da bei der Kompostierung die eingesetzten Stoffe überwiegend durch umweltfreundliche biologische Behandlung vernichtet werden, haben sich auch anaerobe Verfahren zur Behandlung von organischen Abfällen durchgesetzt, bei denen Energie gewonnen werden kann.

Grundlage ist der anaerobe biologische Abbau mit den bekannten Stufen:

- Hydrolyse,
- Versäuerung und
- Methanbildung.

In der Praxis laufen diese Prozesse in ein- oder zweistufigen Verfahren ab. Die organischen Stoffe werden entweder direkt unter trockenen oder unter nassen Bedingungen fermentiert. Alternativ erfolgt eine anaerobe Behandlung von eingemaischten flüssigen Rückständen.

Einer der Pioniere in der Technik der anaeroben Vergärung ist die Firma Biotechnische Abfallverwertung BTA in München. Als Ergänzung zu den etablierten Kompostierungsverfahren existieren dort seit vielen Jahren Erfahrungen mit der Vergärung von Bioabfällen. Das Verfahren stellt sich wie folgt dar (Abb. 41):

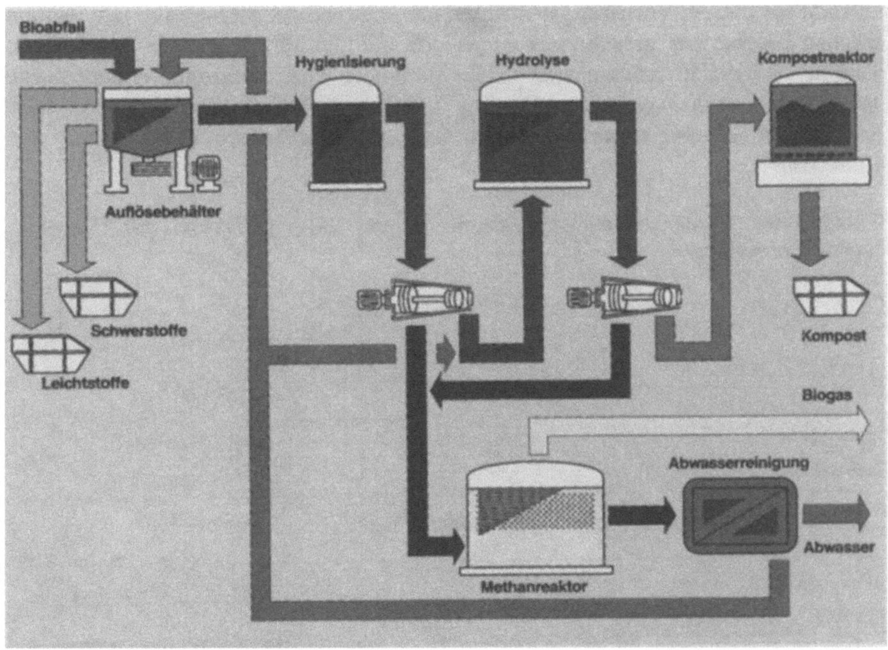

Abb. 41. Verfahrensablauf des BTA-Verfahrens zur biologischen Abfallbehandlung

Die Bioabfälle durchlaufen zunächst eine mechanische Stufe. Eine Schnecken-mühle zerkleinert die Abfälle. Ein nachgeschalteter Magnetabscheider entfernt Ei-senmetalle. Im Müllauflösebehälter können Störstoffe, wie Kunststoff, Textilien, Holz, Glas, Metalle und mineralische Anteile, aufgrund ihrer unterschiedlichen Dichte abgetrennt werden. Weiteres Ziel dieser Aufbereitungsstufe ist die Zerklei-nerung der organischen Fraktion und die Herstellung einer Suspension mit hohen Anteilen gelöster und feinsuspendierter organischer Partikel. Um ein hygienisch einwandfreies Endprodukt herstellen zu können, wird die Suspension der organi-schen Abfälle vor der biologischen Behandlung 1 Stunde lang bei 70°C behandelt. Unerwünschte Mikroorganismen, Unkrautsamen und Wurmeier überstehen diese Behandlung nicht.

Auf 37°C abgekühlt erfolgt im Hydrolysebioreaktor die erste biologische Be-handlung. Mikroorganismen zerlegen dort die höhermolekularen Bruchstücke in niedermolekulare Bausteine, beispielsweise Essigsäure. Diese und andere flüssige Bestandteile verlassen die Hydrolysestufe und durchlaufen anschließend den Methanreaktor. Als Festbettbioreaktor arbeitet diese Stufe mit einem eingebauten Kunststoffestbettmaterial. Die Suspension durchströmt das Festbett von unten und führt durch Methanisierung zur Produktion des Biogases. Die zurückgebliebenen Feststoffe der Hydrolysestufe werden kompostiert, die Flüssigkeit der Methanisie-rungsstufe in einer konventionellen Abwasserreinigungsanlage behandelt.

Die in Form eines sauberen, heizwertreichen Biogases gewonnene Energie reicht aus, um die Anlage energieautark zu betreiben. Im Gegensatz zur Kompostierung entsteht bei diesem Vergärungsverfahren nur während der Anlieferung und mecha-nischen Bearbeitung geruchsbelastete Abluft, die biologisch gereinigt wird. In der Tabelle 10 werden verfahrenstechnische Parameter einer derartigen Anlage aufge-zeigt. Die erste Anlage dieser Art ging 1991 im dänischen Helsingør in Betrieb. Sie entsorgt bei einer Kapazität von 20.000 t pro Jahr den Abfall von ca. 170.000 Einwohnern.

Tabelle 10. Verfahrenstechnische Parameter des BTA-Verfahrens zur Vergärung organischer Abfälle

Verfahrensparameter	Werte
Trockenrückstand in der Suspension	8–10%
Verweilzeit des Feststoffs in der Hydrolysestufe	36–48 Stunden
Raumbelastung des Methanreaktors	8–12 kg oTr/m^3 Tag
Abbaugrad (bezogen auf die zugeführte organische Trockensubstanz = oTr)	60–70%
Biogasausbeute (TR$_{Biomüll}$= 30%)	110–120 Nm^3/t
Methangehalt Biogas	60–65%
Heizwert	6,0–6,5 kWh/Nm^3
Verweilzeit im Kompostreaktor	14–21 Tage

Ein anderes Verfahren zur anaeroben Behandlung von organischen Reststoffen setzt die Deutsche Babcock Anlagen GmbH ein. Das Wabio-Verfahren arbeitet mit einer Bioabfallsuspension mit einem Feststoffgehalt von ca. 15%. In der 1. Aufbereitungsstufe, die in Abb. 42 dargestellt ist, werden nach erfolgter mechanischer Abscheidung und grober Zerkleinerung die organischen Abfälle mittels eines Rührwerks weiter zerkleinert und suspendiert. Aufschwimmende leichte Störstoffe werden im Aufbereitungsreaktor entfernt, wie in der Abb. 42 rechts dargestellt ist.

Der für die einstufige Vergärung vorbehandelte Schlamm gelangt dann in den eigentlicher Gärreaktor (Abb. 43). Dieser Bioreaktor wird zur Gewährleistung anaerober Betriebsbedingungen mit dem entstehenden Biogas durchmischt. Die Aufenthaltszeit im anaeroben Bioreaktor beträgt 15–20 Tage bei einer Temperatur von 35°C. Erst anschließend findet eine Erwärmung zur Hygienisierung statt.

Eine erste Anlage dieses in Skandinavien entwickelten Verfahrens arbeitet seit 1995 im Ruhrgebiet.

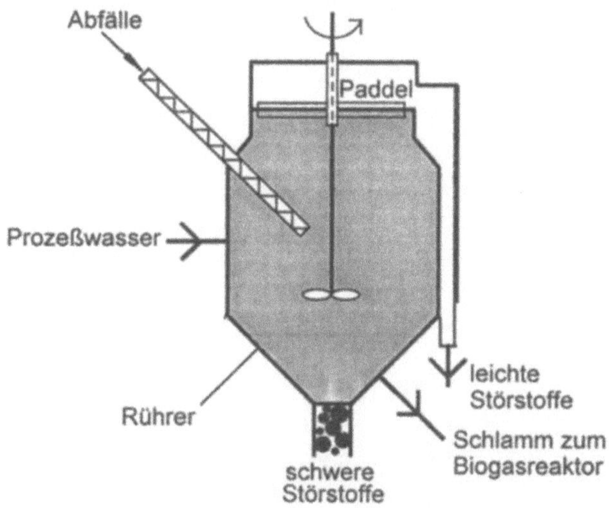

Abb. 42. Aufbereitungsstufe des Wabio-Verfahrens; organische Stoffe werden darin zerkleinert und z.T. suspendiert und so für den folgenden biologischen Umsetzungsprozeß vorbereitet

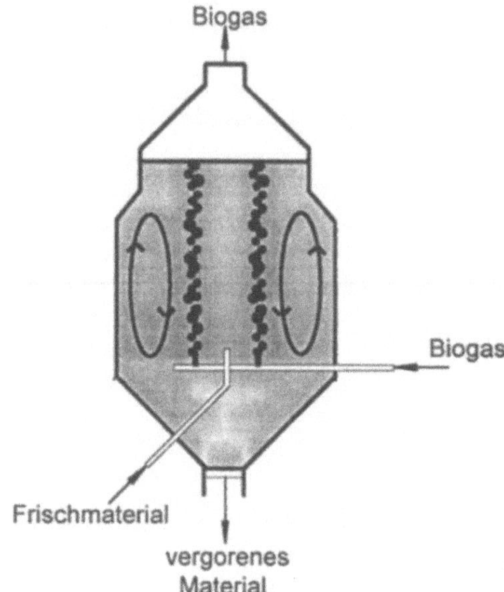

Abb. 43. Anaerobe Bioreaktorstufe des Wabio-Verfahrens

6.7 Abluft und Abgase

Mikroorganismen vermögen gasförmige Stoffe direkt oder über den Umweg des Wasserpfades zu nutzen. Gasförmige Schadstoffe werden dabei zunächst in die Wasserphase überführt und dann abgebaut. Dementsprechend haben sich zwei große Gruppen von biologischen Abluftreinigungsanlagen etabliert: die Biowäscher und die Biofilter. Aber auch in anderen wässrigen Systemen - wie den bereits beschriebenen Membranbiorekatoren - können Abgase behandelt werden.

Eine Übersicht der technischen Möglichkeiten gibt Abb. 44.

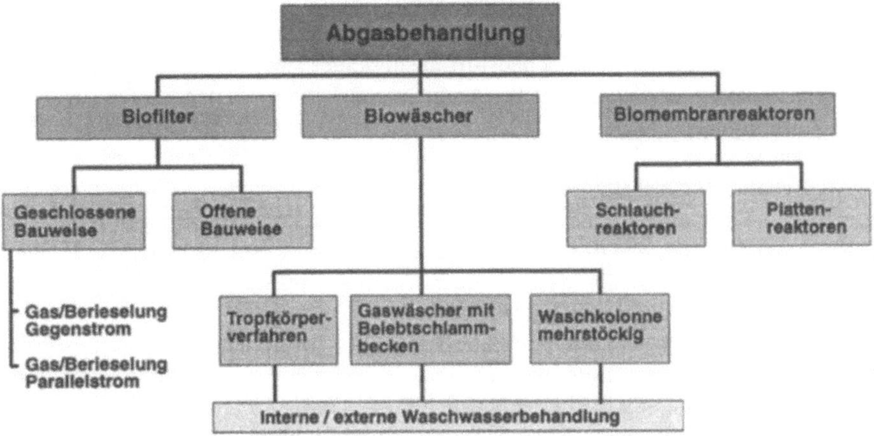

Abb. 44. Möglichkeiten der biologischen Abgasbehandlung

6.7.1 Biofilter

Sehr einfach aufgebaut sind die Biofilter zur Reinigung von Abgasen. Als Trägermaterial für die Mikroorganismen, die die vorbeiströmende Abluft reinigen, dient meist natürliches organisches Material. Die große Palette unterschiedlicher Einsatzstoffe ist dabei ein Indiz für den noch nicht abgeschlossenen Entwicklungsprozeß. Eingesetzt werden beispielsweise:

- Kompost,
- Torf,
- Heidekraut,
- Holzschnitzel oder
- Traubenkerne.

Die Beimengung zusätzlicher anorganischer Zuschlagstoffe erfolgt zur Auflockerung der Biofilterpackung. Die so gefüllten Bioreaktoren werden mit der befeuchteten, schadstoffhaltigen oder geruchsbelasteten Luft beaufschlagt oder auch über zusätzliche technische Systeme gesondert bewässert.

Nach mehrmonatiger oder mehrjähriger Laufzeit zersetzen sich die organischen strukturbildenden Bestandteile durch biologischen Abbau, und die Luft- bzw. Gasdurchlässigkeit des Biofilters verschlechtert sich. Der dann zu verzeichnende Druckanstieg zeigt die Notwendigkeit der Auflockerung oder der teilweise oder kompletten Erneuerung des Füllmaterials an.

Grund für den allmählichen Leistungsabfall infolge Verdichtung des Filtermaterials sind die Abbauaktivitäten der Mikroorganismen, die nicht alleine auf den zugeführten, abzubauenden Luftschadstoff ausgerichtet sind. Mit neuer Füllung wird die alte Leistung wiederhergestellt. Andererseits können in den Zeiten, in denen kein zu reinigendes Abgas durch die Biofilter geleitet wird, die organischen Füllstoffe den Mikroorganismen als Ersatzsubstrat oder "Notnahrung" dienen.

Als Behälter für Abluftbiofilter können einfachste Container, aufwendigere Bioreaktoren oder auch Betonbecken dienen. Ein Beispiel eines derartigen Abluftbiofilters zeigt die Abb. 45. Aufgrund des geringen technischen Aufwandes, der recht langen Standzeiten und der weitgehenden Wartungsfreiheit erschließt diese Technologie zur Zeit stetig neue Einsatzbereiche.

Seit Jahrzehnten bewähren sich Biofilter bereits zur geruchlichen Verbesserung der Abluft von Teilen biologischer Kläranlagen, z.B. der Schlammbehandlung. Aber auch Gerüche aus landwirtschaftlicher oder industrieller Produktion werden gereinigt. Je nach Schadstoffspektrum wurden und werden dabei unterschiedliche Ergebnisse erzielt. Die einzelnen zugrundeliegenden biologischen Abbaumechanismen sind noch genauso unbekannt wie die in den Biofiltern arbeitenden Mikroorganismen. Das gesamte System kann aufgrund der zahlreichen unbekannten Einflußgrößen bei unzureichendem Abbau von Abluftinhaltsstoffen nur wenig zielgerichtet beeinflußt werden.

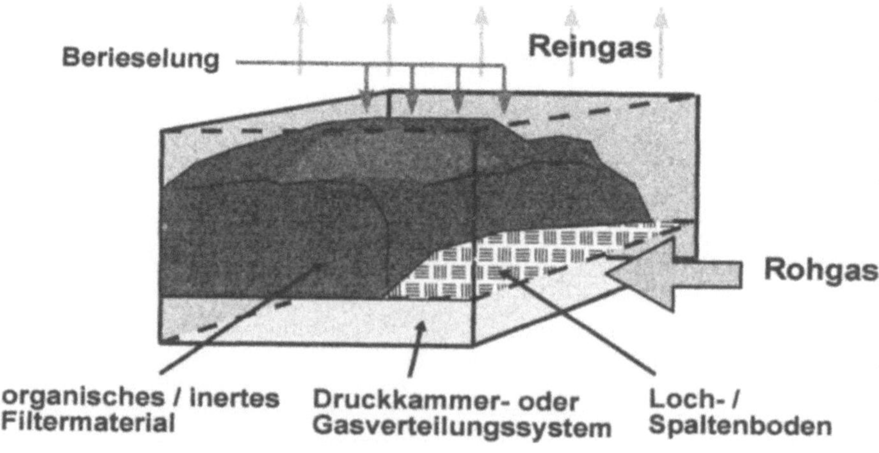

Abb. 45. Aufbau eines einfachen Biofilters

6.7.2 Biowäscher

Beim Biowäscher werden die Mikroorganismen auf einem meist inerten Trägermaterial in Reaktoren angesiedelt und über eine umlaufende wäßrige Flüssigkeit mit Nährstoffen versorgt. In der Regel nutzen die Mikroorganismen die über den Abgasstrom zugeführten organischen Verbindungen, z.B. leichtflüchtige Kohlenwasserstoffe bei der Farben- und Lackherstellung. Auch anorganische geruchsintensive Stoffe, z.B. Schwefelwasserstoff oder Ammoniak, können umgesetzt werden.

Von den Biofiltern unterscheiden sich die Biowäscher grundsätzlich in Bauweise und Funktion. Die Bedingungen sind beeinflußbar und können zielgerichtet gesteuert werden.

Ein biologisches Verfahren zur Luftfiltration in Form eines Tropfkörpers nutzt die Firma ClairTech (Abb. 46). Die über einen Ventilator dem Bioreaktor zugeführte, belastete Abluft durchströmt ein Festbett aus Kunststoffmaterial von unten. Oberhalb des Festbettes versprühtes, mit Nährstoffen angereichertes Wasser, durchströmt den Bioreaktor im Gegenstrom. Aufgaben dieser Nährstofflösung bestehen in der Befeuchtung der Abluft, des Filters und der Versorgung der abbauenden Mikroorganismen. Die Schadstoffe der Abluft werden im Kontakt mit dem Wasser den Mikroorganismen zugeführt und umgewandelt oder vollständig abgebaut. Das abtropfende Wasser kann am Boden des Bioreaktors aufgefangen und mit frisch zugeführtem Wasser zur Kompensation der Verdunstungsverluste im Kreislauf gepumpt werden. Aufgrund der Kombination von wäßrigem Milieu mit einem biologischen Abbauprozeß wird dieses Verfahren zur biologischen Abluftfiltration meist Biowäscher genannt.

Ein solcher Biowäscher verkraftet deutlich höhere Konzentrationen von Schadstoffen als ein Biofilter, da die aus den mikrobiologischen Umsetzungen resultierenden Zwischen- oder Endprodukte mit dem Kreislaufwasserstrom abgeführt oder neutralisiert werden können. Beispielsweise versäuern konventionelle Biofilter bei der Reinigung von mit Schwefelwasserstoff (H_2S) belasteter Abluft schnell, da H_2S von Thiobacilli zu Schwefelsäure oxidiert wird. Bei Kompost- oder anderen Biofiltern besteht dagegen lediglich die Möglichkeit über die Zugabe von Puffersubstanzen zur Biofilterfüllung eine längere Standzeit zu erreichen. Auch Abluft mit ammoniakalischer Belastung kann in Biowäschern gereinigt werden. Nitrifikanten oxidieren dort das Ammonium und produzieren Nitrat, das entweder biologisch denitrifiziert oder abgeführt werden kann.

Durch in den Kreislauf integrierte Meß- und Regeltechnik gelingt es nicht nur, die für den biologischen Abbau geeigneten Bedingungen einzustellen, sondern auch das Wachstum der Biomasse durch die Regelung der Nährstoffkonzentration zu steuern.

Im Gegensatz zum Biofilter haben Biowäscher nahezu unbegrenzte Standzeiten. Der Energieverbrauch hält sich durch die geringe Menge umlaufenden Wassers in sehr wirtschaftlichen Grenzen.

Für gut abbaubare Lösungsmittel, z.B. Alkohole oder Ammoniak, liegen die Aufenthaltszeiten der Abluft im Bioreaktor im Bereich von Sekunden oder

130

wenigen Minuten. Für geruchsbeladene Abluft können sich Kombinationen von Biowäschern mit herkömmlichen Biofiltern anbieten.

Weitere Beispiele für neuartige Rieselbettbioreaktoren zur Abluftbehandlung veröffentlichten Osting et al. 1994: Ein Möbelhersteller verarbeitet hochwertige Qualitätslacke. Zur Beseitigung der dabei entstehenden gasförmigen Emissionen von Lösungsmitteln eignen sich kurzfristig nur nachgeschaltete Techniken, z.B. biologische Abluftfiltrationsverfahren. Die Verwendung von konventionellen Biofiltern wäre aus Platzgründen sehr schwierig gewesen. Daher wurde ein neuentwikkelter Rieselbettbioreaktor eingesetzt. Abzubauende Komponenten in der Abluft sind u.a. Xylen, Toluol, Butylacetat, Butanol und Ethanol. Die Zusammensetzung der Abluft wechselt mit der mehrmals täglichen Verarbeitung anderer Lacke. Das Verfahren wurde daher zweistufig konzipiert.

In der 1. Stufe wachsen auf Polyurethanträgermaterial Mikroorganismen auf, die die wasserlöslichen Komponenten entfernen können. Zur Durchmischung und zur Einstellung aerober Verhältnisse dienen Membranbelüfter, die mit Umgebungsluft versorgt werden.

In der 2. Stufe werden die aromatischen Schadstoffe beim Kontakt mit der großen Oberfläche einer Festbettpackung aus der Gasphase ausgestrippt und gleichzeitig im System durch Mikroorganismen abgebaut. Beide Bioreaktoren wurden zu Beginn des Betriebs gezielt mit abbauenden Mikroorganismen angeimpft, die vorher mit den Schadstoffen der Abluft in Bioreaktoren im Labor vorgezüchtet wurden.

Je nach Konzentration und Art der Schadstoffe schwankten die Abbauleistungen deutlich zwischen 30% und 90% und lagen im Mittel bei 55%. Bei hohen Konzentrationen gut abbaubarer Abluftinhaltsstoffe verursachte starkes Biofilmwachstum zeitweilige Verstopfungserscheinungen des Festbettmaterials. Aromatische Verbindungen wurden von den Mikroorganismen nur oder erst abgebaut, wenn die leichter abbaubaren Komponenten nur in noch niedrigen Konzentrationen vorlagen.

Zur Überdüngung natürlicher Lebensräume tragen auch die Ammoniakemissionen aus der Landwirtschaft bei, wie man geruchlich beim landwirtschaftlichen Ausbringen von Gülle leicht selbst feststellen kann. In den Niederlanden sollen daher die Emissionen von Ammoniak aus der Tierhaltung bis zum Jahr 2000 um 70% verringert werden.

Für diesen Zweck entwickelte neue Konzepte für die Abluft aus der Tierhaltung sehen eine Rezirkulation gereinigter Stalluft vor. Verfahrensschritte sind dabei die Entfernung des Ammoniaks und der Geruchsbelastung, die Entkeimung zur Abtötung eventuell vorhandener Krankheitserreger und die Kühlung. Die gereinigte Luft wird nur zu einem geringen Teil mit Frischluft angereichert, zum einen um die Zufuhr von Sauerstoff zu gewährleisten und zum anderen, um Kohlendioxid aus den Ställen der Tiere abzuführen. Versucht wird daher auch mit Biofiltern und Biowäschern einen Beitrag zur Reinigung der Abluft aus der Tierhaltung zu leisten.

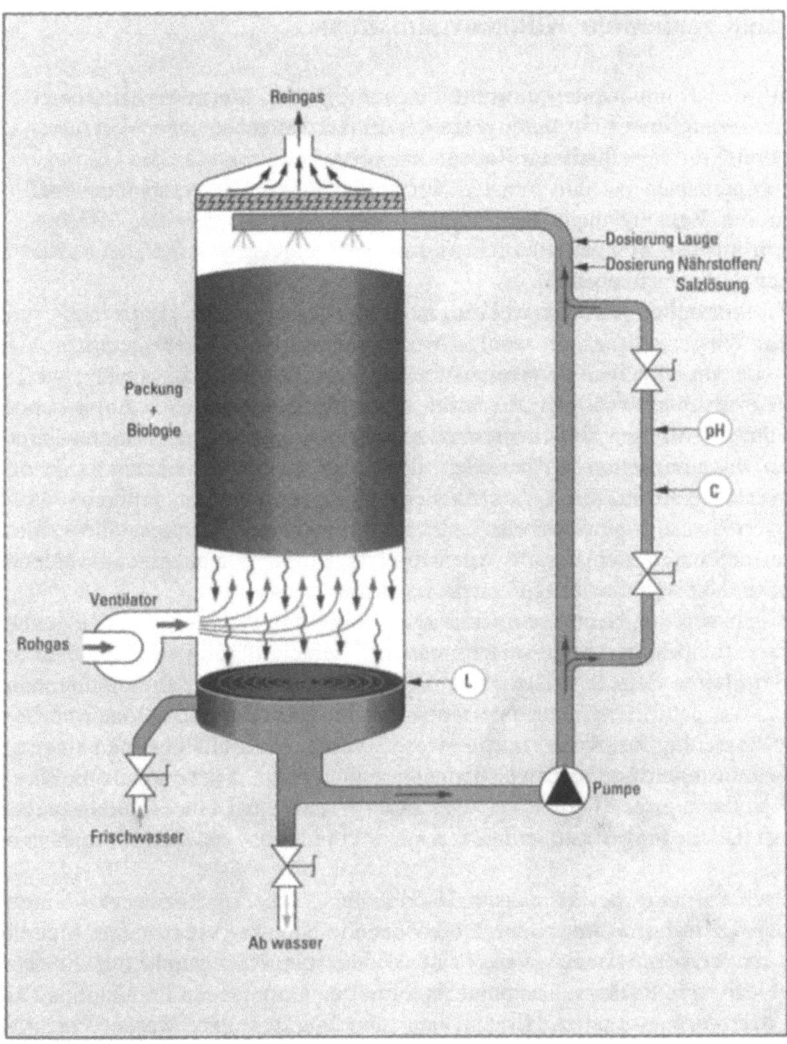

Abb. 46. Bio-Trickling-Filter zur Abluftreinigung

Wiederum wuchsen die abbauenden Mikroorganismen, in diesem Fall Nitrifikanten zur Oxidation des Ammoniaks, auf Polyurethanschaum auf. Die Anlage funktionierte apparatetechnisch und biotechnologisch stabil. Ein geringer Wartungsaufwand bei niedrigem Druckabfall und funktionierender pH-Steuerung lieferte gute Voraussetzungen für den biologischen Prozeß. Die Ammoniakkonzentrationen im Stall schwankten um sehr niedrige Werte von 2–4 ppm. Auch Geruchsstoffe konnten entfernt werden. Der Ausstoß betrug nur noch 0,2 kg Ammoniak pro Tier und Jahr gegenüber 5,3–5,7 kg bei konventionellen Tierplätzen. Ein weiterer positiver Effekt bei der Rezirkulation der Abluft aus der Tierhaltung ist die erreichbare Wärmerückgewinnung.

6.8 Speziell gezüchtete Mikroorganismen

Die wichtigsten Komponenten umweltbiotechnologischer Verfahren, die beteiligten Mikroorganismen und deren gezielter Einsatz in technischen Verfahren wurden bereits mit verschiedenen Beispielen vorgestellt. Obwohl die Ökologie der Mikroorganismen bei den meisten Verfahren noch nicht verstanden wird, hat man in der Vergangenheit doch immer wieder versucht, spezielle Mikroorganismen in großen Mengen zu züchten und zur Steigerung der Effizienz den technischen Anlagen zuzugeben.

Bei sehr speziellen Einsatzzwecken, z.B. der biologischen Entfernung von LCKW aus Wasser, gibt es nur wenige Mikroorganismen, die über geeignete Abbauwege oder eine nutzbare Enzymausstattung verfügen und dazu beispielsweise spezielle Kosubstrate benötigen. Hier kann es nachweislich sinnvoll sein, im Labor einen geeigneten Mikroorganismenstamm zu isolieren oder aus einer Stammsammlung einen Bakterienstamm zu bestellen, dessen Eigenschaften bekannt sind und diesem im Labor anzuzüchten. Anschließend kann die Kultur in größerem Maßstab kultiviert und für den schnellen Start eines Verfahrens bereitgestellt werden. In der Tat etablieren sich derartig spezialisierte Kulturen manchmal in solchen Verfahren und bleiben über lange Zeiträume aktiv.

Schwieriger wird die Beurteilung derartiger Animpfungen bereits bei der Zugabe von Kulturen bei biologischen Sanierungen von Mineralölkohlenwasserstoffen in Böden. Bei älteren Schadensfällen kann die Anwesenheit einer funktionierenden Population von natürlichen Schadstoffabbauern im verunreinigten Boden vor Beginn einer Sanierung fast immer nachgewiesen werden. Lediglich bei neu eingetretenen Schadensfällen und nachweislich unterentwickelter Mikroorganismenflora, z.B. bei Leckagen einer Ölpipeline oder beim Verunfallen eines Tanklastzuges, werden oft Überlegungen zur einzusetzenden Population von Mikroorganismen angestellt.

Zur Beschleunigung des Abbaus im Boden für solche Einsatzzwecke wurden und werden vielfach im Labor mineralölabbauende Kulturen vorgezogen. Meist in flüssiger aktiver Form können diese in den Boden eingebracht und mit ihm vermischt werden. Ihre Rolle im Zusammenspiel mit den komplexen Populationen natürlicher Mikroorganismen im Boden kann aber nur vermutet werden. Positive Auswirkungen derartiger Animpfungen können allenfalls im Vergleichsversuch untersucht werden.

Ein nicht zutreffender, aber anschaulicher Vergleich für den Sinn der Vermehrung der natürlichen Mikroorganismen bei biologischen Sanierungen ist die Herstellung eines Hefeteigs. Würde man versuchen mit den wenigen Hefezellen, die natürlich auf Getreidekörnern sitzen und daher auch im Mehl sind, einen Hefeteig herzustellen, so würde dies viele Tage dauern. Die Wahrscheinlichkeit, daß unerwünschte Gärungen durch andere, konkurrierende Mikroorganismen ablaufen werden und der Teig verdirbt, ist hoch. Wird dagegen Hefe eingesetzt, die industriell biotechnologisch hergestellt wird, kann in wenigen Minuten durch die Bereitstellung einer enorm hohen Anzahl von Zellen und damit Kohlendioxid ein treibfähiger Hefeteig entstehen.

Insbesondere Mitte der 80er Jahre, am Anfang der marktwirtschaftlichen Entwicklung der Umweltbiotechnologie in der Bundesrepublik Deutschland, tauchten eine Vielzahl von Anbietern mit mikrobiellen Präparaten zur Animpfung von biologischen Verfahren am Markt auf. Einsatzziel war oft die biologische Bodenreinigung mit angeblich auf einzelne Schadstoffgruppen spezialisierten Kulturen, aber auch die biologische Abwasserreinigung. Einige Präparate und Anbieterfirmen verschwanden schnell wieder, andere werden bis heute für unterschiedlichste Einsatzzwecke angeboten. Noch heute werden als Resultat dieser Entwicklung biologische Industrieabwasserkläranlagen regelmäßig mit solchen Mikroorganismenpräparaten beimpft.

Abb. 47. Festbettbioreaktor zur Teilstrombehandlung von hoch mit Ammoniak belasteten Wässern, z.B. aus der Klärschlammbehandlung

Teilweise wird von den Herstellern bzw. Vertreibern derartiger Präparate sogar die Anzahl der in den Präparaten enthaltenen Arten angegeben, obwohl die Anzahl der Arten vor dem Hintergrund der möglichen mikrobiologischen Analyseverfahren und Kenntnisse der mikrobiellen Ökologie im Anwendungsfall nach heutiger Kenntnis überhaupt nicht einschätzbar ist.

Die in vielen Präparaten praktisch nachweisbaren, äußerst geringen Konzentrationen von biologisch aktiven Mikroorganismen lassen nach gängigen - zugegeben lückenhaften Vorstellungen - keine Wirkungen erwarten. Insbesondere in kontinuierlich mit Abwasser durchströmten Systemen, die zudem über das Abwasser immer wieder mit frischen Mikroorganismen nachgeimpft werden, dürften derartige Präparate nach den heutigen Erkenntnissen und Modellen über das Zusammenleben der Mikroorganismen nur sehr kurze Aufenthaltszeiten haben.

Wie bei den Enzympräparaten wurde der erfolgreiche Einsatz derartiger kommerziell vertriebener Präparate wissenschaftlich nie stichhaltig untermauert und anerkannt. Von kompetenten Arbeitskreisen, z.B. einem Arbeitskreis der Abwassertechnischen Vereinigung ATV (1990) wurde die Wirksamkeit solcher Präparate in der Abwasserreinigung fast rundheraus abgestritten.

Eine ganz andere Art der Zuführung von spezialisierten Mikroorganismen zu Abwasserverfahren kann durch ihre Züchtung im Nebenstrom erreicht werden. Das Wasser aus den Eindickprozessen des Klärschlammes weist, wie bereits im Kapitel 6.3.5 beschrieben, erhebliche Ammoniumbelastungen auf. Um den Ablaufgrenzwert einzuhalten, ist eine gesonderte Nitrifikation des Teilstroms sinnvoll. In Festbettbioreaktoren (z.B. Abb. 47), aber auch in Bioreaktoren mit suspendierten Mikroorganismen können für solche Teilströme erstaunlich hohe Nitrifikationsleistungen von bis zu 5 kg Ammonium-N/m^3 Reaktorvolumen pro Tag erreicht werden. Selbst in Tropfkörpern und Abwasserbiofiltern, die für die Nitrifikation gute Bedingungen bieten, erreicht die Raumabbauleistung nur ca. 0,07 kg Ammonium-N/m^3 Reaktorvolumen.

Im Teilstrombioreaktor können speziell auf die Nitrifikanten zugeschnittene Bedingungen eingestellt werden. Die hohen Ammoniumkonzentrationen fördern zudem die Nitrifikationsleistung. Eine solche Teilstromnitrifikation entlastet also die viel schwierigere Nitrifikation in den Belebungsbecken erheblich und kann so dabei helfen, bauliche Erweiterungen einzusparen, die anderenfalls unumgänglich wären.

Zusätzlich ergibt sich ein weiterer positiver Effekt. Der Bioreaktor produziert im Teilstrom die bekanntlich langsam wachsenden Nitrifikanten, die dann mit dem Ablauf des nitrifizierten Wassers in das Belebungsbecken abgegeben werden können. Die Konzentration und das meist kritische Verhältnis zu den übrigen heterotrophen Mikroorganismen kann deutlich verbessert werden. Ebenfalls positiv wirkt sich das im Teilstrom produzierte Nitrat im Belebungsverfahren aus. Aufgrund der an dieser Stelle des Verfahrens noch hohen organischen Belastung wird es schnell denitrifiziert, hilft bei der Oxidation der Schmutzstoffe und spart so über den freiwerdenden Nitratsauerstoff Belüftungsenergie.

Ein derartiges Verfahren wurde in England entwickelt und bereits eingesetzt. Anders als bei uns werden nämlich dort Klärschlämme nicht direkt auf dem

Gelände der Kläranlagen, sondern in zentralen Anlagen behandelt und ausgefault. Es steht dort keine Kläranlage zur Verfügung, wohin die Schlammwässer zurückgeführt werden können.

6.9 Hilfs- und Zuschlagstoffe

Andere Produktentwicklungen in der Umweltbiotechnologie betreffen die Zugabe von Hilfsstoffen.

Zu einer der wichtigsten Steuerungsgrößen bei der biologischen Bodensanierung gehören wie bei vielen anderen Verfahren die Konzentrationen der Nährstoffe Stickstoff (N) und Phosphat (P). Auch in der Abwasser- und Grundwassersanierung bedarf es zeit- und fallweise der Korrektur der Nährstoffverhältnisse. Während bei der Zudosierung von Stickstoff als Ammonium oder als Nitrat die im Verfahren möglichen mikrobiellen Umsetzungen beachtet werden müssen, ist beim Phosphat die Verfügbarkeit für die Mikroorganismen von großer Bedeutung und nicht immer gewährleistet.

Durch zu hohe Dosierungen von Stickstoffverbindungen können biologische Prozesse aufgrund des mikrobiell gebildeten toxischen Nitrits vollständig zum Erliegen kommen. In Konkurrenz zum assimilatorischen Verbrauch kann bei Verwendung von Nitrat als Stickstoffquelle Denitrifikation im Boden oder Wasser stattfinden, die dann zwar den Sauerstoffhaushalt entlastet, jedoch nicht genügend Stickstoff übrig läßt. Durch zu hohe Dosierung, z.B. von gut wasserlöslichem Nitrat, können andererseits sekundäre Verunreinigungen an anderen Stellen entstehen. Phosphat geht im Boden unterschiedlichste Bindungen mit Bestandteilen der Bodenmatrix ein und steht daher trotz chemisch-analytisch meßbarer, ausreichender Konzentrationen häufig den Mikroorganismen dann nicht mehr genügend zur Verfügung.

Um auch ohne wissenschaftliches Begleitprogramm und umfangreiche Voruntersuchungen für nahezu jedermann ein geeignetes Präparat zur Freisetzung von Nährstoffen bei der biologischen Bodensanierung zur Verfügung zu stellen, wurde von Firma Cognis GmbH das Produkt Biocrack entwickelt (Abb. 48). Die genaue Zusammensetzung ist unbekannt. Neben organisch gebundenen Nährstoffen sind vermutlich biologisch gut abbaubare Tenside enthalten, die als Lösungsvermittler dienen und die Bioverfügbarkeit der Schadstoffe verbessern können. 95% der Inhaltsstoffe von Biocrack sind als Lebens- oder Futtermittelinhaltsstoffe zugelassen und daher unbedenklich einsetzbar.

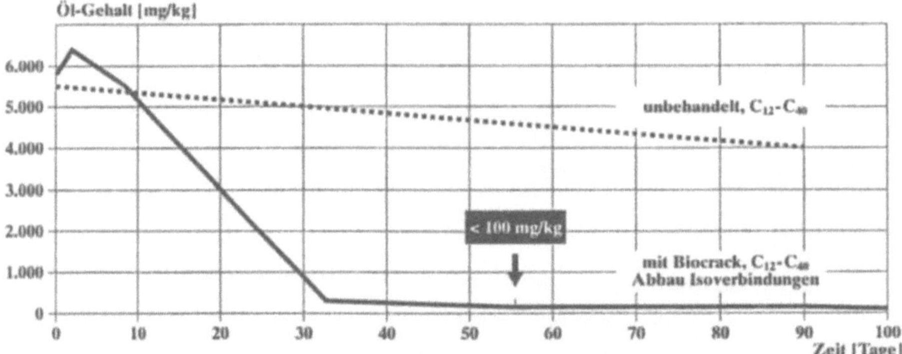

Abb. 48. Wirkung von Biocrack im biologischen Beetverfahren zur Bodenreinigung; bei einer Ausgangsbelastung von 6.000 mg Mineralölen mit einer Kettenlänge von C$_{12}$–C$_{40}$ pro kg Boden (6.000 mg/kg) wurde bereits nach 55 Tagen ein Wert von weniger als 100 mg/kg erreicht.

Die Wirkungsweise von Tensiden bei der biologischen Sanierung, z.B. von PAK in Böden, verdeutlicht die Abb. 49. Die Tensidmoleküle helfen bei partikulären hohen Konzentrationen oder besonders großen wasserunlöslichen Molekülen, wie in diesem Beispiel Phenanthren, diese löslich und damit für die Bakterien verfügbar zu machen. Die Abb. 50 zeigt den Einfluß der Tensidzugabe auf den biologischen Abbau von Fluoranthen (PAK). Ohne Zugabe von Tensiden kann im Kontrollversuch überhaupt kein Abbau festgestellt werden. Bei Einsatz von Tensiden, in der Abb. 50 dargestellt, kann ein biologischer Abbau verfolgt werden. Bei Zugabe eines geeigneten Tensids (hier Tensid 1) beschleunigt sich der biologische Abbau noch einmal deutlich und führt bereits nach 40 Stunden zum vollständigen Abbau von Fluoranthen. Auch hier sind jedoch noch nicht alle zugrundeliegenden Mechanismen verstanden. Die Forscher vermuten nämlich, daß die Tenside neben der Verbesserung der Löslichkeit auch eine Wirkung als Kosubstrat für die abbauende Bakterienmischkultur haben, da mit einigen Tensiden (hier Tensid 3) allein aufgrund ihrer Eigenschaft als Löslichkeitsverbesserer keine Wirkung erzielt werden kann.

Im Gegensatz zu vielen anderen Präparaten scheint u.a. auch aus allen diesen Gründen der Einsatz von Biocrack bei vielen Sanierungen förderlich zu sein, wenngleich es auch Stimmen gibt, die gegenteiliges behaupten. Wissenschaftlich nachgewiesen wurde beim Einsatz von Biocrack auch ein Anstieg der Anzahl der abbauenden Bakterien in einem Modellversuch zur Sanierung eines mit Heizöl verunreinigten Bodens. Im Vergleich zu einem Kontrollansatz konnte durch den Einsatz von Biocrack der biologische Abbau von Heizöl schneller und vollständiger erfolgen, was auch anhand von chemischen Analysen von Groß et al. (1995) nachgewiesen wurde.

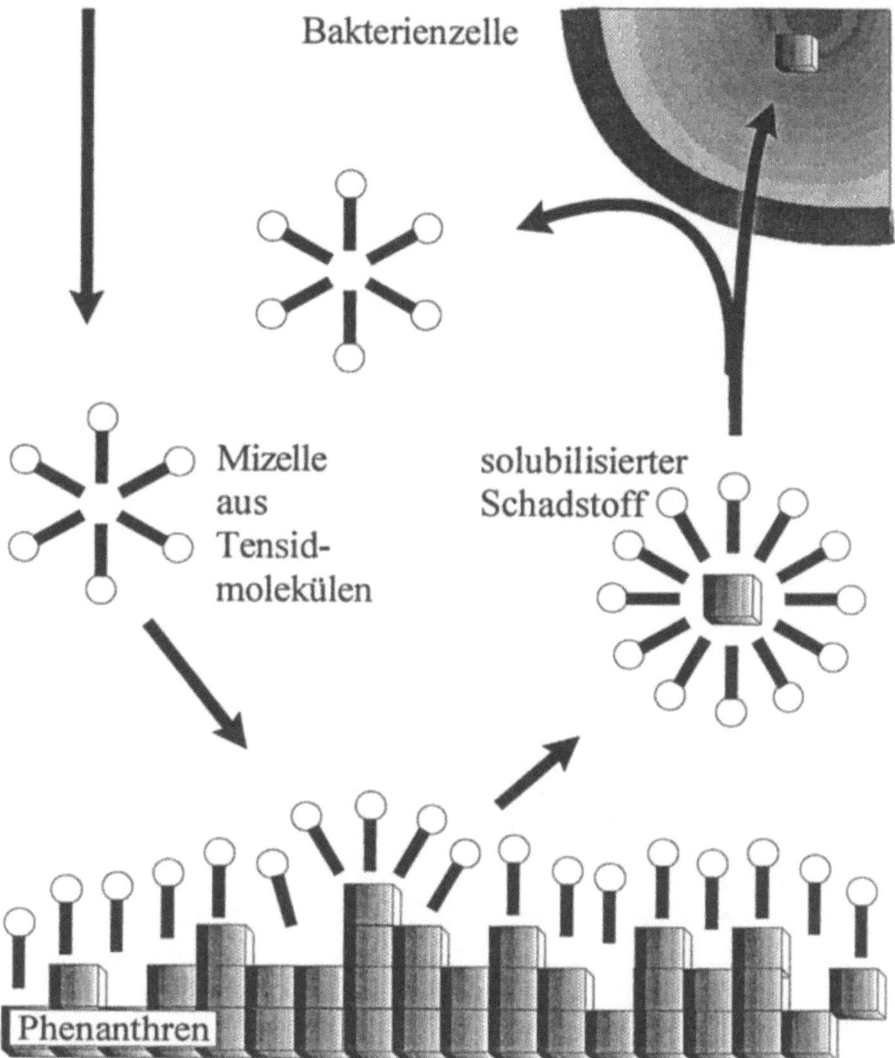

Abb. 49. Wirkung von Tensiden beim Abbau von schwer wasserlöslichen Schadstoffen (hier als Beispiel für PAK: Phenanthren)

Einen interessanten großflächigen Einsatz von Biocrack gab es nach dem letzten Rheinhochwasser zu Anfang des Jahres 1994 in Köln. Ausgelöst durch die Überflutung vieler Heizöltanks durch das eingetretene Wasser wurden große Mengen Heizöl aufgeschwemmt und freigesetzt.

Nach Rückgang des Hochwassers verblieb das Heizöl in den Gärten und Straßen. Ganze Vororte waren mit einem ölhaltigen Film bedeckt. Zur großflächigen biologischen Sanierung wurde in Absprache mit den zuständigen Behörden von der betroffenen Bevölkerung Biocrack eingesetzt. Das Ziel war eine biologische Reinigung des Bodens so einfach und kostengünstig wie möglich zu halten. Da die

Verunreinigung mit Heizöl von der Oberfläche herrührte, waren die Voraussetzungen für das Do-it-yourself-Projekt ideal. Durch mehrfache Berieselungen mit Biocrack konnte die großflächige Sanierung im Frühjahr 1994 vollzogen werden.

Einen anderen Weg geht das Präparat MaxBac der Firma Grace Sierra (Abb. 51). Ursprünglich für den landwirtschaftlichen Einsatz entwickelt, setzt MaxBac die in kleinen Kügelchen enthaltenen Nährstoffe durch kleine Poren, über eine langen Zeitraum verteilt, langsam frei. Die Wirkungsdauer beträgt bei 21°C ca. 5–6 Monate. Überdüngung wird so vermieden und bedarfsangepaßte Nährstofffreisetzung bei der Bodensanierung erreicht.

Von der kanadischen Tochtergesellschaft eines weltweit agierenden Konzerns wird ein spezielles Baukastensystem von Zuschlagstoffen eingesetzt. Auch schwierige Schadstoffe werden durch den Einsatz von Daramend der Firma Grace Dearborn einem biologischen Abbau zugänglich gemacht. Das Funktionsprinzip und die Zusammensetzung der einzelnen Bausteine ist vom Hersteller bisher nicht veröffentlicht worden.

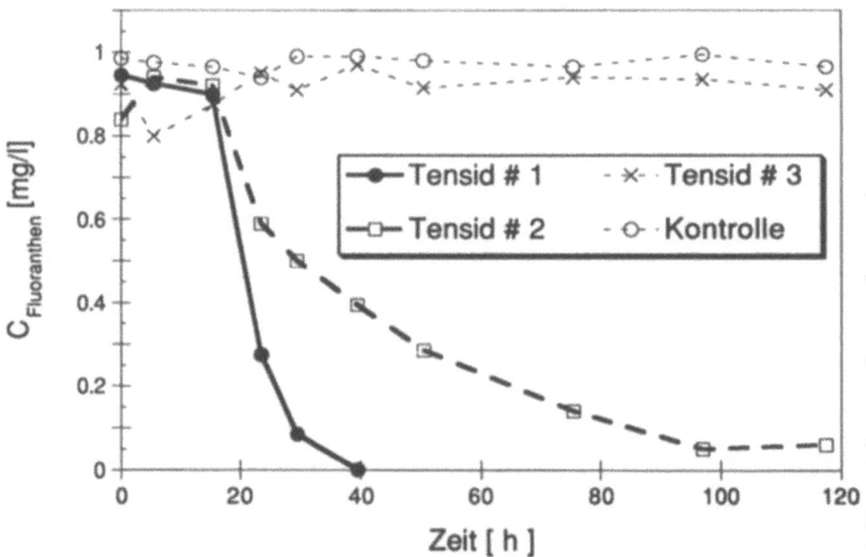

Abb. 50. Einfluß von Tensiden auf den biologischen Abbau von Fluoranthen durch eine Bakterienmischkultur

Abb. 51. MaxBac-Nährstoffgranulat mit Depotwirkung zur biologischen Sanierung mineralölbelasteter Böden. Die eingeschlossenen Nährstoffe (N und P in verschiedenen Verbindungen) und Vitamine werden nach dem Einmischen der Körnchen in den feuchten Boden langsam ausgeschleust und versorgen die abbauenden Mikroorganismen im Boden an ihren Bedarf angepaßt.

Aus einem anderen Grund werden in der biologischen Bodenreinigung noch völlig andere Arten von Zusätzen und Zuschlagstoffen benötigt. Da häufig feinkörnige tonig-schluffige Böden saniert werden sollen, können Probleme aufgrund der schlechten Wasserdurchlässigkeit dieses Materials auftreten. Die Zuführung von Wasser, Sauerstoff und Nährstoffen kann bei tonig-schluffigen Böden behindert oder gänzlich unmöglich sein. Vielfach werden daher dem Boden vor der Sanierung organische strukturgebende Stoffe wie Kompost, Rindenmulch, Torf oder ähnliches zugegeben. Diese organischen Stoffe haben jedoch den Nachteil, daß die erwünschte Mineralisierung von Schadstoffen gegenüber der Humifizierung in den Hintergrund treten kann.

In Kenntnis dieser Problematik wurde der Einsatz eines anorganischen Materials für die biologische Bodensanierung entwickelt und erprobt. Perlite ist eine Modifikation eines natürlichen Minerals (Obsidian bzw. Basalt) und wird seit Jahrzehnten im Gartenbau (vor allem in Gewächshäusern) zur Bodenauflockerung verwendet.

Die Zugabe von inertem Perlite bei der biologischen Bodensanierung (Abb. 52) erreicht das Ziel der Auflockerung des verunreinigten Bodens und steigert so seine Durchlüftung. Die Mineralisierung von Schadstoffen wird gefördert. Unvollständige Umsetzungen werden vermieden. Perlite wird aufgrund dieser besonderen Eigenschaften daher zunehmend in der biologischen Bodensanierung eingesetzt.

Abb. 52. Ein durch Zusatz von Perlite aufgelockerter Boden

Daß auf den einzelnen Perlitepartikeln auch Mikroorganismen angesiedelt sind, zeigt in Abb. 53 das elektronenmikroskopische Bild eines Perlitekorns mit darauf aufwachsenden Mikroorganismen.

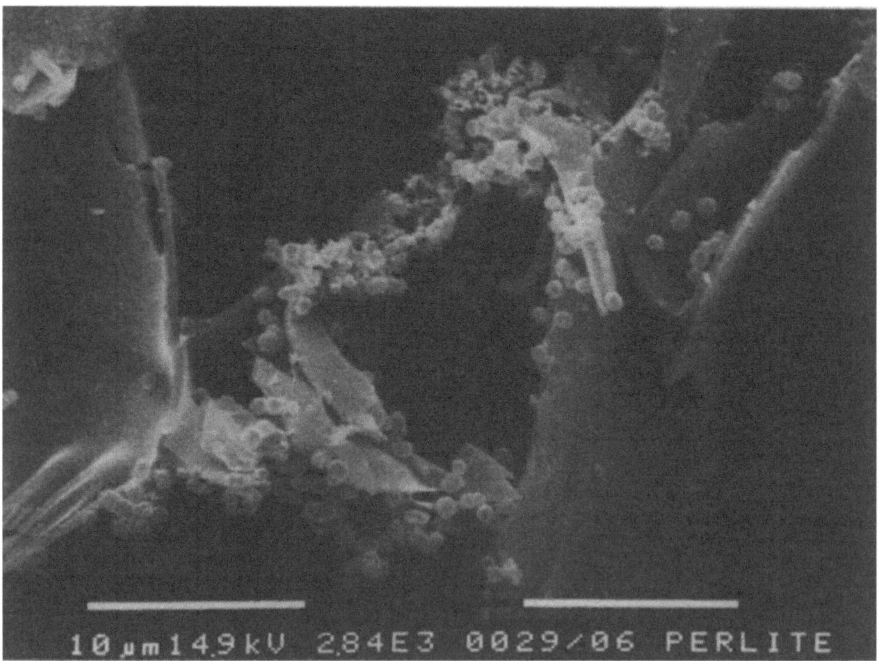

Abb. 53. Rasterelektronenmikroskopische Aufnahme von Mikroorganismen, die sich in geschützten Bereichen auf der Oberfläche eines Perlitkorns angesiedelt haben

6.10 Sanierung von Ökosystemen

Nicht nur spektakuläre Tankerunfälle auf den Weltmeeren, z.B. des Tankers Braer im Januar 1993 vor den Shetlandinseln, sondern auch langsame und schleichende Belastungen führen in der Natur immer wieder zur Gefährdung ganzer Ökosysteme. Im Meer und in Süßgewässern sind davon immer wieder höhere wie niedere Pflanzen und Tiere und deren gesamter Lebensraum betroffen. Mit einfachen Methoden und Verfahren zur Förderung der biologischen Selbstreinigung versucht auch hier die Umweltbiotechnologie Beiträge zur Sanierung zu leisten.

Bei der Freisetzung großer Mengen von Mineralölen, z.B. beim Unfall der Exxon Valdez im Prince-William-Sund vor der Küste Alaskas, reichten mechanische Verfahren zur Entfernung der riesigen freigesetzten Ölmengen nicht aus. Große Verschmutzungen erlitten auch die nahegelegenen Strände. Neben der mechanischen Entfernung, die sowohl manuell als auch mit heißem Wasser erfolgte und doch sehr an das Projekt von Sisyphos erinnerte, wurden zur Förderung des biologischen Abbaus auch unterschiedliche biotechnologische Präparate eingesetzt. Vorrangig unterscheiden lassen sich bei derartigen Einsätzen die folgenden Gruppen von Einsatz- bzw. Zuschlagstoffen:

- vorgezüchtete frische oder konservierte Mikroorganismen,
- Nährstoffe (Stickstoff und Phosphat),
- Sauerstoff oder Sauerstoffträger (Nitrat) und
- Tenside zur Verbesserung der Bioverfügbarkeit.

Die Präparate werden dabei nicht nur auf ölverunreinigte Strände aufgebracht, sondern auch direkt ins Meer oder in Süßgewässer. Die in wissenschaftlichen Veröffentlichungen über derartige Maßnahmen nachzulesenden Ergebnisse sind widersprüchlich und lassen bis heute keine eindeutigen Bewertungen zu. Kontrollversuche konnten meist nur im Labor durchgeführt werden.

Es kann daher nicht deutlich zwischen der natürlichen Selbstreinigung und den Beeinflussungen durch die Präparate unterschieden werden, insbesondere nicht, da wiederum bereits die grundlegenden Zusammenhänge der mikrobiellen Ökologie unbekannt sind.

In der Natur leisteten immer die natürlicherweise vorhandenen Selbstreinigungskräfte auch einen Beitrag zur Sanierung. Der Unfall des Öltankers Braer hatte beispielsweise längst nicht die katastrophalen Auswirkungen, die zunächst vorhergesagt wurden. Der während des Unfalls herrschende Sturm sorgte für eine großflächige Verteilung des Öls und wahrscheinlich auch für eine Emulgierung, die den biologischen Abbau erleichtert. Bereits drei Wochen nach der Katastrophe war ein großer Teil des Öls von der verseuchten Küste verschwunden (Dixon 1995). Es gibt zwar keinen endgültigen Nachweis, vermutet werden darf jedoch ein erheblicher biologischer Abbau des Öls aufgrund vorherrschender guter Abbaubedingungen.

Neben katastrophalen Unfällen bedrohen auch heute noch vielerorts schleichende Verunreinigungen die Gewässer. Bei langandauernder und massiver Zufuhr von

142

sauerstoffzehrenden Verschmutzungen in Süßgewässer reichern sich beispielsweise große Mengen organischer Schlämme am Boden der Gewässer an. Die Konzentration des im Wasser gelösten Sauerstoffs sinkt bis auf Werte, die die auf Atmung angewiesenen Wasserorganismen, z.B. die Fische, in den Erstickungstod treiben. Auch eine Gewinnung von Trinkwasser aus derartig belasteten Gewässern ist nur noch unter großem technischen Aufwand möglich.

Neben der Sanierung der belasteten Zuflüsse durch Abwasserreinigungsanlagen kann es z.B. in heißen Sommermonaten notwendig werden, das Gewässer vor dem endgültigen Umkippen und Absterben der Wasserbewohner zu bewahren. Als weiterer Effekt kann in derartigen sauerstoffarmen Gewässern das in den Sedimenten festgelegte Phosphat durch chemische Prozesse wieder in gelöster Form in das Wasser übergehen. Durch dann mögliches Algenwachstum aufgrund der verbesserten Nährstoffsituation verschärft sich die Situation weiter. Am Tage produzieren die Algen zwar Sauerstoff durch ihre Photosynthese, in der Nacht bei ausbleibender Sauerstoffproduktion kann es jedoch zu kompletter Anaerobie in derart belasteten Gewässern kommen. Erste Anzeichen sind vielfach die gestorbenen Fische.

Durch die rechtzeitige Zufuhr von Luft oder technischem Sauerstoff in derart belastete Gewässer kann das Umkippen, d.h. der völlig anaerobe Zustand mit einsetzenden Faulungsprozessen, vermieden und die natürliche Selbstreinigung angeregt werden. Es kommt dann auch zur Mineralisierung sedimentierter organischer Stoffe durch heterotrophe Organismen im Gewässer und insgesamt zu einer Stabilisierung der Situation. Ein einfaches Aggregat zur Belüftung von Oberflächengewässern zeigt die Abb. 54.

Versucht wurden derartige Gewässersanierungen auch unter Einsatz anderer Sauerstoffträger, z.B. Nitrat. Über die Bereitstellung der Oxidationskraft des Nitrats kann so die Sauerstoffzehrung im Gewässer vermieden oder vermindert werden. Gewässersanierungen unter Zuhilfenahme von Nitrat wurden auch in Skandinavien in größerem Umfang bereits durchgeführt.

Die Vorstellungen über derartige Maßnahmen zur Sanierung von Gewässern sind insgesamt noch unvollständig und lückenhaft und beruhen vielfach auf theoretischen und vereinfachten Modellvorstellungen der Umsetzungsprozesse im Gewässer. Da sich die Belastungssituation vieler Oberflächengewässer in der Bundesrepublik Deutschland durch den Ausbau der Kläranlagen in den letzten Jahren kontinuierlich gebessert hat, sind solche Maßnahmen bei uns glücklicherweise zunehmend seltener erforderlich.

Die Methoden der Oberflächengewässersanierung unterscheiden sich von den grundsätzlich angestrebten biologischen Umsetzungen nur wenig von denen zur Sanierung von Grundwasser, die z.B. in Kap. 6.2.1 u. 9.2 beschrieben werden.

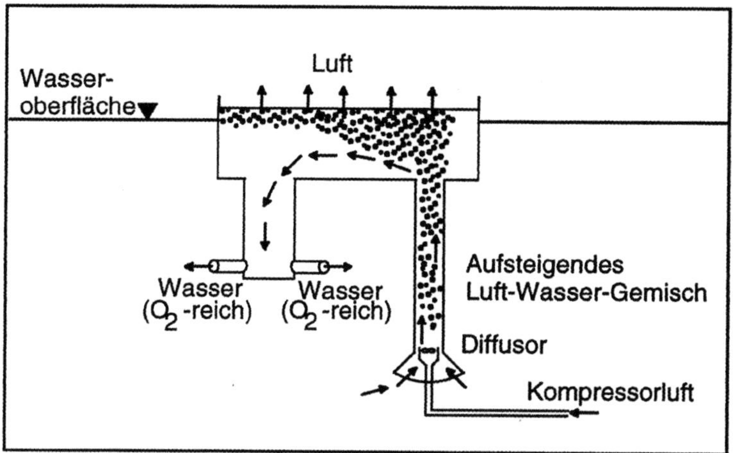

Abb. 54. Ein einfaches Aggregat zur Belüftung von Oberflächengewässern

6.11 Metallentfernung durch Biohydrometallurgie

Mit mikrobiellen Prozessen gelingen auch nützliche Umsetzungen von Metallen. Ursprünglich entstammen diese Verfahren nur im weitesten Sinne der Umweltbiotechnologie, da sie z.B. technisch zur Gewinnung von Metallen eingesetzt werden.

Säureliebende Bakterien, die Eisen und Schwefel oxidieren können, helfen im Bergbau sulfidische Erze und Schwefel in wasserlösliche Metallsulfate umzuwandeln. Erze mit niedrigen Metallkonzentrationen, z.B. in Abraumhalden, werden zur Förderung der sulfatbildenden Mikroorganismen mit wäßrigen Lösungen berieselt. Die Metallsalze werden anschließend aufgefangen und aufkonzentriert.

Die Verfahren arbeiten nicht selektiv, es werden praktisch alle Metalle in Lösung gebracht. Probleme für die Umwelt bereiten daher die nicht wirtschaftlich zu entfernenden, aber in Lösung gebrachten Metalle. Bei den Verfahren entstehen zudem sehr saure Abwässer mit einem pH-Wert im Bereich von 1, die in den USA und Kanada bereits zu riesigen Versäuerungsproblemen geführt haben.

Ohne die zugrundeliegenden komplexen Mechanismen, die auch noch nicht bi in alle Einzelheiten verstanden werden, aufzeigen zu wollen, sei folgendes aktue les Beispiel, veröffentlicht in den VDI-Nachrichten (1995) angeführt:

"Das südafrikanische Bergbauunternehmen Gencor bietet sein Verfahren der bakteriologischen Oxidation (BOIX) zur Gewinnung von Gold künftig auch für die Nickelproduktion an...Dabei wird ein Bakterium eingesetzt, um das Sulfid aus dem Erz zu entfernen, das Gold freizusetzen und auf konventionellem Wege weiterzuverarbeiten... Mit der BioNic genannten

Methode kann Nickel aus sulfidischen Erzen niedriger Gradierung gewonnen werden...Weiteren Angaben des Bergbauunternehmens zufolge kann der bakterielle Oxidationsprozeß auch zur Extraktion von Kupfer aus Chalcopyrit verwendet werden. Dadurch eröffnet sich die Möglichkeit, Kupfer und Gold gleichzeitig vor Ort zu extrahieren. Bislang konnte das Edelmetall Gold erst nach der Kupfergewinnung vereinzelt werden."

Auf der einen Seite können mit der Unterstützung von Mikroorganismen so Metalle wirtschaftlich gewonnen werden. Der beschriebene Laugungsprozeß wird häufig mit dem Ausdruck "leaching" bezeichnet. Auf der anderen Seite können umweltbedenkliche Metalle mit Hilfe dieser biologischen Umsetzungen auch aus Böden entfernt werden. Denkbar ist für die Zukunft beispielsweise die Entfernung von Metallen aus Abraumhalden mit Leachingverfahren. Es eröffnet sich vor dem Hintergrund der enormen Probleme mit Schadstoffen aus dem Erzbergbau im Osten der Bundesrepublik ein breites Betätigungsfeld.

Insbesondere fallen dort vielerorts saure Drainage-, Sicker- oder Prozeßwässer aus dem Braunkohle-, Erz- und Uranbergbau an. Diese enthalten häufig hohe Sulfatkonzentrationen, verursacht durch eine Oxidation von Pyrit, Markasit oder anderen Schwermetallsulfiden. Als Folge des Oxidations- und Säuerungsprozesses enthalten die Wässer Radionuklide und Schwermetalle.

Nach Glombitza (1995) können hier sulfatreduzierende Mikroorganismen zum Schadstoffabbau eingesetzt werden. Ähnlich der in vorigen Kapiteln beschriebenen Nitratreduktion gibt es Mikroorganismen, die analog hierzu in der Lage sind, Sulfat zu reduzieren. Sulfat dient wiederum als terminaler Elektronenakzeptor, man spricht von einer "Sulfatatmung". Im Gegensatz zu den denitrifizierenden Bakterien können sulfatreduzierende Bakterien nur unter strengem Ausschluß von Sauerstoff, also anaerob, leben und arbeiten. Als Produkt der Sulfatreduktion entsteht überwiegend Schwefelwasserstoff. In der Natur leben Sulfatreduzierer beispielsweise im Faulschlamm von Gewässern.

Noch nicht im technischen Einsatz, aber in der Erprobung sind Verfahren zur Reinigung saurer, schwermetall- und radionuklidhaltiger Wässer mittels Sulfatreduktion. Durch die mikrobiell erreichbare pH-Wert-Neutralisierung und die Ausfällung der Schwermetalle mit den gebildeten Sulfiden lassen sich im Labor bereits beachtliche Ergebnisse erzielen. Wässer aus dem Uranbergbau mit einem pH-Wert von 2,3, einer Sulfatkonzentration von 8 g/l und einem Urangehalt von ca. 90 mg/l konnten nahezu vollständig vom Uran gereinigt werden. Die Restkonzentration an Uran lag unter 0,2 mg/l bei einem neutralen pH-Wert.

Mit der Methode der bakteriellen Laugung könnten auch die Aschen aus Müllverbrennungsanlagen behandelt werden. Im Labor erreichte *Thiobacillus* eine Auslaugung von mehr als 80% für Kupfer, Cadmium und Zink aus einem Medium mit 10% Flugasche (Brandl 1996). Aber auch mit der Beteiligung von organischen Säuren, die von dem Schimmelpilz *Aspergillus niger* produziert werden, war eine Metallentfernung von 20-30% möglich.

7 Marktübersicht

7.1 Einführung

Während in der Bundesrepublik Deutschland über den Umgang mit Altlasten Mitte der 90er Jahre unterschiedliche Strategien - z.B. die Sicherung und die Sanierung - noch kontrovers diskutiert werden, hat man im Ausland oft pragmatischere Ansätze gewählt. Vielfach stellen dort Sicherung und Sanierung keine Gegensätze dar, sondern werden miteinander verbunden, wie im folgenden ausgeführt wird. Auch ein neues Gutachten des "Sachverständigenrates für Umweltfragen"[17] kommentiert diese Situation kritisch.

Obwohl in Deutschland bereits große Mengen Boden biologisch saniert werden, sind die Aussagen zu Marktperspektiven biologischer Bodensanierungsverfahren bei Betrachtung der gesamten Situation eher unsicher.

Durchgreifende Änderungen bei der Handhabung von Altlasten werden in nächster Zukunft mit Inkrafttreten des neuen Bundesbodenschutzgesetzes und des Kreislaufwirtschaftsgesetzes erwartet. Das Bundesbodenschutzgesetz wird erstmals auf Bundesebene einheitliche Grundlagen zur Handhabung und Vermeidung von Bodenverunreinigungen schaffen. Vieles wird jedoch im Detail durch zusätzliche Verordnungen geregelt werden müssen.

Das Kreislaufwirtschaftsgesetz wird u.a. den Abfallbegriff neu definieren. Zukünftig wird es "Abfälle zur Verwertung" und "Abfälle zur Beseitigung" geben. Ob verunreinigter Boden als Abfall zur Verwertung eingestuft werden kann ist aus heutiger Sicht noch fraglich.

Für die Abwasserreinigung können Marktperspektiven aus den vorhandenen Daten über Abwassermärkte insgesamt abgeleitet werden. Die Prognosen lassen riesige Märkte mit ansehnlichen Wachstumsraten erwarten.

Für sehr neue innovative Verfahren und Bereiche können - falls überhaupt - zur Zeit nur spekulative Einschätzungen heutiger und zukünftiger Märkte gegeben werden.

7.2 Bodensanierung

Prognosen aus den Jahren 1990 und 1991 gehen von Gesamtkosten für die Sanierung von Altlasten und Altstandorten zwischen 50 und 400 Milliarden DM für die alten Bundesländer und zusätzlichen 50 bis 120 Milliarden DM für die neuen Bundesländer aus. Selbst bei konservativer Schätzung werden insgesamt mindestens 50 bis 100 Milliarden DM notwendig sein.

---

[17]Der "Sachverständigenrat für Umweltfragen" wurde vom Bundesminister für Umwelt, Naturschutz und Reaktorsicherheit per Erlaß 1990 zur periodischen Begutachtung der Umweltsituation und der Umweltbedingungen eingesetzt.

Ausgelöst durch wirtschaftliche Probleme und Überlegungen begnügt man sich vielerorts heute damit, Altlasten abzudichten, einzukapseln oder abzudecken, um akute Gefährdungspfade ausschließen zu können. Auch die zahlreichen umfangreichen Altlasten in den östlichen Bundesländern haben diese Entwicklung hin zu Sicherungsverfahren angesichts der insgesamt bei Sanierungen zu erwartenden Kosten verstärkt.

Dem gegenüberstehende, vielfach neuentwickelte Sanierungsverfahren für ehrgeizige Sanierungsziele erreichen bei hohem Einsatz von Kapital hohe Reinigungsleistungen, die häufig eine anschließende multifunktionale Verwendung des Geländes oder des Bodens erlauben. Boden aus einem belasteten Industriegelände kann nach der Reinigung in solchen Verfahren auch als Untergrund für einen Kindergarten dienen.

Bei unseren Nachbarn in den Niederlanden wird das Prinzip der "Multifunktionalen Verwendung des Bodens" bei jeder Bodensanierung angestrebt, wenn auch nicht vorgeschrieben. Ist aus wirtschaftlichen oder technischen Gründen die Erreichung einer multifunktionalen Verwendung nicht möglich, wird die nächstbeste Lösung über eine mathematische Formel ermittelt und umgesetzt.

In der Bundesrepublik Deutschland werden die Sanierungsziele im Einzelfall festgelegt; eine einheitliche Lösung kann als Folge des Bundesbodenschutzgesetzes erhofft werden.

Eine Kosten-Nutzen-Analyse für die einzelnen Sanierungstechnologien wurde in der Vergangenheit der Bodensanierung noch nicht häufig durchgeführt, was zu einer Vernachlässigung biologischer Verfahren bei einigen Projekten führte.

Ein Charakteristikum biologischer Sanierungsverfahren besteht in der sehr leichten Erreichbarkeit von Reinigungsleistungen von 80-90% der Schadstoffe, z. B. bei üblichen Mineralölkohlenwasserstoffen aus Diesel- oder Heizölschäden. Der soweit gereinigte Boden kann anschließend im Straßen- oder Gartenbau wiederverwertet werden. Die Kosten liegen dabei erheblich unter denen chemischer oder physikalischer Sanierungstechnologien. Wenn man jedoch von biologischen Verfahren Reinigungsleistungen von über 95% verlangt, wird die Sanierung dann meist so langwierig und teuer, daß die Konkurrenzfähigkeit fraglich wird oder nicht gegeben ist.

Ziel vieler Projekte in den USA ist dagegen nach der gutachterlich bestätigten Sicherung der Altlast als erste Maßnahme eine langsame In-situ-Sanierung des Bodens. Es hat sich in den Vereinigten Staaten mittlerweile in vielen Fällen in der Praxis bewährt, Sicherung und Sanierung nicht als Gegensätze zu behandeln, sondern in einem Verfahren zu kombinieren.

Überprüft wird in der Praxis zunächst wieder der biologische Zustand des verunreinigten Areals. Neben der Anzahl der schadstoffabbauenden Mikroorganismen werden hierzu auch die gesamten vorkommenden Mikroorganismen geschätzt. Die vorhandenen Nährstoffe werden analysiert und die Verfügbarkeit von Sauerstoff, anderen Elektronenakzeptoren oder die Möglichkeit anderer Stoffwechselwege ähnlich dem Vorgehen bei uns überprüft. Es wird dann anhand dieser Vorgaben abgeschätzt, auf welchen Wegen und in welchen Zeiträumen die biologische Selbstreinigung verlaufen und wie sie gesteuert werden kann. Eingegriffen wird dann nur mit sehr einfachen Mitteln, wie z.B. mit Sauerstoff- oder Nährstoffzufuhr. Solche Verfahren laufen dann zwar langsam ab, verursachen aber auch nur minimale Kosten. Einen umfassenden Überblick über derartige Verfahren gibt Hinchee et al. (1995).

Die vergleichsweise großen zur Verfügung stehenden Flächen in den USA spielen bei der Beurteilung und Auswahl von Sanierungstechnologien keine andere Rolle als bei uns, da auch in den USA viele belastete Flächen in oder in der Nähe von Industriezentren liegen, und auch dort Industrieflächen teuer sind und nach Möglichkeit saniert und wiederverwendet werden müssen.

Verfahrenstechnisch besonders einfach sind auch die sog. Bioventingverfahren. Dabei wird der biologische Abbau in der verunreinigten ungesättigten Bodenzone durch Einblasen oder Durchsaugen von Luft gefördert. Flüchtige Bestandteile werden ausgetrieben und abfiltriert oder biologisch abgebaut. Die im Boden aktiven Mikroorganismen vermögen unter den durch Sauerstoffzufuhr verbesserten Bedingungen die Schadstoffe weiter abzubauen.

Das Einblasen und Abfiltrieren von Bodenluft gehört seit vielen Jahren zum Stand der Technik. Die Kombination Bodenbelüftung und Adsorption der ausgetriebenen Schadstoffe mit dem gezielten biologischen in-situ Abbau wird in der Bundesrepublik bisher nur in Einzelfällen praktiziert.

Bereits 1995 konnten dagegen von der US Army Erfahrungen mit 125 Projekten, bei denen Bioventingverfahren eingesetzt wurden, statistisch ausgewertet werden. In der Bundesrepublik dagegen gab es bisher nur vereinzelte Anwendungen derartiger Verfahren.

Während Wasser und Luft sich in den letzten Jahren zu gesetzlich geschützten Umweltgütern entwickelt haben, blieb der Boden von der deutschen Umweltgesetzgebung bisher fast völlig unbeachtet. Bis heute im Jahre 1996 fehlen gesetzliche Vorgaben zum Schutz und zur Reinigung von Böden auf Bundesebene völlig. Die Verantwortlichkeiten wurden bisher von den Bundesländern unterschiedlich geregelt. Anders bei unseren Nachbarn in den Niederlanden: Dort gibt es seit langem einheitliche Regelungen. Einen ausführlichen und kompetenten Vergleich der Handhabung von verunreinigten Böden und Standorten und der damit verbundenen Umweltpolitik in einigen wichtigen, ausgewählten Industrieländern gibt Visser (1994).

Aus den schnellen Änderungen in der Handhabung oder vielmehr Nichthandhabung vieler kontaminierter Böden in der Bundesrepublik Deutschland resultierten immer wieder Rückschläge für die Umwelt und die in der Bodensanierung tätigen Unternehmen. Unsicherheiten und mangelnde Entscheidungsfähigkeit von Seiten der Behörden führten darüber hinaus insbesondere zu Anfang der 90er Jahre zu einem weiteren Hindernis bei der biologischen Bodensanierung.

Nach der Ersterkundung der mit Schadstoffen belasteten Flächen in ganz Deutschland folgte und folgt eine umfangreiche Phase der Gefährdungsabschätzung der Standorte, die erhebliche Geldmittel benötigt. Insbesondere die ausgehenden 80er und beginnenden 90er Jahre waren daher die Blütezeit von kleineren und größeren Ingenieurbüros, die die Erfassung und Bewertung der Bodenverunreinigungen übernahmen. Fehlende Regelungen über den Ablauf solcher Verfahren führten dabei zu einer uneinheitlichen Handhabung und nicht miteinander vergleichbaren Ergebnissen. Bereits bei der Probennahme und der Probenaufbereitung gab und gibt es unterschiedliche Methoden, die zwangsläufig zu unterschiedlichen Ergebnissen führen. Auch für die dann folgende Bewertung der Gefährdungen wurden vielfach nicht standardisierte Methoden genutzt, oft sogar subjektive Bewertungen abgegeben. Die Gefährdungen vorhandener und erkannter Bodenverunreinigungen wurden daher z.T. sehr unterschiedlich bewertet und dementsprechend uneinheitlich einer Sanierung zugeführt.

Im Zuge der deutschen Vereinigung erkannte die deutsche Treuhandanstalt schnell, daß Finanzmittel zur Sanierung von Bodenkontaminationen nicht für alle der zahlreichen Standorte in den östlichen Bundesländern verfügbar sind oder gemacht werden können. Schnell etablierte sich daher im Bereich der Flächen der Treuhandanstalt die Sicherung und Überwachung verunreinigter Standorte als anerkannte - wenn auch vorläufige - Maßnahme. Sanierungen blieben im Einflußbereich der Treuhandanstalt aus nachvollziehbaren und verständlichen Gründen eher die Ausnahme.

Einmal erkannt und proklamiert breitete sich diese Tendenz zur Anwendung von Übergangsmaßnahmen schnell über die von Bodenverunreinigungen betroffenen Kommunen, Gemeinden und insbesondere die Industrie aus und besteht unverändert bis heute.

Bei einer Gesamtzahl von mindestens 150.000 Altlastenverdachtsflächen kann daher heute noch nicht zuverlässig abgeschätzt werden, wie hoch der Anteil der zu sanierenden Flächen und damit die anfallenden Bodenmengen sind. Zu unterschiedlich sind die in den einzelnen Bundesländern eingesetzten Methoden, Verfahren, Grenzwerte und Bewertungsmaßstäbe. Es existieren heute weder verläßliche gesetzliche Grundlagen in der Bundesrepublik Deutschland, noch eine einheitliche Handhabung in den Bundesländern.

Für die biologischen Verfahren haben Glass und Mitarbeiter 1995 Schätzungen aufgestellt, die sich allerdings bei der Einschätzung des Marktvolumens auf den amerikanischen Begriff "bioremediation" beziehen. Hiermit sind besonders die Verfahren zu Boden- und Grundwassersanierung gemeint. Umweltbiotechnologie aus den anderen Bereichen, beispielweise Abwasser- oder Abluftreinigung ist nicht beinhaltet. Die Tabelle 12 zeigt die Ergebnisse dieser Schätzungen.

Wie bereits im Vorwort erwähnt, wird aus dieser Aufstellung auch deutlich, daß die Rolle der Bundesrepublik Deutschland auf dem Gebiet der biologischen Sanierungsverfahren durchaus bemerkenswert ist.

Eine Übersicht der vorhandenen Bodenreinigungskapazitäten in Sanierungszentren in der Bundesrepublik Deutschland ermöglicht eine detailliertere Einschätzung der Marktsituation bei uns.

Da zusätzlich aber zu den Altlasten und Altstandorten auch aus anderen Bereichen verunreinigte Böden stammen, z.B. Tanklastzugunfällen oder Schäden an Öl-pipelines, beruhen die vorhandenen Schätzungen zur Gesamtmenge biologisch gereinigter Böden insgesamt vorrangig auf den Angaben der Betreiber der Sanierungszentren. Eine Erfassung der Situation verunreinigter Böden und der gegenüberstehenden Sanierungskapazitäten von Seiten des statistischen Bundesamtes ist meines Wissens noch nicht erfolgt. Anders bei der biologischen Abwasserreinigung; hierzu gibt es aus dieser Quelle umfassendes Datenmaterial.

Aufgrund der genehmigungsrechtlich unsicheren Situation und der damit verbundenen unkalkulierbaren Schwierigkeiten für die ausführenden Unternehmen hat sich in den letzten Jahren die biologische Sanierung in zentrale Anlagen, sog. Bodensanierungszentren, verlagert. Hier wird heute der Großteil der mit Mineralölkohlenwasserstoffen belasteten Böden der Bundesrepublik Deutschland gereinigt. Auch der rapide Preisverfall bei der Bodenreinigung in den letzten Jahren hat dazu geführt, daß Sanierungszentren um ihre Marktposition kämpfen und dementsprechend niedrige Preise ansetzen müssen. Die Bedeutung der On-site-verfahren hat aus diesen Gründen in den letzten Jahren abgenommen.

Ein Aufstellung aus dem Jahr 1995 weist für die Sanierungszentren eine bestehende Kapazität von ca. 1,2 Millionen t aus.

Tabelle 11. Kapazitäten für biologische Bodenreinigung in stationären Bodenbehandlungszentren in der Bundesrepublik Deutschland, Stand Juni 1995 (Quelle Schmitz et al. 1995)

Bundesland	In Betrieb [t/Jahr]	In Planung/ Bau [t/Jahr]
Baden-Württemberg	18.000	71.000
Bayern	40.000	60.000
Berlin	40.000	-
Brandenburg	30.000	10.000
Bremen	70.000	-
Hamburg	40.000	-
Hessen	30.000	12.000
Mecklenburg-Vorpommern	94.500	80.000
Niedersachsen	29.950	5.000
Nordrhein-Westfalen	136.100	141.000
Rheinland-Pfalz	69.300	45.000
Saarland	10.000	-
Sachsen	222.700	109.000
Sachsen-Anhalt	125.200	41.000
Schleswig-Holstein	11.600	-
Thüringen	217.500	30.000
Summe	1.184.850	604.000

Bedeutsam bei der Betrachtung der Tabelle 11 ist besonders auch der Umstand, daß die Kapazitäten für die biologische Bodensanierung fast die Hälfte der Kapazität der gesamten Bodensanierungsverfahren ausmacht. Vermutlich gibt es in keinem anderen Land daher heute eine vergleichbar hohe Bedeutung der biologischen Verfahren. Neben den biologischen Kapazitäten existieren die folgenden Tonnagen für andere Verfahren:

- chemisch-physikalische Verfahren: **1,2 Millionen t,**

- thermische Verfahren: **0,15 Millionen t.**

Nicht einheitlich geregelt ist die Situation bundesweit bei der ebenfalls möglichen Deponierung verunreinigter Böden. Je nach bereits erreichtem oder anzustrebendem Füllungsgrad der Deponien werden verunreinigte Böden angenommen oder zurückgewiesen. Die Preise variieren dabei sehr stark. Häufig werden kontaminierte Böden auch für den Bau neuer oder die Abdeckung alter Deponien eingesetzt. Zusätzlich können seit einiger Zeit verunreinigte Böden in ehemaligen Salzbergwerken in den östlichen Bundesländern eingelagert werden. Dieser Entsorgungsweg wurde ohne Beachtung des Abfallrechts durch die Geltung des Bergrechts möglich. Auch heute können daher bei einem Schadensfall die für die Reinigung oder Beseitigung des Bodens nötigen Kosten nicht sofort festgestellt werden, sondern müssen jeweils für den Einzelfall neu recherchiert werden. Mit den Kosten für die Deponierung eines verunreinigten Bodens können jedoch in der Regel alle Sanierungsverfahren nicht konkurrieren.

Da auch für die Wiederverwertung eines biologisch gereinigten Bodens keine einheitlichen Regelungen existieren, können hier Probleme auftauchen und zur Auswahl anderer Verfahren führen, bei denen eine "endgültige" Beseitigung in Aussicht steht. Nach geltender Abfallgesetzgebung bleibt jedoch die Verantwortlichkeit auch nach der Ablagerung auf einer Deponie erhalten.

Andere Wege führen ins Ausland. Die Kapazitäten für thermische Verfahren in der Bundesrepublik sind mit 150.000 t pro Jahr eher gering. Insbesondere aus Projekten in Nordrhein-Westfalen werden daher Böden in den thermischen Anlagen in den Niederlanden behandelt.

Eher behindert wurde die biologische Bodensanierung Ende der 80er und Anfang der 90er Jahre zunächst auch aus den eigenen Reihen vermeintlicher Umweltbiotechnologen. Mikroorganismenpräparate, die von einigen Firmen meist aus den USA importiert wurden und für viele unterschiedliche Zwecke nützlich sein sollten, bewährten sich in der Praxis kaum. Wissenschaftlichen Überprüfungen hielten diese Präparate nicht stand - wie bereits in Kap. 6.8 beschrieben wurde. In den Kreisen potentieller Anwender führten diese Mißerfolge einiger mutmaßlicher Scharlatane zunächst zu Vorurteilen gegenüber der gesamten Branche der biologischen Bodensanierer und daher auch zu negativen Marktentwicklungen.

Berechnungen von Marktvolumina sind aufgrund des noch relativ jungen Arbeitsgebietes mit Unsicherheiten behaftet und überhaupt erst für die jüngste Vergangenheit erhältlich. Geschätzt wird für das Jahr 1995 insgesamt eine Menge biologisch gereinigten Bodens von ca. 500.000–700.000 t (Raphael et al. 1995). Zusätzlich zu den in Sanierungszentren gereinigten Böden wurden und werden auch noch On-site-Sanierungen durchgeführt. Die Auslastung der Sanierungszentren im Jahr 1995 wird insgesamt auf ca. 50% geschätzt. Namhafte Sanierungsunternehmen geben höhere Auslastungsraten von bis zu 100% oder sogar Überkapazitäten an. Grundwassersanierungs- und In-situ-Verfahren kommen hinzu.

Die In-situ-Verfahren wurden seit jeher in der Diskussion um biologische Verfahren mit einem besonders positiven Potential gesehen. Da die Mikroorganismen bei diesen Verfahren ohne Bodenaushub direkt vor Ort in der ungesättigten Bodenzone oder im mit Grundwasser gesättigten Bereich arbeiten, entfallen viele mechanische Bodenarbeiten und damit erhebliche Kosten. Während in den USA das Potential der In-situ-Verfahren konsequent weiterentwickelt wurde, stagnieren diese Verfahren bei uns. Als Hinderungsgrund für die Umsetzung wurden die fein- und feinstkörnigen Böden in vielen Regionen der Bundesrepublik genannt. Die Situation hat sich in den letzten Jahren jedoch geändert, da in den östlichen Bundesländern für In-situ-Verfahren geeignetere Böden vorliegen.

Insgesamt gesehen finden nicht nur in der Bundesrepublik Deutschland, sondern auch in zahlreichen anderen Ländern biologische Sanierungsverfahren zunehmende Anerkennung und steigende Einsätze. Hierfür gibt es zwar keine verläßliche Statistik, aber eine Vielzahl von Indikatoren, z.B. die steigenden Anzahlen und Teilnehmerzahlen von Vortragsveranstaltungen und die steigenden Zahlen von Veröffentlichungen.

Tabelle 12. Weltweite Märkte für biologische Sanierungsverfahren ("bioremediation markets"); alle Angaben in Millionen US Dollar.(Aus Glass et al.1995)

Jahr	1994	1997	2000
Weltweiter Markt	290–440	450–700	800–1350
U.S.A	160–210	225–325	350–600
Europa	105–175	180–300	375–600
Deutschland	70–100	100–150	250–350
Niederlande	10–20	15–35	30–60
Skandinavien	10–20	15–35	30–60
England	5–10	7,5–20	15–30
restliches Europa	10–25	42,5–60	50–100
Kanada	15–35	30–50	50–100

7.3 Wasser- und Abwasserreinigung

In der Wasser- und Abwasserreinigung stellt sich eine Berechnung des Anteils biologischer Verfahren schwierig dar. Die Anzahl kommunaler Kläranlagen und der darin gereinigten Abwässer ist detailliert bekannt. Ebenso liegen Daten für einen Teil der industriellen Abwasserreinigungsanlagen vor. Schwieriger wird die Erfassung von biologischen Anlagen der Indirekteinleiter. Diese leiten ihr Wasser nach der Reinigung in die Kanalisation und damit in die kommunalen Kläranlagen ein. Eine statistische Erfassung der Indirekteinleiter findet bisher nicht statt.

Obwohl bei der Reinigung der Abwässer in den kommunalen Kläranlagen zumindest in Deutschland fast durchgängig biologische Verfahren zum Einsatz kommen, kann kein gesonderter Anteil für den Bereich "Umweltbiotechnologie" ausgewiesen werden. Der Grund ist die fehlende Definition für den Bereich der Umweltbiotechnologie, aber auch die Anerkennung anderer wissenschaftlicher Disziplinen, wie der Siedlungswasserwirtschaft, die die Entwicklung vieler Verfahren vorangetrieben haben. Ein herkömmliches, seit Jahrzehnten von einem Klärwerksmeister erfolgreich betriebenes, unverändertes Tropfkörper- oder Belebungsverfahren hat sicher nicht viel mit Umweltbiotechnologie zu tun, kann aber zukünftig von umweltbiotechnologischen Erkenntnissen beeinflußt werden.

Die gesamten Märkte für den Bereich Wasseraufbereitung, Abwasserklärung und Schlammbehandlung wurden 1994 von Kaiser geschätzt (ohne Angabe der Erfassungsmethodik). Ersichtlich wird aus dieser Aufstellung, daß auch insbesondere in den anderen europäischen Ländern noch erheblicher Nachholbedarf besteht.

Tabelle 13. Gesamtmarktvolumen Westeuropa in Milliarden DM (Aus Kaiser 1994)

Jahr	1993	1995	2000	2005
Westeuropa gesamt	57,90	64,90	87,80	118.6
Bundesrepublik Deutschland	19,70	21,70	28.8	35,30
England	7,50	8,40	10,90	15,20
Frankreich	7,00	7,70	10,10	14,10
Spanien	2,80	3,3	5,00	8,20
Irland	0,50	0,60	1,10	1,60
Schweden	1,70	1,90	2,50	3,20

In der biologischen Abwasserreinigung werden in ganz Europa die Einführung von Nitrifikations- und Denitrifikationsverfahren noch erhebliche Anstrengungen erfordern, da neben verfahrenstechnischen Änderungen vielfach bauliche Erweiterungen notwendig werden. In der Bundesrepublik wurde dieser Weg bereits vor

Jahren eingeschlagen und ist in weiten Teilen bereits realisiert, mindestens aber geplant. Durch den in Europa wachsenden Anschlußgrad der Bevölkerung an vorhandene oder neu zu errichtende Kläranlagen werden zusätzlich erhebliche Mengen Klärschlamm anfallen, die durch anaerobe Verfahren reduziert werden. Auch Kompostierungsverfahren können einen Beitrag zur anschließenden Wiederverwertung der Klärschlämme leisten.

Für den industriellen Bereich gibt es Tendenzen zur Rückgewinnung und Kreislaufführung von Abwasser. Die restlichen verbleibenden Abwässer sind häufig hoch konzentriert und eignen sich auch aus Kosteneinsparungsgründen für eine Vorbehandlung vor der Einleitung in die kommunalen Kläranlagen. Derzeitige und zukünftige Märkte für biologische Verfahren zur Vorreinigung von Industrieabwässern haben daher interessante Perspektiven.

7.4 Bioabfallbehandlung

Erhebliche Kapazitäten existieren bereits bei der Behandlung von Bioabfällen. Neben Kompostierungsanlagen entstehen in jüngster Vergangenheit zunehmend auch anaerobe Bioabfallbehandlungsanlagen.

Maßgeblich für die weitere Entwicklung dürfte die Umsetzung oder Änderung der TA Siedlungsabfall sein, die ab dem Jahr 2005 nur noch einen Anteil organischer Inhaltsstoffe von 5% für die Deponierung zuläßt. Nach heutigem Kenntnisstand kann dieser Wert nur mit Verbrennungsverfahren und nicht mit biologischen erreicht werden. Verfahren zur mechanisch-biologischen Restmüllbehandlung haben daher eine schwierige Perspektive, obwohl zunehmend versucht wird, diese Verfahren sinnvoll vor eine Verbrennung zu schalten. Der aktuelle Stand der Behandlung von Bioabfällen im Jahr 1995 wird für einige ausgewählte Bundesländer in der Tabelle 14 dargestellt (Ulrich 1995).

Nach Untersuchungen von Kaiser (1994) gibt es auch in anderen europäischen Ländern erhebliche Aktivitäten zur biologischen Behandlung von Bioabfall und Grünabfall. Die Verwertung des Biomülls erfolgt demnach in Österreich und der Schweiz bereits bei über 30% der Bevölkerung. In Spanien besteht ein Anschlußgrad von 11%. In den Niederlanden ist ein Anlage mit einer Verarbeitungskapazität von 50.000 Mg pro Jahr in der Planung.

Die weitere Marktentwicklungen dieser Verfahren in der Bundesrepublik Deutschland dürfte sich aufgrund oben genannter gesetzlicher Bestimmungen in nächster Zukunft klären.

154

Tabelle 14. Aktueller Stand der Behandlung von Bioabfällen 1995. (Aus Ulrich 1995)

Bundesland	Durchsatz [t/Jahr]	Anzahl der Anlagen
Baden-Württemberg	Unbekannt	50 (Grünabfall) 16 (Bioabfall)
Bayern (1993)	322.000 Grünabfall 390.500 davon 187.000 Bioabfall	190 78
Brandenburg	Unbekannt	37 (Angaben unvollständig)
Hessen	Mittelfristiger Anschluß aller Einwohner geplant	3 (Grünabfall) 56 (Bioabfall)
Mecklenburg-Vorpommern	Unbekannt	23 im Bau oder in Betrieb
Niedersachsen	528.500 (Kapazität)	67 von 30 Anlagen keine Angaben über Kapazitäten vorhanden
Nordrhein-Westfalen	1.008.000 (Kapazität)	59
Rheinland-Pfalz	380.400 (Kapazität)	18
Sachsen	Unbekannt	17
Sachsen-Anhalt	Unbekannt	28
Thüringen	Unbekannt	44

8 Forschung und Entwicklung

8.1 Einführung

Perspektiven der Umweltbiotechnologie entwickeln sich derzeit in Deutschland immer wieder aus den intensiven Forschungsaktivitäten an Universitäten und anderen Forschungseinrichtungen. Grundlegende Arbeiten zum Abbau von einzelnen Stoffen oder von Schadstoffgemischen mit Rein- oder Mischkulturen von Mikroorganismen liefern dabei Hinweise auf mögliche praktische Einsatzbereiche. Im Labor werden diese weiter untersucht und oft bis in den halbtechnischen Maßstab entwickelt. Einige Ansätze werden von der Industrie aufgegriffen und weiterverfolgt.

Die in der Praxis der Bodenreinigung erreichten Erfolge - es werden heute große Mengen mineralölbelasteter Böden biologisch gereinigt - sind jedoch fast ausschließlich der innovationsfreudigen Industrie zu verdanken, die diese Verfahren in kürzester Zeit erfolgreich in die Praxis umgesetzt hat. Hier wäre wissenschaftliche Begleitung durch außenstehende Institutionen hilfreich, wünschenswert und erfolgversprechend.

Für das Gebiet der biologischen Abwasserreinigung können Biologen und Mikrobiologen bisher nur sehr vereinzelte praxisnahe Ergebnisse nachweisen. Die Entwicklungen innovativer biologischer Verfahren sind in der Abwasserreinigung bisher überwiegend den Verfahrenstechnikern zu verdanken. Durch die Optimierung von Belüftung, Durchmischung, Stoffübergang und anderen Parametern konnten bemerkenswerte Erfolge erzielt werden. Auch hier ist der Anteil der biologischen Wissenschaften an praxisnahen Entwicklungen noch sehr gering. In die mittelfristige Zukunft gerichtete Perspektiven sind auch hier bereits nicht mehr erkennbar.

Da es sehr schwer ist, Forschung und Entwicklung im Hinblick auf ihre heutige und zukünftige Bedeutung einzuschätzen, will ich nicht behaupten, daß die folgende Übersicht einiger ausgewählter Veröffentlichungsthemen der DECHEMA-Jahrestagungen (Umwelttechnik, Band II 1995, 1996) die Marktrenner von morgen zeigt. Es sind jedenfalls potentiell erfolgreiche Innovationen, die auch die Verschiedenheit der Forschungsrichtungen verdeutlichen:

- Neue Erkenntnisse beim Abbau polychlorierter aromatischer Kohlenwasserstoffe Ch. Fieseler, B. Noll, Bitterfeld.

- Untersuchung der mikrobiellen Transformation von 2,4,6-Trinitritrotoluol im Hinblick auf die Entwicklung eines technischen Sanierungsverfahrens T. Held, Darmstadt.

- Mikrobieller Abbau von Isolieröl I. Bolotina, J. König, M. Ringpfeil, Berlin.

156

- Metabolisierung und Mineralisierung von Monochlor- und Monofluorphenolen durch *Penicillium simplicissimum* SK 117 J. Marr, St. Kremer, H. Anke, Kaiserslautern.

- Abbau von Phenanthren durch Pilze U. Sack, W. Fritsche, R. Martens, Braunschweig.

- Modelluntersuchungen zum mikrobiellen Phenanthrenabbau mit Tensidzusatz Ch. Schippers, Th. Scheper, Münster.

- Einsatz eines Gas-Feststoff-Wirbelschichtbioreaktors bei der Altlastensanierung W. Behns, K. Friedrich, H. Haida, H.J. Künne, Magdeburg.

- Thermophiler Abbau von gegerbtem Leder U. Merretig-Bruns, V. Knappertsbusch, Oberhausen.

- Biosorption von Schwermetallen durch *Azotobacter vinelandii* T. Seeger, W.Y. Baik, M. Koch, W. Hartmeier, Aachen.

- Biologische Prozesse an einer Säureharzdeponie, D. Seethaler, H.D. Römermann, Schwabach.

- Untersuchungen zum anaeroben Abbau von Biokunststoffen, P. Weiland, Braunschweig.

Als theoretische Perspektive für viele neue Anwendungen stellen sich bereits seit Jahren thermophile Bakterien dar. Eine Vorstellung ist, beispielsweise unter hohen Temperaturen Enzyme zur Anwendung in Waschmitteln zu erzeugen, die auch bei sehr hohen Temperaturen in der Waschmaschine noch funktionieren.

In jüngster Vergangenheit hat es an der Technischen Universität Hamburg-Harburg eine Reihe hochinteressanter Versuche zur Anwendung der Leistungen thermophiler Organismen gegeben, z.B.:

- Biologische Bodenreinigung bei hohen Temperaturen; aus den Lebensräumen thermophiler Organismen konnten solche isoliert werden, die PAK, aliphatische Kohlenwasserstoffe und Phenol abbauen. In Schlammbioreaktoren konnte gezeigt werden, daß die biologische Bodenreinigung bei Temperaturen von 60–80°C möglich ist (Feitkenhauer 1996).

- Ein aus der Stadt Bitterfeld isolierter Bakterienstamm wächst bei 60°C mit Naphthalin als einziger Kohlenstoff- und Energiequelle (Hebenbrock et al.1996)

- Ein aus den heißen Quellen Islands isolierter Bakterienstamm wächst bei 65°C mit den Substraten Ölivenöl, Sojaöl und Sonnenblumenöl. Das

Enzymsystem dieses Stammes zur Spaltung von Fetten zeigt optimale Aktivität bei Temperaturen von 65°C und bietet daher Perspektiven zum Einsatz in Waschmitteln (Markossian et al.1996). .

♦ Bei Bakterienstämmen der Gattung *Thermotogales* wurden Enzyme gefunden, die Peptide (Eiweißbruchstücke) bei Temperaturen von 40–120° C und in einem pH-Bereich von 6–12 spalten. Die Enzyme erwiesen sich als außerordentlich stabil, z.B. auch gegenüber Detergentien, und haben daher eine vielversprechende Perspektive für den industriellen Einsatz (Friedrich et al.1996).

Forschungsarbeiten zum Themenbereich "Energiegewinnung unter Zuhilfenahme der Umweltbiotechnologie" sind noch die Ausnahme, werden aber auch bereits vereinzelt eingeschlagen (Hackethal 1996). Weder die Gewinnung von Wasserstoff mit umweltbiotechnologischen Verfahren noch die gezielte technische mikrobielle Kohlendioxidfixierung als Beispiele für längerfristige Perspektiven konnten jedoch anders als in Japan bisher in nennenswertem Umfang in der Bundesrepublik Deutschland verwirklicht werden.

Insgesamt gesehen wurde zwar in Deutschland mittlerweile die potentielle Bedeutung der Umweltbiotechnologie erkannt. Die Förderung des Projektes "Netzwerk Umweltbiotechnologie" durch das Bundesministerium für Bildung und Forschung bestätigt dies. Klar strukturierte Entwicklungsrichtungen können jedoch als Ergebnis dieser Initiative erst in einigen Jahren erwartet werden.

Eine thematische Steuerung oder Ausrichtung der Forschungs- und Entwicklungsaktivitäten in der Bundesrepublik Deutschland ist bisher nicht erkennbar und wird von vielen Wissenschaftlern auch gar nicht gewollt. Eine Vielzahl unterschiedlichster Richtungen entwickeln sich daher zur Zeit ziel- und planlos parallel nebeneinander her. Zur großflächigen, kostengünstigen Umweltsanierung und zur Weiterentwicklung umweltechnischer Potentiale wäre hier eine Herausarbeitung und Darstellung klar erkennbarer Tendenzen und Entwicklungsmöglichkeiten hilfreich.

Für eine internationale Einschätzung des Standes von Forschung und Entwicklung und zukünftiger Einsatzfelder sei die Studie der OECD "Biotechnology for a Clean Environment, Prevention, Detection and Remediation" aus dem Jahr 1994 empfohlen. Aufgabe dieses Buches kann es nicht sein, fehlende Strategien in der Entwicklung der Umweltbiotechnologie herauszuarbeiten, sondern allenfalls Hinweise auf bestehende Entwicklungen zu geben.

8.2 Gentechnologie

Ein bisher in diesem Buch noch nicht berücksichtigtes Arbeitsgebiet mit Bedeutung für Forschung und Entwicklung der Umweltbiotechnologie ist die Gentechnologie. Fälschlich im täglichen Sprachgebrauch gleichgesetzt werden nicht selten Gentechnologie und Biotechnologie, vielleicht weil in der produzierenden Biotechnologie einige pharmazeutische Produkte mittlerweile mit gentechnisch veränderten Mikroorganismen erfolgreich hergestellt werden.

Da jedoch die ökologischen Grundlagen des Zusammenlebens und -arbeitens von Mikroorganismen noch nicht ausreichend verstanden werden, wie auch in Kap. 3.3 beschrieben wird, können in der praktischen Anwendung umweltbiotechnologischer Verfahren zur Zeit und in überschaubarer Zukunft keine gentechnologisch veränderten Organismen eingesetzt werden. Das Verhalten von gentechnisch veränderten Schadstoffabbauern, insbesondere in komplexen natürlichen Mischkulturen von Mikroorganismen, kann weder zielgerichtet eingesetzt, noch genügend kontrolliert werden. Trotzdem sind Problemstellungen bzw. Bereiche denkbar, in denen die Gentechnik in der Zukunft eine Rolle spielen könnte.

Trotz wesentlich anderer Einstellung und fortschrittlichen Entwicklungsarbeiten auf dem gesamten Gebiet der Gentechologie hat man auch in den USA großtechnisch bisher keine gentechnisch veränderten Mikroorganismen in der Umweltbiotechnologie eingesetzt. Ein Patent für einen solchen Stamm existiert jedoch bereits seit 1981 (Chakrabarty 1981).

Ein erster Freilandversuch - unterstützt von der nationalen US Umweltbehörde EPA - wurde im März 1996 in Tennessee, USA genehmigt (Biotreatment News 1996). In einem Lysimeterversuch werden ab Spätsommer 1996 genetisch veränderte Mikroorganismen der Art *Pseudomonas fluorescens* getestet. Zur besseren analytischen Überwachung des biologischen Abbaus wurden dem Bakterium im Labor Gene eingebaut, die es beim Abbau von Naphthalin (PAK) veranlassen, Leuchtsignale abzugeben. Diese Signale können mittels Prozeßsonden leicht analysiert werden. Die Wiederauffindbarkeit des genetisch veränderten Bakteriums wurde durch den Einbau eines Resistenzgens gegen das Antibiotikium Tetracyclin sichergestellt. Bei Zugabe von Tetracyclin läßt sich daher *Pseudomonas fluorescens* selektiv isolieren. Das durch die Versuchsanlage sickernde Wasser wird aufgefangen und sterilisiert. Der Boden wird nach Abschluß des Versuchs verbrannt.

Nicht nur das Schicksal des genetisch veränderten Bakteriums im verunreinigten Boden, sondern auch das Verhältnis zu den anderen im Boden anwesenden Mikroorganismen kann so untersucht werden.

Ziel eines im folgenden beschriebenen Forschungsprojektes in der Bundesrepublik Deutschland war und ist es, die als persistent geltende Schadstoffgruppe der PCB einem biologischen Abbau zugänglich zu machen (VDI-Nachrichten, Heft 44 1995). Innerhalb dieser Schadstoffgruppe mit ungefähr 200 chemisch ähnlichen xenobiotischen Komponenten sind diejenigen besonders schwer abbaubar, die über eine große Anzahl von Chloratomen verfügen. Viele natürlich vorkommende Mikroorganismen - auch aus belasteten Quellen - können zwar einige PCB angreifen und z.T. auch in unschädliche Produkte umwandeln. Es gibt jedoch auch PCB, die bisher nicht abgebaut werden können. Als Beispiel untersuchten die Forscher der Gesellschaft für Biotechnologische Forschung u.a. die Zersetzung von 4-Chlorbiphenyl. Die Forschungsergebnisse zeigten, daß beim mikrobiologischen Abbau des 4-Chlorbiphenyl das antibiotisch wirkende Zwischenprodukt Protoanemonin entsteht, welches die abbauenden Mikroorganismen abtötet und dadurch den Abbauprozeß vollständig zum Erliegen bringt. Den Abbauweg natürlicher Mikroorganismen von 4-Chlorobiphenyl zu Protoanemonin (Variante A Abb.55) und einen gentechnischen Ausweg aus der Sackgasse dieses Abbauweges (Variante B) zeigt die Abb. 55.

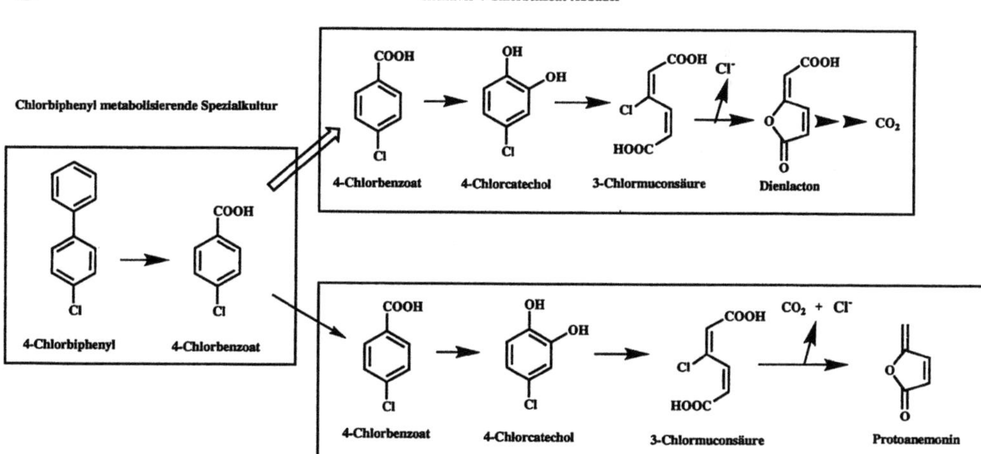

Abb. 55. Abbauweg der natürlichen Mikroflora (A) mit dem antibiotisch wirksamen Endprodukt Protoanemonin und Abbauweg einer Spezialkultur (B)

Neben der Möglichkeit, die Sackgasse durch die Zugabe einer Spezialkultur zum Abbau einer Vorstufe zu umfahren, gibt es auch Auswege über die Kombination der Abbauwege in einem einzigen Organismus.

Ziel der Arbeiten an der GBF war es, gentechnisch ein Bakterium zu erzeugen, das einerseits alle PCB-abbauenden Prozesse alleine bewerkstelligt, andererseits kein Protoanemonin als Antibiotikum mehr erzeugt. Hierzu schleusten die Wissenschaftler eine Gensequenz aus einem Stamm, der den ersten Abbauschritt beherrscht, in unterschiedliche Organismen, die die nachfolgenden Schritte beherrschen. In den Laborversuchen konnten so Kulturen erhalten werden, die 4-Chlorbiphenyl nahezu vollständig zu Kohlendioxid und Wasser umsetzen. Diese werden zur Zeit im Labor auf die Eignung zur Reinigung belasteter Sedimente geprüft. Die bisherigen Ergebnisse sind ein vielversprechender Fortschritt.

Gleichzeitig arbeitet eine andere Forschergruppe der GBF an der Begrenzung des Risikos bei der Freisetzung gentechnisch veränderter Mikroorganismen. Neben dem Einbau der Abbaugene an relativ sichere Stellen im Erbgut gibt es zusätzlich andere Sicherheitsstrategien. In der GBF wird beispielsweise am gentechnischen Einbau von "Selbstmordmechanismen" in abbauende Mikroorganismen gearbeitet. Ziel ist es, das Wachstum der gentechnisch veränderten Mikroorganismen nur in einer bestimmten festgelegten Umgebung oder in einem definierten Zeitintervall zu ermöglichen. Den Mikroorganismen werden hierzu gentechnisch Mechanismen zur Selbstzerstörung eingebaut, die nach dem planmäßigen Abbau der Schadstoffe ausgelöst werden sollen. Das Beispiel dieser Forschungsarbeiten macht erneut deutlich, welche erheblichen Unterschiede die Arbeit mit Reinkulturen von Mikroorganismen im Labor oder Bioreaktor im Kontrast zur Arbeit mit undefinierten komplexen Mischkulturen mit sich bringen.

Während im räumlich durch sterile Verhältnisse abgegrenzten Bioreaktor Versuche mit gentechnisch veränderten Mikroorganismen aufschlußreiche Ergebnisse erbringen, kann bei der praktischen Arbeit mit ganzen Ökosystemen von Mikroorganismen in der Boden-, Abwasser- oder Abluftreinigung die Gentechnik noch gar keine Rolle spielen. Da über die natürlichen Abbaufähigkeiten der Mikroorganismen noch viel zu wenig bekannt ist, erscheint es vor diesem Hintergrund wesentlich sinnvoller, zunächst einen Überblick über die natürlichen Fähigkeiten von einzelnen Mikroorganismen, aber auch von mikrobiellen Ökosystemen zu bekommen, bevor dann über den Einsatz der Gentechnik nachgedacht werden kann.

Aus der Beschäftigung mit der Umweltbiotechnologie, der Erkenntnis der Komplexität der mikrobiellen Ökologie und den Schwierigkeiten mit der Übertragung der im Labor erhaltenen Ergebnisse auf den technischen Maßstab resultiert eine Erkenntnis, die im krassen Gegensatz zu den bekannten Theorien des "ökologischen Gleichgewichts" steht:

"No microbial system is ever in a steady state
but changes with respect to time" oder übersetzt:

"kein mikrobielles System ist jemals im Gleichgewicht,
vielmehr ändert es sich mit der Zeit" (OECD 1994)

9 Ausgewählte Perspektiven

9.1 Einführung

In vielen Bereichen der Umweltbiotechnologie entstehen heute aufgrund intensiver Forschung- und Entwicklung an Hochschulen, Forschungseinrichtungen und in der Industrie neue Verfahren. In den folgenden Kapiteln konnten lediglich einige Beispiele subjektiv ausgewählt werden, die stellvertretend für eine Vielzahl sehr unterschiedlicher Verfahren und Entwicklungsrichtungen stehen und damit wieder die Komplexität der Möglichkeiten insgesamt aufzeigen sollen.

9.2 Boden- und Grundwasserreinigung

Als Einstieg in die Perspektiven der Grundwassersanierung eignet sich die Beschreibung des Vorgehens bei einem typischen realen Sanierungsfall und die daraus resultierende Entwicklung eines auf diesen speziellen Schaden zugeschnittenen Verfahrens.

Bei Fertigstellung dieses Buches war die Entwicklung des Verfahrens und die Pilotphase des Projektes abgeschlossen. Die großtechnische Sanierung wurde gerade begonnen. Vorhergegangen waren bereits einige Jahre der Erkundung des Geländes und der Schadstoffe.

Da der geplante Sanierungszeitraum mehrere Jahre umfaßt und die für die Sanierung Verantwortlichen sehr offen auch in Veröffentlichungen über ihre Erfahrungen berichten (Rohns et al. 1995), eignet sich das Beispiel besonders zur zukünftigen weiteren Verfolgung des Sanierungsverlaufs durch den Leser.

Das Beispiel behandelt den ehemaligen Gaswerkstandort Düsseldorf-Flingern. Da durch die sanierungspflichtigen Stadtwerke Düsseldorf AG mit erheblichem Aufwand viele wichtige Daten gesammelt und wissenschaftlich ausgewertet werden, kann man auch zukünftig aus diesem Projekt resultierende qualifizierte und verwertbare Informationen erwarten.

Im Zuge der Industrialisierung wurde im letzten und bis in dieses Jahrhundert hinein ein bedeutender Teil des Energiebedarfs durch Stadtgas gedeckt. Bei der Veredelung von heimischer Steinkohle in Kokereien und Gaswerken wurden die flüchtigen Bestandteile der Kohle thermisch ausgetrieben und größtenteils als Stadtgas genutzt. Reste dieser Produktion finden sich regelmäßig an fast allen ehemaligen Standorten von Gaswerken und Kokereien, da der Boden nicht oder unvollständig versiegelt. Ein Bewußtsein für die Umweltrelevanz der Stoffe existierte noch nicht.

Eine schematische, historische Ansicht des ehemaligen Standortes zeigt die Abb. 56.

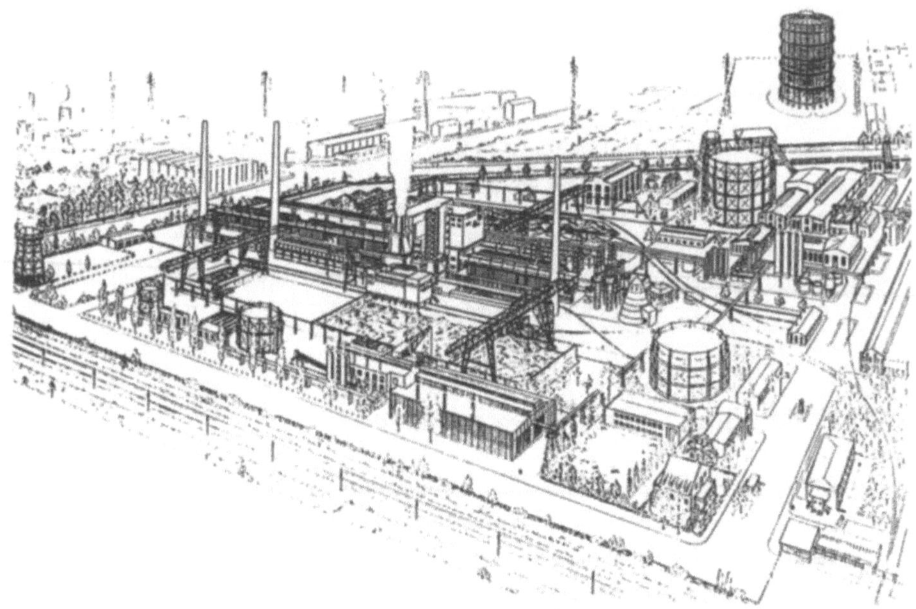

Abb. 56. Historische Ansicht des ehemaligen Gaswerkstandortes Düsseldorf-Flingern

Insbesondere Teeröle, Ammoniak und in den Untergrund gelangte flüchtige Kohlenwasserstoffe wie Benzol, Toluol, Ethylbenzol und Xylol (BTEX) und PAK lassen sich heute in unterschiedlicher Zusammensetzung und Konzentration an diesen ehemaligen Standorten feststellen. Viele dieser Stoffe, insbesondere BTEX und PAK, haben nachweislich toxische und/oder krebsauslösende Wirkung und können daher nicht unbeachtet bleiben.

Im beschriebenen Fall wurde nicht nur der unter der Kokerei liegende Boden über lange Zeiträume stark verunreinigt. Aufgrund des kiesig-sandigen und gut durchlässigen Bodens sickerten diese Stoffe in erheblichen Konzentrationen im Laufe der Jahrzehnte sogar bis in das Grundwasser. In Fließrichtung des Grundwassers entstand so eine ca. 600 m lange sogenannte "Fahne" der Schadstoffe, die jedoch die Grenze des Betriebsgrundstückes noch nicht erreichte und daher noch keinen weiteren Schaden anrichtete.

Die Verunreinigung des Grundwassers bewegt sich dabei auch unter bestehenden Gebäuden hindurch. Bei ungehinderter weiterer Ausbreitung besteht die Gefahr, daß in ferner Zukunft auch Regionen erreicht werden, in denen aus dem Grundwasser Trinkwasser gefördert wird. Nicht nur um eine neue Nutzung des Geländes zu ermöglichen, sondern auch um die weitere Ausbreitung des Schadens zu verhindern, sind also Maßnahmen zur Beseitigung der toxikologisch bedenklichen Schadstoffe zu treffen.

Für den in den oberen Schichten lagernden Boden des ehemaligen Gaswerksstandortes gestalten sich Sanierungsmaßnahmen noch recht einfach. Der mit Schadstoffen belastete Boden kann unter Einsatz von Schutzmaßnahmen ausgebaggert und deponiert oder alternativ in bestehenden Bodenreinigungsanlagen gereinigt und wiederverwertet werden.

Viel schwieriger stellt sich die Situation für das hoch mit Schadstoffen belastete Grundwasser dar. Ein einfaches Abpumpen alleine hilft nicht, da die Schadstoffe nur z.T. in der Wasserphase vorliegen. Der andere erhebliche Teil liegt in den Porenräumen und an die Bodenpartikel gebunden vor. Selbst bei einer vollständigen Entfernung des kontaminierten Wassers würde also nachströmendes Grundwasser erneut verunreinigt. Zudem würden beim vollständigen, schnellen Abpumpen neben technischen Schwierigkeiten auch unkontrollierbare Ausgasungen der flüchtigen Schadstoffe stattfinden. Eine aufwendige Reinigung des geförderten belasteten Grundwassers wäre vor einer Einleitung in die städtische Kanalisation zudem zusätzlich notwendig. Insgesamt wäre eine solche Sanierung unsicher und die Maßnahme wirtschaftlich untragbar. Es eignen sich dagegen Methoden oder Verfahren, mit denen eine Zerstörung der Schadstoffe direkt im Grundwasser erreicht werden kann (In-situ-Verfahren).

Da kein Schadensfall dem anderen gleicht und die meisten In-situ-Verfahren immer noch auf den Einzelfall zugeschnitten sind, ist vor der Auswahl eines solchen Verfahrens häufig ein Eignungs- und Anpassungstest im Rahmen eines Pilotversuchs ratsam. So wurde auch in diesem Fall vorgegangen.

Aus wasserrechtlichen Gründen ist bei In-situ-Verfahren das Einbringen von Fremdstoffen in das Grundwasser nicht gestattet. Chemische Verfahren scheiden daher von vornherein aus.

Auch physikalische Methoden haben im komplexen Grundwassersystem keine gute Angriffsmöglichkeit für die Schadstoffe. Mittels chemischer Oxidation lassen sich zwar geringe Schadstoffkonzentrationen im Grundwasser erfolgreich reinigen, für die zu erwartenden Konzentrationen von mehreren Dutzend mg/l BTEX und großen Wassermengen eignen sich diese Verfahren jedoch ebenfalls nicht. Die Absaugung der verunreinigten Bodenluft hätte nur einen geringen Effekt gehabt. Die im Wasser gelösten und die nichtflüchtigen Schadstoffe können mit einer Bodenluftabsaugung nicht entfernt werden. Mit elektrokinetischen Verfahren lassen sich die überwiegend unpolaren Schadstoffe nicht mobilisieren; sie fallen für diese Sanierungsmaßnahme daher aus.

Man ahnt es schon, die natürliche Selbstreinigungskraft kann im vorliegenden Fall helfen - und das ohne schwerwiegende Eingriffe in die natürlichen Grundwasserverhältnisse und ohne zusätzliche Gefährdung der Umgebung.

Vor Beginn der technischen Umsetzung des In-situ-Verfahrens mit schwierig abbaubaren Schadstoffen - wie in diesem Fall BTEX-Aromaten - mußte geklärt werden, welche Mikroorganismenpopulation im Verfahren eingesetzt werden kann. Neben der richtigen Startpopulation interessierte in der Phase der Sanierungsplanung vor allem auch die Frage, ob mit den Mikroorganismen alleine im Untergrund gearbeitet werden kann oder ob zusätzlich zur Unterstützung oberirdische Maßnahmen eingesetzt werden sollten.

164

Auch im Grundwasser leben Mikroorganismen. Die dortige Mikroflora wächst allerdings mangels organischer Verbindungen - Grundwasser enthält im allgemeinen nur Spuren organischer Stoffe - häufig primär aufgrund anorganischer Umsetzungen. Der Abbau organischer Stoffe bewegt sich im unbelasteten Grundwasser in wesentlich geringeren Größenordnungen als z.B. in Oberflächenwässern, einfach weil das Grundwasser sauber ist. Im unbelasteten Grundwasserleiter existiert daher keine geeignete schadstoffabbauende Population von Mikroorganismen.

In mit Schadstoffen belasteten Grundwässern - wie hier unter dem ehemaligen Gaswerkstandort - findet man dagegen häufig eine andere Situation vor. Schadstoffabbauer wurden wahrscheinlich bereits mit dem anströmenden Grundwasser oder noch wahrscheinlicher von der Oberfläche her mit versickerndem Regenwasser antransportiert. Im Untergrund hatten sie sich den Schadstoffen bereits angepaßt und mit der Arbeit begonnen. Zwischenprodukte des biologischen Abbaus waren nachweisbar. Der gelöste Sauerstoff sowie der Nitratsauerstoff im Grundwasser waren bereits aufgezehrt. Von der ursprünglichen Nitratkonzentration des unbelasteten Grundwassers von 30–40 mg/l war nichts mehr nachweisbar. Denitrifikanten, die als Kohlenstoff- und Energiequelle wahrscheinlich die Schadstoffe nutzten, hatten jeglichen verfügbaren Sauerstoff bereits verbraucht.

Die Schadstoffabbauer konnten mit aufwendigen analytischen Verfahren quantitativ und qualitativ bestimmt werden. Die Analysen gaben erste Anhaltspunkte für die Verwendbarkeit der vorhandenen Mikroorganismen als Startpopulation. Wichtig dabei war nicht nur die nachweisbare Gesamtzahl der am Schadstoffabbau beteiligten Mikroorganismen, sondern die Anzahl aller vorhandenen Mikroben.

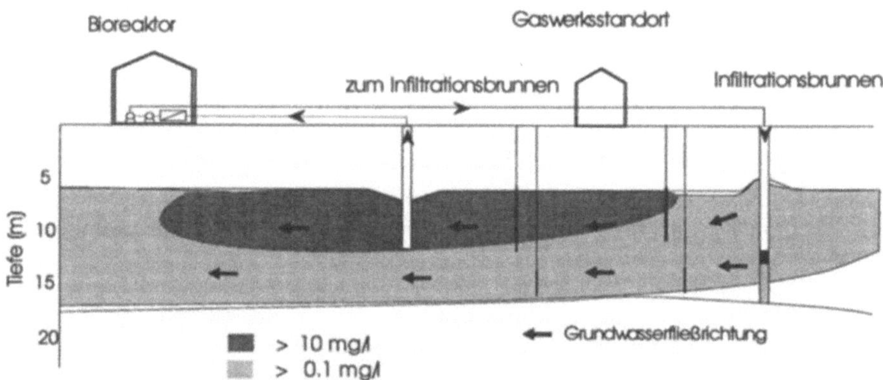

Abb. 57. Grundwasserreinigung der Stadtwerke Düsseldorf AG auf einem ehemaligen Gaswerkstandort. Das Grundwasser fließt von rechts nach links durch den verunreinigten Bereich. Es wird in der Mitte des Schadensherdes entnommen, in einem Bioreaktor gereinigt und anschließend mit Nährstoffen und Sauerstoff angereichert über einen Infiltrationsbrunnen. Die dunkelgrauen Bereiche weisen Konzentrationen von über 10 mg/l BTEX auf

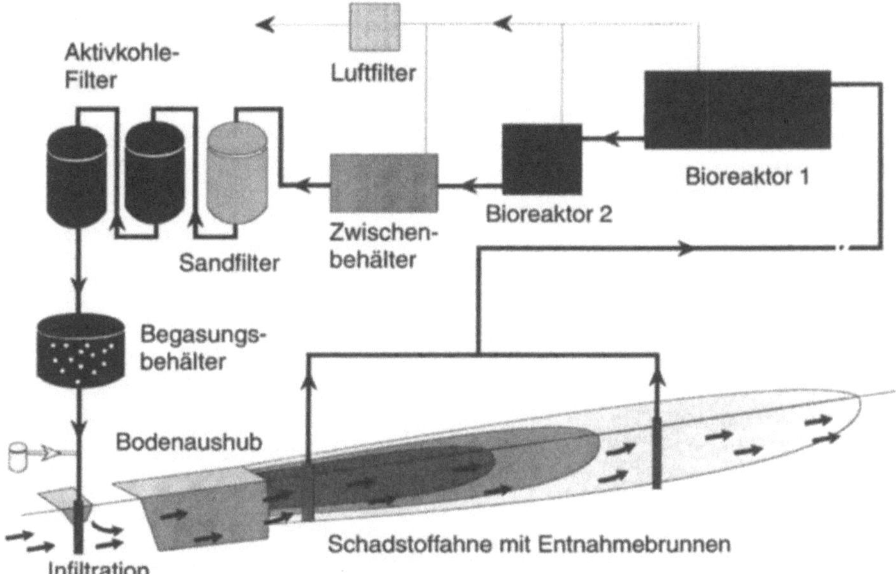

Abb. 58. Schematische Darstellung der Sanierungsanlage im Gaswerk Düsseldorf-Flingern

Für den oben beschriebenen ehemaligen Gaswerkstandort wurde aufgrund günstiger mikrobieller Besiedlungsvoraussetzungen und der geologischen Situation die Nutzung des biologischen Abbaus im Untergrund überlegt.

Vor der Realisierung der in Abb. 57 und 58 dargestellten Anlage mußten allerdings zusätzlich eine Vielzahl von Voruntersuchungen angestellt werden, die sich nicht nur auf die genaue Lage und Größe der Schadstofflinse und deren Schadstoffpotential, sondern auch auf das Potential der Schadstoffabbauer und deren Stoffwechselprodukte bezogen. Nachdem sicher feststand, daß es genügend Mikroorganismen im Untergrund gibt, die die schwierigen BTEX-Schadstoffe biologisch angreifen, konnte ein Pilotversuch gestartet werden. Das Konzept gestaltete sich dabei wie folgt:

- Förderung des überwiegend mit PAK und BTEX belasteten Grundwassers im Zentrum der Schadstoffahne,
- kontinuierliche Reinigung des geförderten Wassers oberirdisch in Bioreaktoren, falls erforderlich unter Zugabe von Nährstoffen,
- Abtrennung von Mikroorganismen und ausgefälltem Eisenschlamm in einem nachgeschalteten Sandfilter,
- Nachreinigung des Wassers mit Aktivkohle,
- Anreicherung des gereinigten Wassers mit Sauerstoff,
- Reinfiltration des gereinigten Wassers über Schluckbrunnen,
- Förderung der biologischen Abbauprozesse im Untergrund durch das angereicherte reinfiltrierte Wasser.

Die Hauptschwierigkeiten dieses Konzeptes lagen zunächst bei der sicheren biologischen Entfernung der flüchtigen BTEX-Komponenten in den Bioreaktoren sowie bei der gezielten Förderung des Wachstums der Mikroorganismen im Untergrund.

Die Reinigung des Wassers in den Bioreaktoren erwies sich wegen der notwendigen Sauerstoffversorgung als problematisch. Die vorhandenen heterotrophen Mikroorganismen sollten möglichst als alleinige Kohlenstoff- und Energiequelle die BTEX-Aromaten nutzen. Die sonst bei Abwasserreinigungsverfahren und in Bioreaktoren übliche und notwendige intensive Belüftung zur Versorgung der Abbauer mit Sauerstoff als Elektronenakzeptor kam hier nicht in Frage. Ausgasungen und damit eine Verlagerung der BTEX-Aromaten in die Gasphase wären die Folge gewesen. Die Schadstoffe wären dann zwar aus dem Wasser entfernt worden, hätten aber in der Abluft erneut Probleme verursacht. Eine vollständige Beseitigung wäre so nicht möglich gewesen.

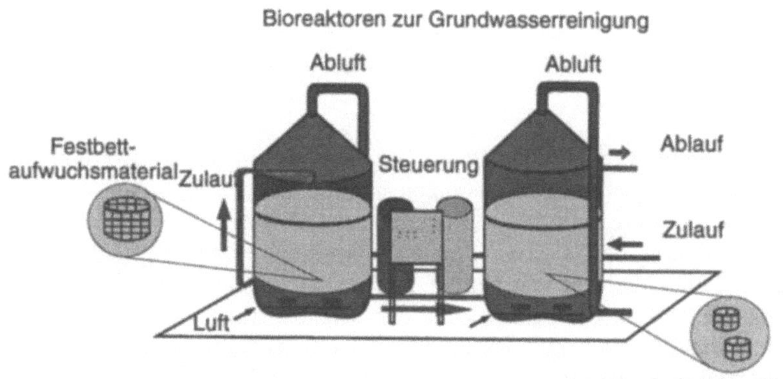

Abb. 59. Bioreaktoranlage zur Reinigung belasteten Grundwassers. Die Mikroorganismen reinigen das Grundwasser dabei in zwei hintereinandergeschalteten Festbettbioreaktoren. Zur Vermeidung von Verstopfungen durch mineralische Bestandteile und Mikroorganismen wird im ersten Bioreaktor (*links*) ein Festbettaufwuchsmaterial mit einer geringen Oberfläche pro Volumeneinheit ausgewählt. Da im zweiten Bioreaktor (*rechts*) nicht mit Verstopfungen gerechnet werden muß, kann dort ein Festbettaufwuchsmaterial mit einer hohen Oberfläche pro Volumeneinheit eingesetzt werden.

Die Bioreaktoren (Abb. 59) bzw. die schadstoffabbauenden Mikroorganismen wurden daher nicht mit Luftsauerstoff, sondern zusätzlich versuchsweise mit Wasserstoffperoxid beatmet. Wasserstoffperoxid (H_2O_2), bekannt als aggressives Oxidations- und Bleichmittel, wird in niedrigen Konzentrationen von Mikroorganismen durch das Enzym Katalase zersetzt. Der dabei freiwerdende Sauerstoff kann für die Atmung genutzt werden. Die Durchlüftung und damit der Austrag der flüchtigen Schadstoffe kann so deutlich verringert werden. Insbesondere an entlegenen Sanierungsorten, z.B. ohne ausreichende Stromversorgung, kann H_2O_2 mittels einer einfachen Dosierpumpe für die Belüftung eines biologischen Verfahrens sorgen.

Noch wirkungsvoller kann Nitrat als Sauerstoffspender funktionieren. Wie im Kap. 4.2 beschrieben, können viele Mikroorganismen bei Mangel an Luftsauerstoff den im Nitratmolekül (NO_3^-) gebundenen Sauerstoff für ihre Atmung nutzen. Nitrat kann dabei in beliebigen Konzentrationen im Wasser gelöst werden - anders als Sauerstoff, von dem nur sehr wenig im Wasser gelöst wird. Bei Raumtemperatur lösen sich ca. 8 mg/l Sauerstoff im Wasser. Nitrat könnte - falls sinnvoll und mikrobiologisch beherrschbar - in einer Dosierung von mehreren Tausend mg/l eingesetzt werden. Auch durch den Einsatz von Nitrat kann so die Ausgasung von flüchtigen Stoffen vermieden werden.

Eine in vergleichbaren Fällen bereits erfolgreich praktizierte Versorgung der Mikroorganismen mit Nitrat als Elektronenakzeptor genehmigten jedoch die beteiligten Behörden mit Hinweis auf das Wasserhaushaltsgesetz nicht. Nach der Ausarbeitung dieser Versuchsplanung wurde ein halbjähriger Pilotversuch durchgeführt. Über zwei Grundwasserförderpumpen wurden für ein halbes Jahr versuchsweise zwei unterschiedlich konzipierte Bioreaktoren mit dem belasteten Grundwasser beschickt.

In Abb. 57 u. 58 wird der Aufbau der gesamten Anlage schematisch dargestellt. Nach der Reinigung in Bioreaktoren durchläuft das gereinigte Wasser mehrere Nachreinigungsstufen. In einem Sandfilter werden partikuläre Stoffe - Mikroorganismen und ausgefällte Eisenpartikel - abgetrennt. Zwei Aktivkohlefilter dienen als Sicherheitsstufe. Bei Störungen des biologischen Abbaus in den Bioreaktoren können Schadstoffe in den Aktivkohlefiltern zurückgehalten werden. In einem weiteren Behälter wird das Wasser mit Sauerstoff angereichert, um die Mikroorganismen im Untergrund ebenfalls für den Schadstoffabbau zu nutzen. Die Abluft der Bioreaktoren wird in einer gesonderten Stufe gereinigt.

Abb. 60 zeigt einige Ergebnisse des Pilotversuchs. Die Belüftung mit Wasserstoffperoxid erfüllte nicht die Erwartungen. Eine deutlich höhere Raumabbauleistung wurde dagegen mit einer vorsichtigen Belüftung mit Druckluft erreicht. Unter diesen Bedingungen wurden zwar geringe Ausgasungen beobachtet. Diese konnte jedoch durch nachgeschaltete Aktivkohlefilter entfernt werden. Die großtechnische Phase der Sanierung läuft seit Anfang 1996.

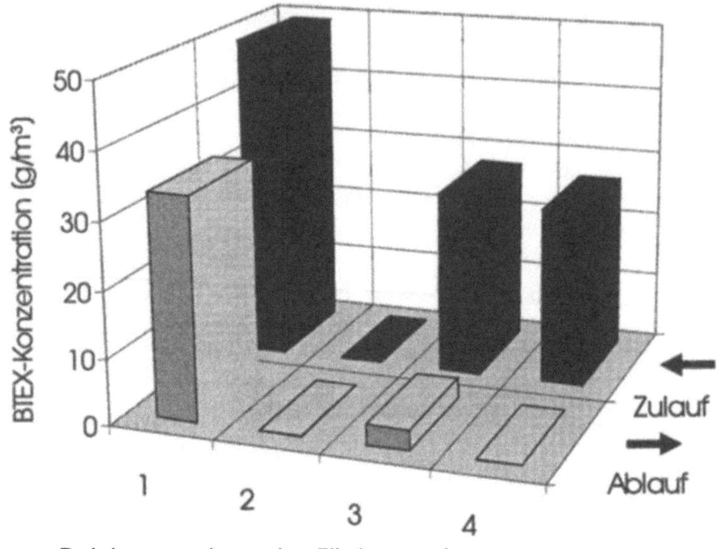

Abb. 60. Ergebnisse des biologischen Abbaus von BTEX bei der Reinigung eines belasteten Grundwassers

3 Biologischer Abbau von TNT

Als Herausforderung, Perspektive und ansatzweise durch biologische Verfahren zu lösendes Problem zeichnen sich Mitte der 90er Jahre in der Bodensanierung besonders die Verfahren zur Sanierung von mit Trinitrotoluol (TNT) und anderen Sprengstoffen belasteten Böden ab. Insbesondere an vielen ehemaligen Rüstungs- und Militärstandorten wurden Sprengstoffe produziert oder benutzt und Verunreinigungen hinterlassen. Andere Standorte wurden während der Lagerung von Sprengstoffen kontaminiert. Während der Weltkriege entstandene Altlasten führten wie auch die auf Testgeländen insgesamt zu einer erheblichen Anzahl von mit TNT und anderen Explosivstoffen verschmutzten Böden.

Insgesamt werden heute im gesamten Gebiet der Bundesrepublik Deutschland über 4.000 Verdachtsstandorte für Rüstungsaltlasten ausgewiesen (Der Rat von Sachverständigen für Umweltfragen 1995). Ein Verdacht auf ein hohes Gefährdungspotential besteht dabei bei ca. 280 Standorten. Bei einigen Standorten, z.B. den hessischen Rüstungsaltstandorten Hirschhagen und Stadtallendorf hat die Sanierung der Böden bereits begonnen. Häufig wurden nicht alleine TNT, sondern auch andere Explosivstoffe produziert und getestet. Besonderes Kennzeichen dieser Standorte sind oft großflächige Verunreinigungen mit unterschiedlichen

Konzentrationen der Sprengstoffe. Die Kontaminationen erreichten sogar das Grundwasser.

Da TNT und andere Explosivstoffe bei hohem toxischen und karzinogenen Potential eine erhebliche Gefährdung von Umwelt und Bevölkerung darstellen, werden seit einigen Jahren Sanierungsverfahren gesucht und ein Sanierungsmanagement für die Standorte in Hessen entwickelt.

Die prinzipiell anwendbaren Verbrennungsverfahren verursachen hohe Energiekosten und finden nur wenig Akzeptanz in der Bevölkerung. Wie im Kap. 7.2 beschrieben, gibt es zudem heute nur eine sehr beschränkte Kapazität. Dennoch scheinen nach heutigen Erkenntnissen für einen Teil der belasteten Böden der hessischen Rüstungsstandorte nur thermische Verfahren zur Sanierung anwendbar zu sein. Da die meisten Waschverfahren einen großen Prozentsatz gereinigten Bodens ermöglichen, die Schadstoffe jedoch in einer Feinstkornfraktion aufkonzentrieren, sind auch bei deren Anwendung nachgeschaltete zusätzliche Behandlungsverfahren notwendig. Insgesamt konnten bei den Böden in Hessen mit Waschverfahren keine befriedigenden Ergebnisse erzielt werden (Schneider 1996).

Biologische In-situ-Verfahren scheiden aus, da TNT und die anderen Explosivstoffe teilweise in kleinen Aggregaten und Klumpen vorliegen, die nur nach einer mechanischen Vorbehandlung dem biologischen Abbau zugänglich sind. Für den biologischen Abbau ist zudem eine Folge unterschiedlicher mikrobiologischer Milieubedingungen notwendig, die nur in gut kontrollierbaren Systemen eingestellt werden können. Praktikabel erscheinen daher nur Verfahren und biologische Sanierungstechniken in Bioreaktoren.

In Kenntnis der gesamten Problematik begannen in der Bundesrepublik Deutschland Anfang der neunziger Jahre zahlreiche Forschungsaktivitäten, wobei ein vom Bundesforschungsministerium gefördertes Gemeinschaftsprojekt zur biologischen Sanierung von Sprengstoffen besondere Erwähnung verdient. In Kooperation von Forschungsinstitutionen mit der Industrie werden im Rahmen des Projektes technische Anwendungen und deren biologische Grundlagen untersucht.

Als Quelle für die Darstellung eines Projektes im Rahmen dieser Förderung dienten ein Firmenprospekt der Umweltschutz Nord (1995) und eine Veröffentlichung von Warrelmann 1996. Erprobt wurde ein Sanierungskonzept im Pilotmaßstab für die Dekontamination von TNT und anderen Explosivstoffen auf dem Gelände der Rüstungsaltlast Hirschhagen bei Hessisch-Lichtenau. Dort wurden zwischen 1938 und 1945 TNT und Pikrinsäure (2,4,6-Trinitrophenol) produziert. Das heute als Wohn- und Gewerbegebiet genutzte Gelände wurde erstmals bereits 1963 untersucht. Die während der bis heute andauernden Untersuchungen gefundenen TNT-Belastungen im Boden können aufgrund ihrer unterschiedlich hohen Konzentrationen und ihrer erheblichen Toxizität nicht toleriert werden. Das Sanierungskonzept stellt u.a. den Einsatz von thermischen und biologischen Verfahren für Teile der belasteten Böden in Aussicht.

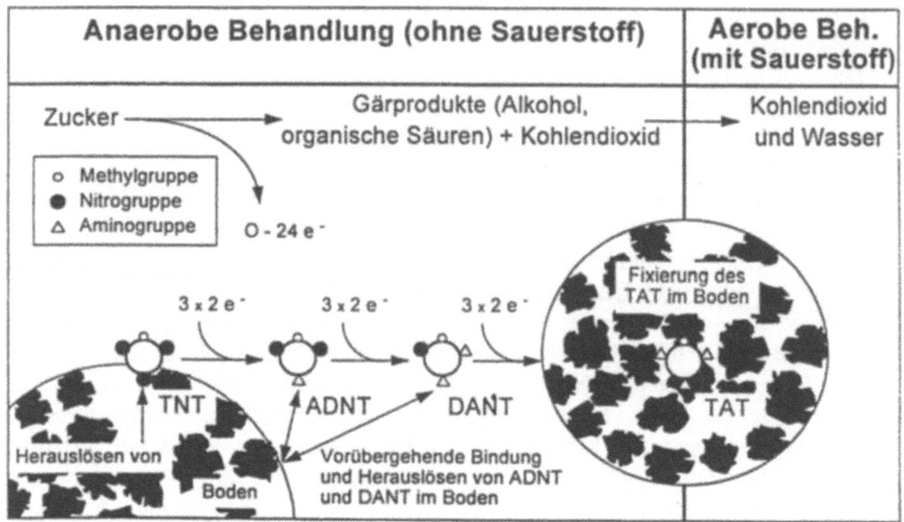

Abb. 61. Biologische Umsetzungen bei der Reinigung von mit Explosivstoffen belasteten Böden unter anaeroben und aeroben Bedingungen

Bei vorausgehenden Untersuchungen im Labormaßstab zeigte sich, daß für die biologischen Verfahren ein kombiniertes anaerob-aerobes Verfahren die besten Erfolgsaussichten bieten würde. In einer ersten anaeroben Stufe wird zur Einstellung anaerober Verhältnisse Zucker zugegeben. Neben Gärungsendprodukten wie Alkoholen, organischen Säuren und Kohlendioxid wird das TNT umgesetzt. Die Nitrogruppen werden Schritt für Schritt oxidiert und in Aminogruppen umgewandelt. Das Endprodukt Triaminotoluol (TAT) wird dann unter aeroben Bedingungen fest im Boden fixiert und möglicherweise weiter langsam umgesetzt.

Die Schritte des Behandlungsverfahrens werden in der Abb. 62 dargestellt. Der ausgehobene Boden - für den Pilotversuch ca. 18 m^3 - wurde in einer Vorbehandlungsstufe mit Wasser aufgeschlämmt und mit Nährstoffen versetzt. Zusätzlich wurden biologisch sehr leicht abbaubare Verbindungen - hier Zucker - zugegeben, um durch eine intensive Sauerstoffzehrung im Boden schnell anaerobe Verhältnisse einzustellen. Für die Reinigung der Abluft der Anlage sorgte ein Abluftbiofilter. Den TERRANOX-Bioreaktor zur Behandlung des Bodenschlammes zeigt die Abb. 63.

Die Mikroorganismen benötigten im derart vorbereiteten Boden nur wenige Wochen für den Umsatz eines Großteils des TNT und der anderen Explosivstoffe. Wichtige Parameter des biologischen Abbaus wie Temperatur, pH-Wert und Redoxpotential wurden während dieser Phase verfolgt. Der Bioreaktorinhalt wurde ca. 1–2 mal wöchentlich umgewälzt. Die Ergebnisse der biologischen Umsetzung der Explosivstoffe im Verlauf des Pilotversuchs zeigt die Abbildung 64.

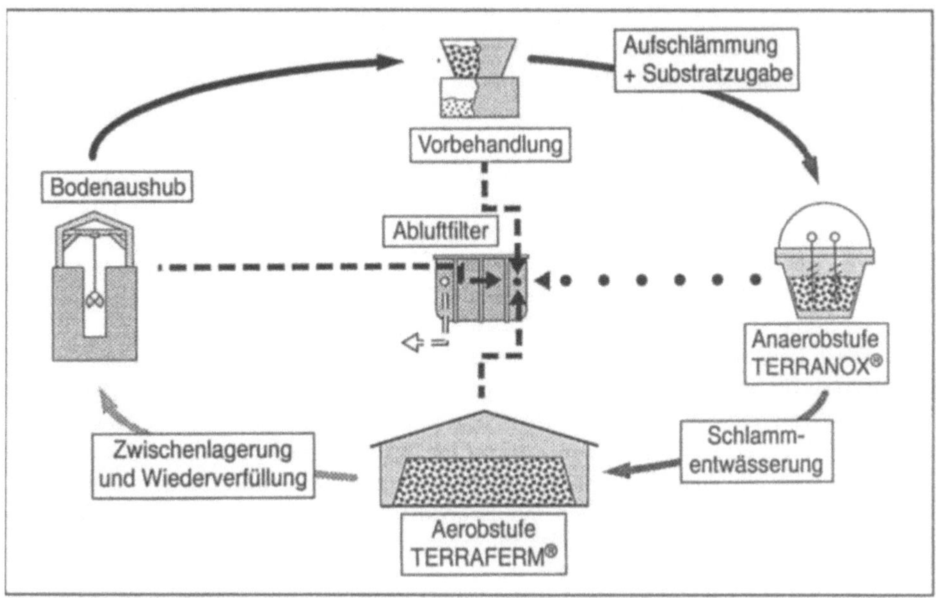

Abb. 62. Verfahrensstufen der biologischen Reinigung von mit Explosivstoffen belasteten Böden. Nach mechanischer Vorbehandlung, Aufschlämmung und Substratzugabe erfolgt die anaerobe Behandlung im TERRANOX-Bioreaktor und die aerobe Behandlung im Biobeet (TERRAFERM).

Abb. 63. TERRANOX-Bioreaktor

Der Boden wurde nach der Behandlung im Bioreaktor mittels einer Presse entwässert und dem nächsten aeroben Verfahrensschritt zugeführt.

Das endgültige Produkt des Verfahrens, das 2,4,6-TAT wird anschließend aerob in einem in der Bodensanierung erprobten Beetverfahren endgültig irreversibel an die Bodenmatrix gebunden.

Ziel des Verfahrens war also eine irreversible Bindung des TAT an die Bodenartikel, also eine Umwandlung oder Humifizierung und keine Mineralisierung. TAT hat zwar auch ein hohes toxisches Potential, wird jedoch sehr fest an die Bodenmatrix gebunden und kann nur noch schwer wieder freigesetzt werden. In wäßrigen Eluaten des Bodens kann daher weder TAT selbst noch eine davon ausgehende toxische Wirkung nachgewiesen werden.

Diese Festlegung des TAT wurde mit einem Umbau von 99% der gesamten Explosivstoffe im Boden erreicht. Bei einer Ausgangskonzentration von im Mittel etwa 300 mg/kg TS Explosivstoffe wurden Restkonzentrationen von 8mg/kg TS nach der anaeroben Phase erreicht und im Mittel 3 mg/kg TS nach der aeroben Phase. Die Unbedenklichkeit des gereinigten Bodens wurde durch ausführliche toxikologische Untersuchungen mit Leuchtbakterien-, Algen- und Daphnientests nachgewiesen. Die Ergebnisse des Pilotversuchs zeigt Abb. 64 und die Ergebnisse der Toxizitätstests die Tabelle 15.

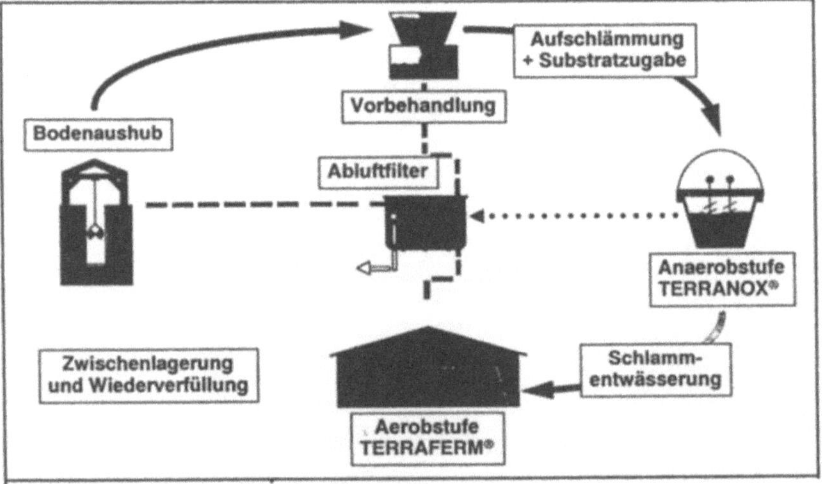

Abb. 64. Ergebnisse des biologischen Abbaus von Explosivstoffen im Pilotversuch

Tabelle 15. Ökotoxikologische Ergebnisse des Pilotversuchs zur biologischen Sanierung von Explosivstoffen in Hessisch-Lichtenau Hirschhagen. Die aufgeführten G-Werte geben diejenige Verdünnungsstufe des wäßrigen Eluates an, die bei den Testorganismen gerade weniger als 10% (GD-Wert) bzw. 20% (GL-, GA-Wert) Effekt hervorruft. Daraus resultiert, daß die Probe um so toxischer ist, je höher der ermittelte G-Wert liegt.

Probe	GL-Wert im Test mit Leuchtbakterien	GD-Wert im Daphnientest	GA-Wert im Algentest
Verunreinigter Boden zu Versuchsanfang	96,00	8,00	> 32
Schlamm nach der anaeroben Phase	> 16	1,00	1,00
Wäßriger Überstand der anaeroben Phase	1,00	4,00	1,00
Gereinigter Boden nach der aeroben Phase	1,00	1,00	1,00

Auch in den USA bestehen zahlreiche ähnliche Probleme mit explosivstoffbelasteten Böden. In Boden-Schlammbioreaktoren werden dort seit kurzem im technischen Maßstab TNT-belastete Böden gereinigt, wie auf der weltweit größten Tagung zum Thema "bioremediation" Anfang 1995 in San Diego, Kalifornien, berichtet wurde.

Die befürchteten toxischen Zwischenprodukte des biologischen TNT-Abbaus konnten in den dort vorgestellten Untersuchungen bisher nicht nachgewiesen werden. Im Laborversuch wurde ein anaerober *Clostridium*-Stamm gefunden, der TNT komplett ohne Zwischenprodukte abbaut (Shin 1995). Nicht geklärt bzw. bekannt ist, ob dieser Stamm auch in den technischen Verfahren eine Rolle spielt, was möglicherweise auch aus patentrechtlichen Gründen bislang nicht publiziert wurde. Isolierungen von TNT-abbauenden Bakterien aus den Schlammbioreaktoren brachten verschiedene Erkenntnisse, jedoch noch keine endgültige Aussage über den Abbauweg im Schlammbioreaktor.

Mittlerweile gibt es auch eine erste Veröffentlichung über eine Reinigung eines mit Sprengstoffen belasteten Bodens in einem Kompostierungsverfahren im großtechnischen Maßstab in den USA (Emery et al. 1996). Entwickelt wurde das Verfahren vom Army Environmental Center. Die technische Umsetzung erfolgte durch die Firma Bioremediation Services, eine Tochtergesellschaft der Umweltschutz Nord. Neben TNT enthielt der verunreinigte Boden RDX (Hexahydro-1,3,5-trinitro-1,3,5-triazine) und HMX (Octahydro-1,3,5,7,-tetranitro -1,3,5,7- tetrazocine). Das Sanierungsziel wurde auf 30 mg/kg für TNT und RDX festgelegt. Erfolgreich behandelt wurden ca. 4000 m^3 Boden. In mehr als 70% aller Analysen konnten nach Abschluß der Sanierung weder TNT noch RDX nachgewiesen werden.

Zur Förderung des biologischen Um- und Abbaus unter thermophilen Bedingungen wurden dem Boden landwirtschaftliche Reststoffe zugegeben. Die Aufenthaltszeit des Bodens in mehreren einzelnen Batchverfahren betrug 10-12 Tage.

Die Kosteneinsparungen gegenüber anderen Sanierungsverfahren betrugen nach Schätzungen des US Army Corps of Engineer über 2,6 Mio. US $.

9.4 Biologischer Abbau von CKW

Ein verfahrenstechnischer Ansatz, der den Kinderschuhen ebenfalls bereits zum Teil entwachsen ist und daher als Zukunftsperspektive bezeichnet werden darf, stellt der biologische Abbau von mit CKW verunreinigten Wässern dar. In großem Umfang in den letzten Jahrzehnten als Lösungsmittel für organische Stoffe eingesetzt, zeichnen sich einige CKW durch extreme Flüchtigkeit aus. Mechanismen zum biologischen Abbau dieser LCKW wurden bereits im Kap. 5.3 und 5.4 behandelt.

CKW haben aufgrund ihrer Eigenschaft, viele Stoffe in Lösung zu bringen, weltweit in den letzten Jahrzehnten eine große Verbreitung gefunden. Beispielsweise wurden 1984 in der Bundesrepublik Deutschland noch ca. 260.000 t Dichlormethan, Trichlormethan, 1,1,1-Trichlorethan, Trichlorethen und Tetrachlorethen verbraucht (Handbuch Mikrobiologische Bodenreinigung 1991). Der größte Teil davon gelangte nach dem Gebrauch in die Atmosphäre, es sind aber auch erhebliche Untergrundverunreinigungen als Folge bekannt.

Unter natürlichen Bedingungen werden die CKW nur unvollständig bzw. sehr langsam abgebaut. Die für den biologischen Abbau nötigen Mikroorganismen und deren Lebensbedingungen sind dagegen aus Laboruntersuchungen recht gut bekannt. Umweltbiotechnologische Verfahren erfordern in diesem Bereich die Berücksichtigung von speziellen biologischen Bedingungen.

Über langjährige erfolgreiche Erfahrungen mit drei laufenden biologischen Verfahren berichteten Stucki und Mitarbeiter 1995. In drei Grundwassersanierungsverfahren, die vom prinzipiellen Aufbau dem im Kap. 6.2.1 beschriebenen gleichen, werden großtechnisch

- 1,2-Dichlorethan (DCA),

- Dinitroorthocresol (DNOC) und Lindan sowie

- Perchlorethylen (PCE)

mit biologischen Verfahren aus Grundwasser entfernt. Die Anlagen laufen bereits seit 5 Jahren.

Die Entfernung von DCA erfolgte in den ersten Betriebsmonaten adsorptiv über zwei hintereinandergeschaltete Aktivkohlefilter. Große Mengen Aktivkohle wurden daher regelmäßig erneuert, um durch die Adsorptionsfähigkeit der Aktivkohle die sehr niedrig angesetzten Ablaufgrenzwerte einhalten zu können. Vorgeschaltet der Aktivkohle sorgten zwei konventionelle Sandfilter für die mechanische Abtrennung von Partikeln. Die Beimpfung der Anlage, die zunächst ohne spezielle biologische Stufe betrieben wurde, mit einer speziellen, vorgezüchteten, DCA abbauenden Bakterienkultur wurde durch die Zugabe von Wasserstoffperoxid als Sauerstoffträger und Nährsalzen unterstützt. Nach einigen Monaten stellte sich in der Anlage zusätzlich zur Entfernung durch Aktivkohleadsorption ein biologischer DCA-Abbau ein. Die Aktivkohle erreichte daher längere Standzeiten. Die Mineralisierung von DCA konnte durch die Messung der freiwerdenden Chloridionen nachgewiesen werden.

Die biologische Eliminierung sollte im weiteren Programm gefördert werden. Nach einer Laufzeit von 2 Jahren wurde daher ein Tauchtropfkörper zur Intensivierung des aeroben biologischen Abbaus nachgeschaltet. Die Grundwassersanierungsanlage in dieser Ausbaustufe zeigt Abb. 65:

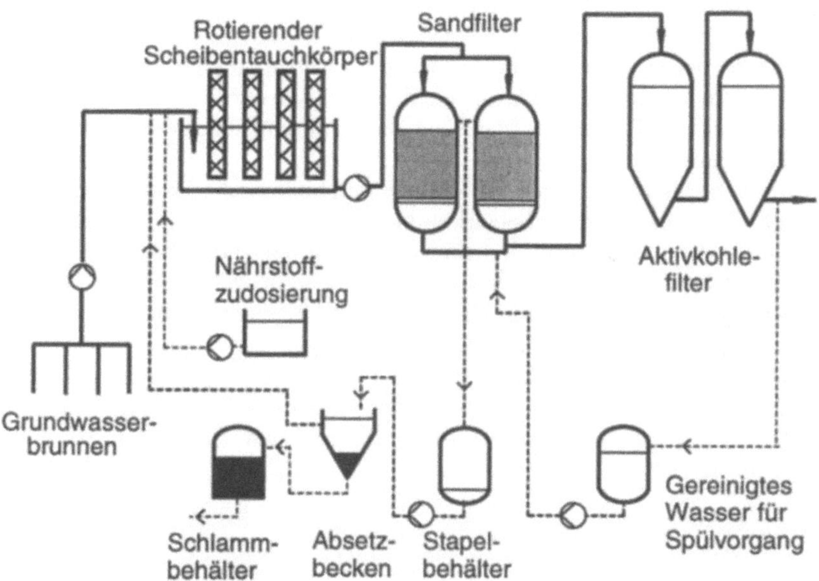

Abb. 65. Verfahrensfließbild einer großtechnisch erprobten Anlage zur Sanierung von mit LCKW belastetem Grundwasser

Nach der Förderung aus den Grundwasserbrunnen wird das Wasser in einer Scheibentauchkörperanlage biologisch gereinigt. Bei dieser Art eines Festbettbioreaktors rotieren Scheiben mit dem aufwachsenden Biofilm langsam. Die Scheiben und damit der Biofilm werden halb eingetaucht. Durch die Drehbewegung werden die Mikroorganismen im Biofilm auf einfache Art während ihres Kontaktes mit der Luft beatmet. Ein Sandfilter sorgt für die mechanische Abtrennung der Mikroorganismen, ein Aktivkohlefilter als Sicherheitstufe. Bei Verstopfung der Sandfilter werden diese mit dem gereinigten Wasser zurückgespült.

Die Betriebskosten der gesamten Anlage konnten durch den biologischen Abbau um den Faktor 7 gesenkt werden. Die gut etablierte Bakterienkultur konnte die niedrigen Ablaufgrenzwerte in der Folgezeit auch ohne den Einsatz von Aktivkohle erreicht werden.

Insgesamt wurden mit der hier beschriebenen Anlage in den vergangenen 5 Jahren ca. 2000 kg DCA entfernt. Mittels einer auf genetischen Verfahren beruhhenden Nachweistechnik konnte gezeigt werden, daß auch nach mehreren Betriebsjahren die ursprünglich angeimpfte, DCA-abbauende Bakterienkultur noch in der Anlage vorhanden ist und ihre Arbeit verrichtet. Es kann vermutet werden, daß die nicht näher bezeichnete Mikroorganismenkultur bei dieser Sanierung den methylotrophen Bakterien zuzurechnen ist. Diese können DCA aerob als einzige Kohlenstoff- und Energiequelle ohne die Zufuhr von Kosubstraten verwerten.

Nach dem gleichen Funktionsprinzip betreiben Stucki und Mitarbeiter eine Anlage zur biologischen Reinigung von Dinitroorthocresol (DNOC) und Lindan. Ohne jegliche Beimpfung stellte sich hier eine Mikroorganismenpopulation ein, die nachweislich zumindest das DNOC verwerten kann.

Eine weitere, neuere Anlage dient der anaerob-aeroben biologischen Entfernung von Perchlorethylen. Im 1. Bioreaktor werden hierzu denitrifizierende Bedingungen eingestellt, im 2. Bioreaktor findet die Dechlorierung statt und im dritten die aerobe Nachreinigung.

Trotz dieser erfolgreichen Beispiele konnten sich biologische Verfahren zur Reinigung von CKW bislang nicht behaupten und werden häufig noch als unmöglich angesehen. Grund sind die erforderlichen speziellen Abbaubedingungen, die nur unter Zuhilfenahme biologischen Fachwissens eingestellt werden können. Gerade für großflächige Grundwasserverunreinigungen mit CKW dürften biologische Verfahren eine besonders wirtschaftliche Sanierungsvariante darstellen.

Da noch zahlreiche CKW-Schadensfälle auf eine Sanierung warten, geben die drei beschriebenen Beispiele Anlaß zur Hoffnung, daß die biologische Sanierung von CKW-verunreinigten Grundwässern in den nächsten Jahren den Stand der Technik erreichen kann.

9.5 Abwasser

Während sich in vielen Bereichen der Umweltbiotechnologie die Perspektiven aus Forschungsansätzen und manchmal aus realen Problemen entwickeln, lassen sich die Perspektiven der Umweltbiotechnologie in der Abwasserreinigung sehr deutlich aufzeigen. Bis heute ist das Hauptziel der biologischen Abwasserreinigung die möglichst vollständige Umwandlung der organischen Abwasserinhaltstoffe zu Wasser, Kohlendioxid bzw. inerten Reststoffen. Diese zwar umweltfreundliche Vernichtung unterscheidet nicht zwischen den im Wasser gelösten Stoffen; es wird rundum - möglichst vollständig - abgebaut.

Die Ziele der nächsten Generationen von Abwasserbehandlungsverfahren zeichnen sich jedoch bereits deutlich ab. Die Umsetzung von Abwasserinhaltsstoffen wird sich zum einen wesentlich näher an den Quellen des Abwasseranfalls vollziehen, zum anderen wird versucht werden, aus Abwasserinhaltsstoffen Wertstoffe zu erzeugen.

Die bisherige Praxis der Abwasserreinigung besteht in der Sammlung der Wässer in der Kanalisation und der Behandlung in einer betriebseigenen oder einer kommunalen Kläranlage. Auf dem Weg zur Abwasserbehandlunganlage werden dabei eine Vielzahl unterschiedlicher Wässer vermischt, bevor die Reinigung in einer zentralen Anlage erfolgen kann. Der Aufwand in der Kläranlage steigt durch die sehr unterschiedlichen Anforderungen. Da zukünftig auch die Wiederverwendung von Abwässern Ziel der Bestrebungen sein wird, empfiehlt sich eine Reinigung der Wässer direkt an den Anfallstellen. Da hierzu alle Arten von Abwasserreinigungsverfahren geeignet sind, soll diese Thematik hier nicht weiter erläutert werden. Für biologische Verfahren werden die Anforderungen sogar höher, da durch die Nähe zu den Anfallstellen des Abwassers höhere Konzentrationen und starke Schwankungen in der Abwasserzusammensetzung zu erwarten sind.

Wesentlich bessere Perspektiven ergeben sich jedoch bei der Verwendung von organischen Abwässern als Rohstoffe für biotechnologische Prozesse.

Zunächst werden umweltbiotechnologisch produzierte Wertstoffe aus Abwasser sicher noch relativ einfache, sog. "Low-value-Produkte" sein. Aber die Nutzung von Abwasserinhaltstoffen ermöglicht bereits heute in bescheidenem Umfang die Gewinnung von neuen Rohstoffen, die ihrerseits in neue Kreislaufprozesse eingebaut werden.

Auch in der produzierenden Biotechnologie wurden und werden für die Herstellung von Produkten bereits Reststoffe verwendet. Melasse und deren Nebenprodukte aus der Zuckerherstellung haben sehr hohe organische Anteile, die gut biologisch verwertet werden können. Melasse mit einem Anteil von ca. 50% Zucker stellt daher in der Abwasserreinigung höchste Anforderungen an die Kläranlagen. Zur biologischen Vernichtung der Melasse wird entweder sehr viel Sauerstoff und damit Energie benötigt oder es werden anaerobe Verfahren eingesetzt. Zur Produktion von Alkohol durch Gärung stellt Melasse dagegen bereits heute ein kostengünstiges Ausgangsprodukt dar.

Als weiteres Beispiel für die mögliche Verwendung von Abwässern als Rohstoff sei daher die Umsetzung eines in großen Mengen anfallenden Reststoffes aus der

Lebensmittelindustrie, der Molke, beschrieben. Molke entsteht als wäßriger Überstand bei der Herstellung von Käse. Je nach Käseart enthält Molke u.a. unterschiedliche Mengen von Eiweiß, Milchzucker und Salzen. Bisher enden jährlich in der Bundesrepublik 7–8 Mio. Mg pro Jahr als Viehfutter oder im Abwasser. Da Schweine den in der Molke enthaltenen Milchzucker (Laktose) nicht verdauen können, resultiert auch aus ihrer Verwendung als Viehfutter eine sekundäre Belastung der Umwelt. Verwertungsmöglichkeiten für einen Teil der Molke existieren in anderen Bereichen der Nahrungsmittelindustrie.

Die in der Molke enthaltenen Rohstoffe haben als mikrobielles Nährmedium hohen Wert und sind daher für die Vernichtung in biologischen Kläranlagen mit einem enorm hohen Verbrauch von Sauerstoff viel zu schade. Zudem führt Molke in Belebtschlammanlagen häufig zur Bildung von unerwünschtem Blähschlamm und in der Folge zu Problemen mit der Einhaltung von Ablaufgrenzwerten. Fadenförmige Mikroorganismen führen dabei zu schlechter Sedimentierbarkeit, mangelhafter Abtrennung und ungenügender Rückführung des Belebtschlammes, wie bereits im Kap. 6.3 beschrieben.

Eine vielversprechende und in verschiedenen Ansätzen bereits entwickelte Möglichkeit stellt die biologische Umsetzung von Molke zu organischen Säuren dar. Im folgenden werden zusammengefaßt Aktivitäten aus der Bundesrepublik Deutschland (Kleine et al. 1994) und Kanada (Tyagi et al. 1991) dargestellt.

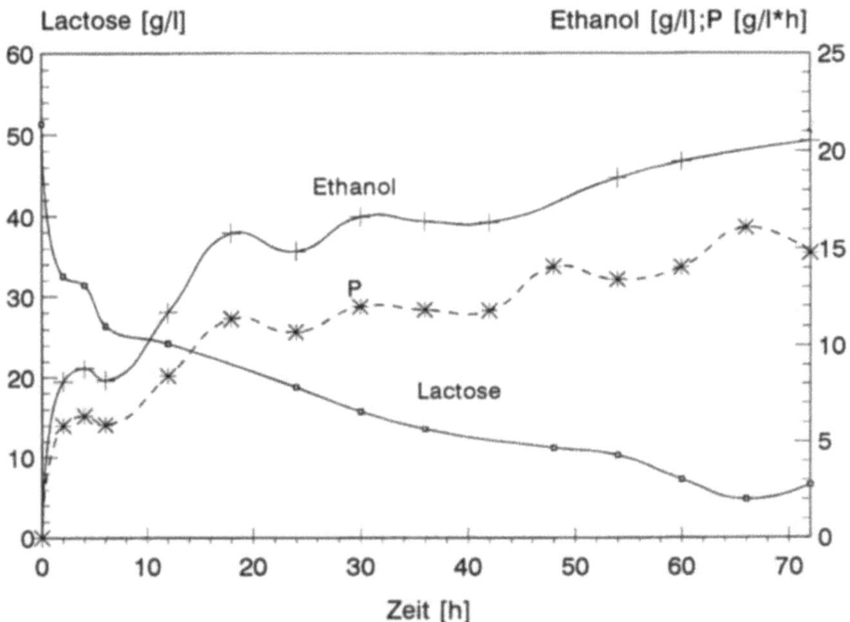

Abb. 66. Kontinuierliche Fermentation von Laktose aus Molke zu Ethanol mit *Kluyveromyces fragilis*; Bioreaktorvolumen 1 l; Aufenthaltszeit D = 0,72/h

Der hohe Sauerstoffbedarf der Molke beim biologischen Abbau resultiert überwiegend aus ihrem Gehalt an Laktose, die mit etwa 4–5% Gewichtsprozenten einen der Hauptbestandteile ausmacht. Daneben zeichnet sich Molke durch ein für mikrobielle Fermentationen geeignetes Nährstoffverhältnis aus. Schon seit Jahrzehnten wird daher versucht, durch mikrobielle Fermentation aus den Inhaltsstoffen der Molke organische Säuren als Rohstoff, Futterhefe oder andere Produkte zu gewinnen.

Milchsäure, die in der Lebensmittelindustrie und in der pharmazeutischen Industrie eingesetzt wird, kann durch Milchsäurebakterien (z.B. *Lactobacillus helveticus*) gewonnen werden. Aber auch die Produktion von Ethanol ist möglich, z.B. durch Hefen (z.B. *Kluyveromyces fragilis*, Abb.66). Diese vermögen Laktose in kontinuierlichen Prozessen fermentativ umzusetzen. Erzielt werden konnte bei Experimenten an der Fachhochschule Anhalt in Köthen beispielsweise eine Produktivität von 16 g/l/h Ethanol (Kleine et al. 1994). Die kontinuierliche Prozeßführung wurde möglich, weil die Hefezellen in ein pflanzliches Trägermaterial eingeschlossen wurden. Es handelt sich dabei um ein lipid-, protein- und chlorophyllfreies Zellgerüst aus der Wasserlinse *Wolffia arrhiza*, das neben einer guten chemischen und mechanischen Stabilität eine hohe Beladungskapazität für Hefezellen hat.

Die Beladung der Matrix aus dem Gerüst der Wasserlinsen erfolgt dabei nach der Trocknung durch Einwanderung der Hefezellen bei der Befeuchtung. Nach der ersten Einwanderung der Hefezellen wurden die ca. 0,5–1 mm (im Durchmesser) großen Partikel belüftet, um weiteres Wachstum darin zu ermöglichen. Die Biomassekonzentration betrug danach zwischen 10 und 25 g Hefetrockenmasse pro Liter Immobilisat. Die Zelldichte lag bei ca. $6 \cdot 10^8$ Zellen /ml. Vor dem eigentlichen Fermentationsschritt wurden biologisch wertvolle Eiweiße der Molke durch Hitzebehandlung und Zentrifugation abgetrennt. Bei einer Verweilzeit im Bioreaktor von 1,4 Stunden wurde ca. 90% der Laktose umgesetzt. Das Produkt enthält ca. 20 g/l Ethanol und erreicht damit einen Wirkungsgrad der eine wirtschaftliche Verwertung überlegenswert erscheinen läßt.

In Kanada ergaben Versuche mit ebenfalls immobilisierten Zellen ähnliche Ergebnisse. Mit den Milchsäurebakterien *Lactobacillus bulgaricus* und *Lactobacillus helveticus* konnte Milchsäure mit Produktivitäten von 15–17 g/l/h bei Aufenthaltszeiten im Bioreaktor von ca. 1 Stunde erreicht werden. Andere Ansätze zur biologischen Umsetzung und Versuchsergebnisse zeigt die Tabelle 16.

Bei Einbeziehung von Membranfiltrationsverfahren zur Rückhaltung der Milchsäurebakterien betrug die erreichbare Milchsäurekonzentration bis zu 40 g/l, verursacht durch erheblich höhere Mikroorganismenkonzentrationen im Bioreaktor.

Tabelle 16. Biologische Umsetzungsmöglichkeiten von Molke zu Milchsäure

Verfahren	Organismus	Aufenthaltszeit im Bioreaktor [h]	Milchsäure- konzentration [g/l]
Batchansatz	*Lactobacillus bulgaricus*	Bis zum Ende der Fermentation	44
Kontinuierliche Kultur	*Lactobacillus helveticus*	2,8	27,5
Kontinuierliche Kultur	*Lactobacillus bulgaricus*	3	33
Kontinuierliche Kultur mit Immobilisierung	*Lactobacillus bulgaricus*	1,8	30,9
Kontinuierliche Kultur mit Immobilisierung	*Lactobacillus helveticus*	1	15
Kontinuierliche Kultur mit Membranfiltration	*Lactobacillus bulgaricus*	0,5	43

9.6 Bioreaktoren

Neben den Erkenntnissen der Biologie tragen selbstverständlich auch verfahrenstechnische Entwicklungen immer wieder zu den Fortschritten beim praktischen Einsatz der Umweltbiotechnologie bei, da durch die Bereitstellung spezieller Bioreaktoren viele Anwendungen überhaupt erst möglich werden. Da der Schwerpunkt dieses Buches bei der Darstellung der Vielfalt der biologischen Möglichkeiten liegt, seien nur kurz einige Beispiele für innovative Bioreaktortechnologien erwähnt.

Da die heute vielfach praktizierte Reinigung von Böden in trockenen Beet- oder Mietenverfahren aufgrund der geringen Beeinflussungsmöglichkeiten immer wieder an Grenzen stößt, wurden auch Bioreaktoren entwickelt, mit denen der Boden in einer aufgeschlämmten Form behandelt werden kann. Einen solchen Bioreaktor hat beispielsweise die Firma Umweltschutz Nord entwickelt. Der TERRANOX-Bioreaktor (Abb. 63) wurde bereits im Kapitel 9.3 vorgestellt.

In den USA verfügt man bereits seit einigen Jahren über Erfahrungen mit derartigen Schlammbioreaktoren. Abb. 67 zeigt schematisch den Aufbau eines derartigen Bioreaktors. Über einen zentral angeordneten Antriebsstrang wird ein Krählwerk am Boden des Bioreaktors angetrieben. Solche Krählwerke haben sich seit Jahrzehnten erfolgreich in Eindickern bei verschiedensten Anwendungen bewährt. Speziell angeordnete Membranbelüftungsrohre, installiert auf den Auslegern des Krählwerks, rühren den Inhalt des Bioreaktors und versorgen gleichzeitig die Mikroorganismen mit Sauerstoff. Die feinkörnigen Bodenpartikel bleiben so selbst bei Feststoffkonzentrationen von 30–50 Gewichtsprozenten in Suspension. Die Mikroorganismen werden so mit Nährstoffen und den abzubauenden Schadstoffen

versorgt. An den Seiten des Bioreaktors sind zusätzlich Mammutpumpen (Luftheberpumpen) angeordnet, die sich ablagernde Partikel wieder nach oben befördern.
  Vorteile der Biolift-Reaktoren sind nach Angaben der Herstellerfirma:

- Eignung zur Reinigung der Feinstkornbestandteile aus der Bodenwäsche,
- niedriger Energieverbrauch im Vergleich zu anderen Schlammbioreaktoren,
- optimale Belüftung und Durchmischung,
- Einstellung kontrollierter Bedingungen und
- Kontrolle der flüchtigen Inhaltsstoffe.

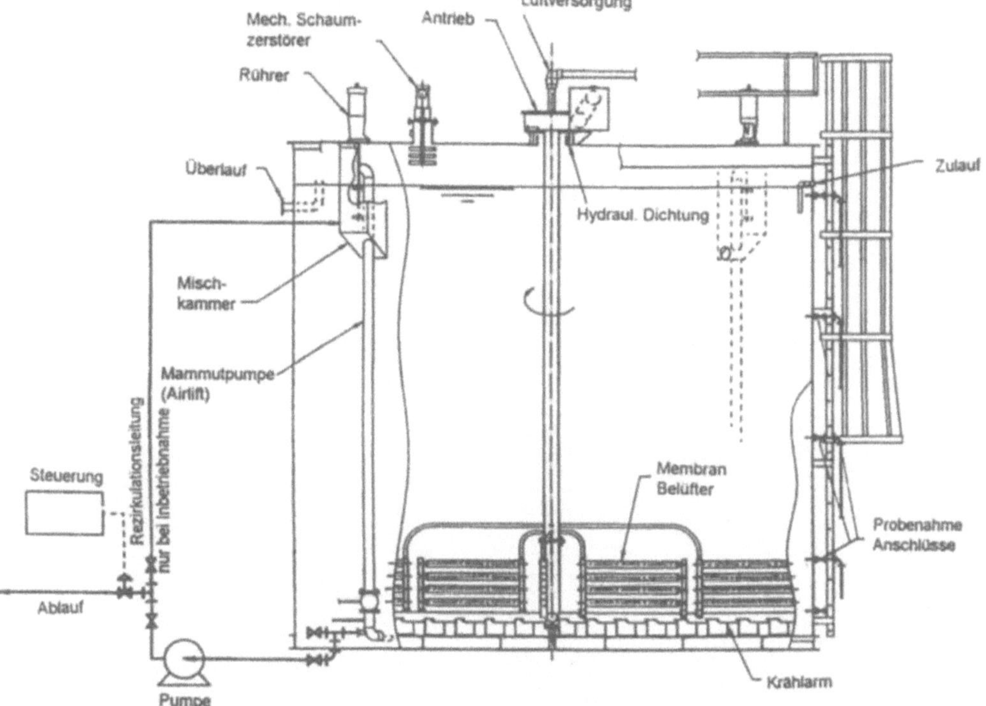

Abb. 67. Biolift-Reaktor zur biologischen Behandlung von Böden in der Schlammphase

Biolift-Reaktoren können hintereinandergeschaltet und im Kaskadenbetrieb kontinuierlich beschickt werden, um den jeweiligen abbauenden Mikroorganismen optimale Bedingungen zu bieten. Sowohl aerober als auch anaerober Betrieb sind möglich, da der Bioreaktor gasdicht konstruiert ist. Ebenso kann zwischen kontinuierlichem und diskontinuierlichem Betrieb gewählt werden.
Neben besonders toxischen Schadstoffen, wie den bereits erwähnten Explosivstoffen, können auch gut abbaubare Schadstoffe, z.B. Mineralöle, sinnvoll in einem Schlammbioreaktor behandelt werden. Anders als bei den herkömmlichen Verfahren betragen die Aufenthaltszeiten in einem solchen System dann nicht

mehr mehrere Wochen oder Monate, sondern je nach Art und Konzentration nur noch Stunden oder wenige Tage.

Aber auch im Bereich der biologischen Abwasserreinigung werden durch den Einsatz speziell entwickelter Bioreaktoren ständig Leistungssteigerungen und neue Prozesse möglich. Als Beispiel wurden die Membranreaktoren der Firma Wehrle-Werk bereits im Kap. 6.5, Abb. 37 u. 38, ausführlich dargestellt.

Ein anderer, kürzlich vorgestellter Bioreaktor soll nach Angaben der Herstellerfirma beispielsweise organisch hochbelastete Wässer effektiver reinigen können als konventionelle Verfahren. Vor allem aufgrund des hohen Platzbedarfes sind die im kommunalen Bereich üblichen Belebungsverfahren für den industriellen Einsatz ungeeignet. Für die Reinigung organisch hochbelasteter Wässer, wie sie z.B. in Lackierbetrieben, Gerbereien, in der Pharma-, Textil- und Lebensmittelindustrie anfallen, wurde der abgebildete kompakte Hochleistungsbioreaktor entwickelt (Abb. 68).

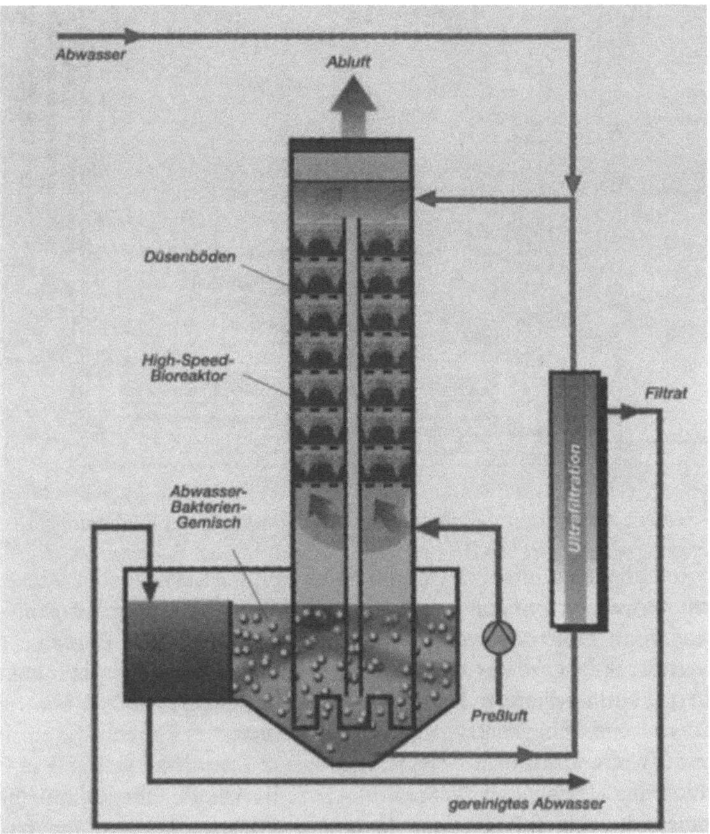

Abb. 68. Bioreaktor zur biologischen Behandlung von hochkonzentrierten Abwässern

Die Anlage besteht aus einem geschlossenen Reaktorturm mit übereinander angeordneten Düsenböden. Das Abwasser-Bakterien-Gemisch wird im Gegenstrom zur eingedüsten Luft geführt und bildet hier hochturbulente Wirbelschichten. Große, sich ständig erneuernde Phasengrenzflächen bewirken einen schnellen Stofftransport. Die integrierte Ultrafiltrationseinheit sorgt für partikel- und bakterienfreien Abfluß des gereinigten Abwassers und hält die aktive Biomasse im Reaktor zurück. Dadurch werden sehr hohe Bakterienkonzentrationen im Vergleich zu konventionellen Verfahren erreicht. Es entsteht wenig Überschußschlamm. Im Vergleich zu konventionellen Anlagen ist bei gleicher Leistung und gleichem Energieaufwand nur etwa 20% des Behältervolumens erforderlich. Die großtechnische Bewährung des Verfahrens bleibt abzuwarten.

9.7 Energie und Rohstoffe

Als Beispiel für einen natürlichen Stoffkreislauf wurde der Stickstoffkreislauf bereits in Kap. 4.2 vorgestellt. Ebenso oder noch bedeutender für das Leben auf der Erde stellt sich der globale Kohlenstoffkreislauf dar. Letztlich basiert alles Leben auf unserem Planeten auf dem Kohlenstoff als zentralem Element.

Ausgelöst durch den stetigen Anstieg der Kohlendioxidkonzentration in der Erdatmosphäre werden die Elemente und Beeinflussungen des globalen Kohlenstoffkreislaufs heute häufig und intensiv diskutiert. Die Möglichkeit einer nachhaltigen Destabilisierung des Kohlenstoffkreislaufs und den daraus resultierenden Folgen für das Klima auf der Erde beunruhigen nicht nur Wissenschaftler und Bevölkerung, sondern mittlerweile auch Politiker.

In der Erdatmosphäre steigt zur Zeit die Kohlendioxidkonzentration dramatisch an. Während um das Jahr 1800 die CO_2-Konzentration bei ca. 280 ppm (parts per million oder mg pro kg) lag, waren es 1900 bereits 295 ppm. Für 1950 wurden Werte von ca. 305 ppm rekonstruiert. Aktuelle Messungen weisen ca. 350 ppm in der Atmosphäre nach.

Der Anstieg des Kohlendioxids resultiert aus der Nutzung und Verbrennung fossiler Rohstoffe, besonders Kohle und Erdöl, die in erdgeschichtlicher Vorzeit aus pflanzlichen Ablagerungen unter hohem Druck gebildet wurden. Die höheren Pflanzen spielten dabei die wichtigste Rolle. Die erdgeschichtliche Entwicklung verlief von einem reduzierten Planeten zu einem oxidierten Planeten. Nach der Entwicklung der ersten auf mikrobiologischen Umsetzungen beruhenden Stoffkreisläufe produzierten erst die höheren Pflanzen als autotrophe Organismen durch Photosynthese die enormen Mengen von Sauerstoff, die bis heute unsere Atmosphäre bilden und sich in stabiler Konzentration halten. Die dichte Pflanzendecke führte in der Folge durch Absterben und Lagerung unter Sauerstoffabschluß dann zur Bildung der riesigen Kohlenstoffablagerungen in Form von Kohle, Erdöl und Erdgas. Diese Reserven verbrauchen wir in sehr kurzer Zeit und setzen dabei ungeheure Mengen von Kohlendioxid frei.

Beeinflußt wird der Kohlenstoffkreislauf heute wahrscheinlich zusätzlich auch durch eine abnehmende Pflanzendichte in den tropischen Urwäldern, wo durch radikales Abholzen möglicherweise zusätzliche große Beeinflussungen der gesamten globalen Photosynthesekapazität stattfinden.

Eine Einschätzung der Leistung der höheren Pflanzen beschreibt Schlegel (1992) folgendermaßen sehr anschaulich: "Die photosynthetische Leistung der Pflanzen ist so groß, daß sich der Kohlendioxidvorrat der Atmosphäre innerhalb von etwa zwanzig Jahren erschöpfen würde..." wenn keine Mineralisierung der produzierten organischen Moleküle stattfinden würde. Der Vergleich verdeutlicht zusätzlich auf der anderen Seite die Bedeutung der bereits beschriebenen Mineralisierung, auch durch Mikroorganismen.

Ziel von globalen Aktivitäten sollte daher baldmöglichst die intensive Einsparung von fossilen Energieträgern sein und könnte zusätzlich die erneute oder beschleunigte Festlegung von Kohlendioxid sein. Viele Möglichkeiten der Einsparung sind noch nicht ausgeschöpft und riesige Potentiale vorhanden.

Die steigende Weltbevölkerung bedingt für die nächste Zukunft ein weiter zunehmendes Wachstum des Energieverbrauchs. Zwar kann bereits eine wachsende Entkopplung des noch vor wenigen Jahren beobachteten proportionalen Zusammenhangs zwischen Wirtschaftswachstum und Energieverbrauch verzeichnet werden. In vielen Schwellenländern und Ländern der 3. Welt wird der Energieverbrauch in den nächsten Jahren jedoch noch weiter ansteigen. Eine Stabilisierung des globalen Energieverbrauchs auf dem Niveau der 90er Jahre unseres Jahrhunderts ist zwar das Ziel vieler nationaler und internationaler Aktivitäten. Ob dieses erreicht werden kann, ist heute noch fraglich.

Die Auswirkungen des dramatischen Anstiegs von Kohlendioxid auf unser Klima sind zwar noch nicht detailliert geklärt, es gibt aber vor dem Hintergrund der bekannten Zusammenhänge keine Zweifel mehr daran, daß Veränderungen zu erwarten sind und daß hier nachhaltige Veränderungen angestrebt und durchgesetzt werden müssen.

Viel diskutiert wird auch der Umstieg auf regenerative Energiequellen. Neben der direkten thermischen und der photovoltaischen Nutzung der Sonnenenergie bietet sich auch die Möglichkeit der Nutzung von nicht für die menschliche Ernährung genutzter Biomasse an. Ein einfaches Beispiel ist die energetische Nutzung von schnellwachsendem Chinaschilf durch direkte Verbrennung.

9.7.1 Wertstoffgewinnung aus nachwachsenden Rohstoffen

Da die hier besprochene Umweltbiotechnik überwiegend auf der Nutzung von Mikroorganismen beruht, soll auch nur dieser Teil hier kurz besprochen werden. Beiträge zur Problematik, wie Kraftstoffe aus Rapsöl oder Industrierohstoffe aus nachwachsender Biomasse, können zukünftig wichtige Beiträge leisten, benötigen jedoch primär keine umweltbiotechnologischen Verfahren.

Daß über eine verstärkte Nutzung höherer Pflanzen als Energie- und Rohstoffquelle Einfluß auf den globalen Kohlendioxidhaushalt genommen werden kann, soll daher auch nicht näher diskutiert werden.

Neben der verstärkten direkten Nutzung von nachwachsenden Pflanzen können Rohstoffe pflanzlichen Ursprungs als Grundlage für viele chemische und biologische Synthesen dienen. Als stoffliche Grundstoffe bereits heute wirtschaftlich bedeutend sind beispielsweise Essigsäure und Zitronensäure, die jedoch nach der heute vorherrschenden Definition auch nicht der Umweltbiotechnologie zuzuordnen sind.

Anders als bei der Nutzung fossiler Rohstoffe resultiert bei deren Produktion ein ausgeglicheneres Verhältnis zum Kohlenstoffkreislauf. Die pflanzlichen Rohstoffe beziehen ihren Kohlenstoff ja über die Photosynthese aus der Atmosphäre. Die Kohlenstoffbilanz wird durch den photosynthetischen Einbau von Kohlendioxid ausgeglichen.

Chemische Grundstoffe wie Methanol, Propanol, Butanol können biotechnologisch erzeugt werden. Bei der Berechnung der wirtschaftlichen Ergebnisse einer solchen Produktion gehen jedoch heute erst sehr kurzfristige Überlegungen und Grundlagen mit ein. Der globale Kreislauf des Kohlenstoffs bleibt unberücksichtigt. Die Berechnung der direkt und indirekt zuzuordnenden Kosten steckt noch in der Entwicklung bzw. ist in Teilen bereits möglich, wird in der Politik jedoch noch nicht eingesetzt. Hier können bis zu einer für den globalen Kreislauf des Kohlenstoffs nennenswerten Entlastung noch lange Zeiträume vergehen.

Je nach den vorherrschenden Rahmenbedingungen werden trotzdem bereits Erfolge erzielt. Brasilien und die USA produzieren mittlerweile biotechnologisch über 13 Mio. Mg/Jahr Ethanol zu einem Preis von unter 500 US \$/Mg und haben damit eine wirtschaftliche Produktion bereits realisiert.

Neben diesem mengenmäßig bedeutenden Rohstoff werden durch biotechnologische Prozesse wirtschaftlich auch andere Moleküle produziert, beispielsweise L-Glutaminsäure, L-Lysin, Zitronensäure oder Gluconsäure. Neue Entwicklungen befassen sich in den USA mit der Herstellung von Milchsäure. Alle diese Verfahren und Produkte entstehen ohne Nutzung fossiler Rohstoffe und entlasten den globalen Kohlenstoffkreislauf.

Eine besonders interessante Perspektive stellt die Produktion von Alkohol unter thermophilen Bedingungen dar. Ergebnisse aus dem Pilotmaßstab beschreiben Herbert u. Codd (1986). Der Reiz dieses Prozesses liegt in der kontinuierlichen Produktion bei hohen Temperaturen. Die physikalische Abtrennung des produzierten Alkohols kann so direkt mit der biologischen Fermentation gekoppelt werden. Der produzierte Alkohol gast aus dem Bioreaktor direkt aus und kann aus dem System abgezogen werden.

Im Labormaßstab wurde hierzu der anaerobe Mikroorganismus *Clostridium thermocellum* untersucht. In einer kontinuierlichen Kultur bei 60°C produziert *Clostridium thermocellum* aus Zellulose maximal ca. 0,9% Ethanol bei einer Ausbeute von 0,75 g Ethanol/g verbrauchter Zellulose. In einer Mischkultur mit anderen thermophilen *Clostridien* fermentierten diese eine Vielzahl unterschiedlicher Zellulosen bei ungefähr doppelter Ethanolausbeute. Eine Ethanolkonzentration oberhalb von 1% vertrug diese Mischkultur nicht. Andere isolierte *Clostridien* verkraften Ethanolkonzentrationen von bis zu 8%. Diese Eigenschaft in der obigen Mischkultur würde interessante Anwendungen ermöglichen.

9.7.2 Kohlendioxidfixierung

Alle Bemühungen und Ansätze dürfen jedoch nicht darüber hinwegtäuschen, daß diese oben genannten Nischenprodukte und -entwicklungen sind und bis heute noch kein zur Entlastung des Kohlenstoffkreislaufs gezielter, bemerkenswerter Beitrag geleistet wird. Ziel sollte es den schon genannten Gründen aber kurzfristig werden, die globale Bindungskapazität für Kohlendioxid der Kohlendioxidproduktion anzupassen.

Von den Industrieländern scheint hier Japan nicht nur eine Vordenkerrolle zu haben, sondern es werden dort auch umweltbiotechnologische Verfahren zur positiven Beeinflussung des Kohlendioxidproblems geplant und entwickelt. Mir persönlich sind neben dem japanischen Beispiel nur sehr wenige vorausschauende Pläne bekannt, die sich über einen Zeitraum von 100 Jahren oder mehr erstrecken ("100-year plan for the Earth`s recovery", Kondo 1994). Ein Beispiel für längerfristige Pläne bilden bei uns die Visionen zur Erdpolitik von Ernst U. von Weizsäkker 1990.

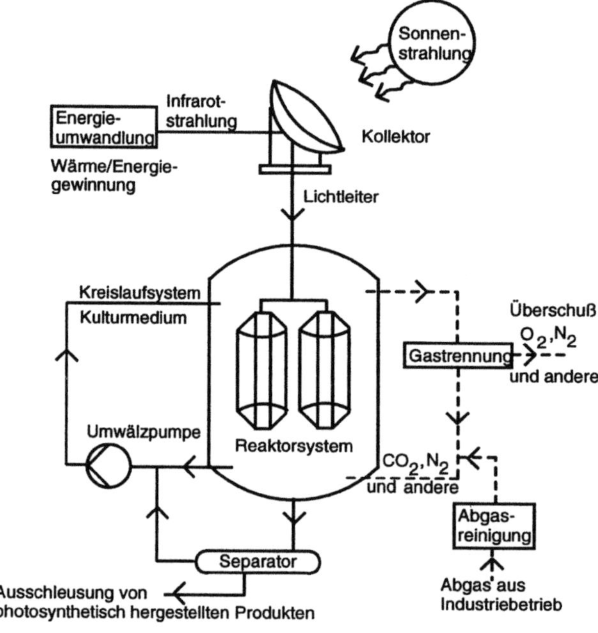

Abb. 69. Verfahrensschema zur umweltbiotechnologischen Fixierung von Kohlendioxid

Beiträge der Umweltbiotechnologie könnten zukünftig die konzentrierte technische Fixierung von Kohlendioxid und die Bereitstellung von Wasserstoff als Energieträger sein.

Das in der Abb. 69 dargestellte Konzept stellt ein System zur biologischen Kohlendioxidfixierung und -nutzung dar. Über eine Lichtleitung in einem Sonnenkollektor gesammeltes Sonnenlicht wird zur Bestrahlung eines Tubularbioreaktors verwendet. In dünnen Röhren werden Algen kultiviert, die photosynthetisch Sauerstoff produzieren und Kohlendioxid fixieren, das beispielsweise aus einem Industriebetrieb zugeführt wird. Der produzierte Sauerstoff kann abgetrennt und genutzt werden. Ein Kreislaufsystem versorgt die Algen ständig mit frischem Kulturmedium. Mit Hilfe der Algen können photosynthetisch Produkte hergestellt werden, die entweder von den Algen freigesetzt oder aus der Algenbiomasse selbst bestehen. Als Organismen könnten vor allem Mikroalgen, z.B. Cyanobakterien der Gattung *Synechococcus* verwendet werden, die einige Vorteile haben:

- Sie wachsen auch unter extremen Bedingungen, z.B. niedrigem pH-Wert.
- Schnelles Wachstum ermöglicht große Kohlendioxidfixierung.
- Geeignete Stämme können durch konventionelle biotechnologische Methoden erhalten werden.
- Einige isolierte Stämme können bei sehr hohen Kohlendioxidkonzentrationen wachsen.

Die Mikroalgen wachsen dabei in einer Umgebung aus Seewasser. Aus der entstehenden Biomasse könnten eine Reihe von Produkten entstehen, die die Nutzung fossiler Rohstoffe vermeiden helfen. Beispiele für Produkte auf dieser Basis sind:

- Wasserstoffproduktion durch Biophotolyse,
- Methanproduktion durch anaerobe Vergärung,
- Ethanolproduktion durch Vergärung über Hefen oder Bakterien,
- Triglyzeridproduktion über Extraktionsverfahren der Algenbiomasse,
- Methylesterherstellung durch enzymatische Umsetzung.

Als Nebenprodukt anfallende Strahlungswärme könnte ebenfalls ausgenutzt werden.

Noch konkreter sind die Vorstellungen von Takano und Matsunaga (1995), die bereits Systeme zur Rückgewinnung von Kohlendioxid aus der Abluft von Kraftwerken und Zementfabriken einschließlich detaillierter Kostenrechnungen modelliert haben, z.B. für ein Kraftwerk mit einer Leistung von 500 MW. Auch modellhafte Versuche in Bioreaktoren wurden durchgeführt. Takano und Matsunaga räumen zwar ein, daß noch viel Forschung über die Mikroalgen, die Photobioreaktoren, die Aufarbeitung oder anderweitige Nutzung der Produkte nötig ist und positiv verlaufen muß, daß diese Technologie aber für die Kohlendioxidfixierung besonders vielversprechend ist.

Falls es gelingen sollte, *Synechococcus*-Stämme zu züchten oder gentechnisch herzustellen, die nicht nur die in Kraftwerksabgasen anfallenden hohen

Kohlendioxidkonzentrationen verkraften, sondern aus der entstehenden Biomasse auch sinnvolle Produkte (z.B. Aminosäuren) hergestellt werden könnten, wäre diese sicher ein sehr bedeutender Fortschritt, nicht nur der Umweltbiotechnologie.

Algen wurden und werden in der Umweltbiotechnologie bisher nur in sehr geringem Umfang genutzt. Mit Beginn der 70er Jahre war die Algenforschung in Deutschland durchaus ein bedeutendes Forschungsgebiet. Entwicklungsrichtungen führten in Richtung einer biologischen Reinigung von Abwässern. Die Algen produzieren bei diesem Konzept den für die Bakterien notwendigen Sauerstoff über Photosynthese, fixieren Kohlendioxid und produzieren proteinreiche Biomasse. Diese kann als Futtermittel oder direkt zur menschlichen Ernährung eingesetzt werden. Nach einer sehr kurzen Periode der Förderung wurde diesem Gebiet aus wissenschaftspolitischer Perspektive keine Bedeutung mehr beigemessen. Die Forschungsaktivitäten wurden eingestellt. Heute finden sich bedingt durch die Integration von Arbeitsgebieten ehemaliger DDR-Institute wieder Forschungsansätze, die denen der 70er Jahre sehr ähnlich sind. Das Gebiet der Algenforschung wird daher wiederbelebt.

Neben der Nutzung chemischer Grundstoffe, die aus landwirtschaftlichen Rohstoffen und biotechnologischen Verfahren hergestellt werden, und der gezielten konzentrierten Kohlendioxidfixierung, sind auch andersartige Wege zur Entlastung des Kohlenstoffkreislaufs denkbar.

Durch die Nutzung von Wasserstoff als Energieträger kann ohne die Beteiligung von Kohlenstoff Energie in praktikabler und speicherfähiger Form bereitgestellt werden. Neben der Produktion aus Solarenergie sind auch mikrobiologische Prozesse zur Gewinnung von Wasserstoff als Energieträger denkbar und werden untersucht.

Wie im Kap. 3 beschrieben basieren die energetischen Stoffwechselvorgänge nicht nur der Mikroorganismen, sondern aller Organismen, überwiegend auf Wasserstoffübertragungen. Photosynthese spaltet beispielsweise Wasserstoff aus Wasser ab und überträgt ihn auf Kohlenstoffverbindungen. In der Praxis gibt es bereits erste Erfolge bei der Produktion von Wasserstoff im Labormaßstab. Genutzt werden können hierzu wiederum Mikroalgen. Bei ihnen kann über die Enzyme Hydrogenase oder Nitrogenase Wasserstoff abgespalten werden. Die Nitrogenase reduziert normalerweise Luftstickstoff zu Ammonium, kann aber auch Protonen reduzieren und unter geeigneten Bedingungen Wasserstoff freisetzen (Böger 1994).

Wasser → Photosynthese → Hydrogenase → Wasserstoff

Abschätzungen dieses Prozesses und seiner Entwicklungsmöglichkeiten, z.B. bei Einsatz des Cyanobakteriums *Phormidium luridum,* stellen sich wie folgt dar:

Voraussetzungen:

- 100 W/m^2 mitteleuropäische jährliche Strahlungsintensität,

- 70 Stunden Belichtung

- 50 µg Chlorophyll/ml Zellsuspension.

Resultate:

- bei einer Belichtungsfläche von 1 m^2 und 25 l Zellsuspension resultiert eine Ausbeute von 1,1 l/m^2/h

- bei einer Steigerung der Zelldichte und der Lichtintensität (z.B. über einen Parabolspiegel) um einen Faktor 3 resultiert eine Ausbeute von 9,9 l/m^2/h

Auch grüne Algen z.B. der Gattung *Chlorella* können effektiv Wasserstoff produzieren und theoretisch eingesetzt werden.

Der Prozeß der Wasserstoffproduktion durch Photosynthese wird allgemein als Biophotolyse bezeichnet. Bei photosynthetisch arbeitenden Bakterien wird das Wasser nicht direkt gespalten, vielmehr werden organische Substrate benötigt und gespalten. Trotzdem wird auch dieser Prozeß als Biophotolyse bezeichnet.

Auch zu diesem Themengebiet wurden in Japan erhebliche Aktivitäten gestartet. Das Ziel wird es insbesondere sein, die photosynthetische Fixierung von Kohlendioxid mit der Produktion von Wasserstoff effizient zu koppeln.

Die ersten Forschungen zur biologischen Produktion von Wasserstoff begannen zur Zeit der ersten Energiekrise im Jahr 1973. Erhebliche Potentiale können aufgrund dieser noch recht kurzen Entwicklungsperiode noch erwartet werden. Einschätzungen der Wirtschaftlichkeit dieser Verfahren sind beim heutigen Entwicklungs- und Kenntnisstand noch nicht möglich.

10 Ausblick

Mit Hilfe der Umweltbiotechnologie können Verschmutzungen von Böden, Schlämmen und Wässern nach dem Vorbild der Natur fast vollständig und umweltverträglich entfernt werden. Eine potentielle oder direkt schädigende Wirkung der Verunreinigungen auf Menschen und Umwelt wird dabei abgewendet. Die umweltbiotechnologischen Prozesse verlaufen umweltverträglich unter kontrollierbaren Bedingungen. Probleme können an der Quelle beseitigt werden. Bei bereits eingetretenen Schäden, z.B. Altlasten, kann kostengünstig und energiesparend saniert werden.

Während sich in der Bundesrepublik Deutschland dieser Bereich in den letzten Jahren zwar wirtschaftlich deutlich weiterentwickelt hat, fehlt trotzdem die zukunftsorientierte technologische Ausrichtung. Grund sind die hohen Erwartungen, die insbesondere von Seiten der Industrie an umweltbiotechnologische Verfahren geknüpft wurden. Diese führten zu hohen Kapazitäten in biologischen Bodenbehandlungsanlagen und zu praktischen Erfahrungen vor allem bei der Reinigung großer Mengen verunreinigten Bodens. Gereinigt wurde und wird dort überwiegend mineralölbelasteter Boden, der sehr einfach und ohne aufwendige Technologien das Erreichen guter Ergebnisse ermöglicht. Andere vielversprechende Ansätze blieben aufgrund der marktorientierten Ausrichtung von Entwicklungen im Forschungsstadium stecken. Auch die z.T. kurzsichtige und konfuse Umweltgesetzgebung behindert viele biologische Verfahren bis heute, weil keine verläßlichen Rahmenbedingungen bestehen.

Anders verlief die Entwicklung der biologischen Bodensanierung z.B. in den USA. Gefördert durch die dortige nationale Umweltschutzbehörde (Environmental Protection Agency, EPA.) wurde eine große Vielzahl unterschiedlichster Verfahren gefördert und auch Wert auf praxisorientierte Forschung und Erprobung gelegt.

In den USA existieren nicht nur die besten Statistiken zu diesem Arbeitsgebiet, wahrscheinlich werden dort auch die meisten Fördermittel für Forschung und Entwicklung z.T. Umweltbiotechnologie eingesetzt. Im Jahr 1993 waren es insgesamt 83,3 Mio. US $ staatlicher Förderung. Die Steigerungsrate für die Jahre 1991–1993 betrug 19,3%.

Mittlerweile werden dort die Früchte dieser Förderung geerntet. Es existieren Verfahren für unterschiedlichste Anwendungen und ein breites Spektrum von Schadstoffen. Der Schwerpunkt liegt nicht wie in der Bundesrepublik Deutschland auf der Reinigung von Böden, die mit einfach biologisch abbaubaren Mineralölkohlenwasserstoffen belastet sind. Selbst für schwierige Schadstoffe existieren in den USA erprobte Verfahren.

Als weiterführende Literatur sei auf den zehnbändigen Tagungsband von Hinchee (1995) hingewiesen, der die Ergebnisse des "Third International In Situ and On-Site Bioreclamation Symposium", San Diego, Kalifornien wiedergibt. Die Steigerungsrate der Besucher von der Tagung im Jahr 1993 zur Tagung 1995 lag bei 80%. Dabei stellten über 2000 Teilnehmer aus 38 Ländern dort fast 700 Vorträge und Poster vor.

Das enorme Potential der Umweltbiotechnologie im Bereich Boden und Grundwasser als bedeutende Umwelttechnologie sieht auch die American Academy of Microbiology. Ein Bericht aus dem Jahr 1993 verdeutlicht diese Ansicht. Der weitere Erfolg der Umweltbiotechnologie hängt nach Meinung einer Arbeitsgruppe dieser Gesellschaft vor allem von der Übertragbarkeit der vorhandenen Studien, Modelle und Simulationen auf die realen Anwendungsfelder in der Umwelt ab:

" Die Leistung umweltbiotechnologischer Prozesse zur Boden- und Grundwassersanierung kann heute noch nicht mit hoher Zuverlässigkeit vorhergesagt werden. In einigen Fällen ist die Vorhersagbarkeit durch den Mangel an biologischen Informationen begrenzt, in anderen Fällen durch einen Mangel an genauen Auslegungsparametern und die Verfügbarkeit geeigneter Modelle.
Es ist daher notwendig, die Forschung zu diesen umweltbiotechnologischen Prozessen an moderner, integrierter biotechnologischer und ingenieurwissenschaftlicher Leistung zu orientieren und die Ergebnisse gut definierter Pilotversuche als Mittel zur Integration zu nutzen."

Aber auch in der Bundesrepublik Deutschland gibt es in jüngster Zukunft einige vielversprechende Ansätze, wie das vom Bundesminister für Bildung und Forschung geförderte *Netzwerk Umweltbiotechnologie* und die zunehmende Bedeutung der Umweltbiotechnologie beispielsweise auf Tagungen der DECHEMA oder der VAAM.
Auch durch neue, mittlerweile verfügbare molekulare Techniken zur Analyse der Zusammensetzung mikrobieller Gemeinschaften kann es in nächster Zukunft gelingen, Einsichten in die Zusammenarbeit und Aktivität der Mikroorganismen zu bekommen und ihre Fähigkeiten für den technischen, umweltfreundlichen Einsatz besser zu nutzen. Immer deutlicher zeichnet sich dabei die Bedeutung von Arbeiten zur Ökologie der Mikroorganismen ab, eines bisher viel zu wenig entwickelten Gebiets, das in den nächsten Jahren sicherlich bevorzugt ausgebaut werden muß.
Noch stehen wir am Anfang der Entwicklung der Umweltbiotechnologie und können viele Weichen stellen, die uns neben technischen Verfahren Einsichten in die grundlegenden Zusammenhänge der Welt der Mikroorganismen geben.

11 Literatur

American Academy of Microbiology (eds) (1993) Strategies and mechanisms for field research in environmental bioremediation. American Academy of Microbiology, 1325 Massachussetts Avenue, NW, Washington DC 20005

anonym (1995) Bakterien helfen bei der Extraktion von Metallen. VDI-Nachrichten 2: 13

anonym (1995) Maßgeschneiderte Bakterien knacken PCB. VDI-Nachrichten 44: 31

ATV-Arbeitsgruppe 2.6.1 (1990) Biologische Zusatzstoffe in der Abwasserreinigung: Bakterien - Enzyme - Vitamine - Algenpräparate. Korrespondenz Abwasser 37: 793

Babel W (1995) Bioremediation of ecosystems by microorganisms - approaches for exploiting of upper limits and widening bottlenecks. In: Bioremediation: the Tokyo ` 94 Workshop. OECD-Publications, Paris p 101

Battermann G, Werner P (1984) Beseitigung einer Untergrundkontamination mit Kohlenwasserstoffen durch mikrobiellen Abbau. gwf-Wasser/Abwasser 125: 366

Biotreatment News (eds) (1996) EPA Grants First Environmental GEM Field Trial. DEVO Enterprises, Washington DC, May 1996

Böger P (1994) Photosynthetic hydrogen production. In: Bioremediation: the Tokyo ` 94 Workshop. OECD-Publications, Paris, p 615

Boothpathy R, Kulpa CF (1992) Trinitrotoluene (TNT) as a sole nitrogen source for a sulfate-reducing bacterium *Desulfovibrio sp.* (B strain) isolated from an anaerobic digester. Currents of Microbiol 25: 235

Brandl H, Krebs W, Bosshard P, Bachofen R (1996) From waste to resource: Metal recovery from solid waste incineration residues by microorganisms. Frühjahrstagung der VAAM, 1996, Bayreuth

Chakrabarty A et al. (1981) US Patent 4,259,444

Chmiel H (1990) Biotechnologie im Dienste des Umweltschutzes. BioEngineering 6: 11

Czihak G, Langer H, Ziegler H (1978) Biologie: Ein Lehrbuch. Springer, Berlin Heidelberg New York

Curtis R, Caro LG, Allison DP, Stallions DR (1969) J. Bacteriology 100: 1091

DECHEMA (eds) (1995) Kurzfassungen der Jahrestagungen, Band II Umwelttechnik, Deutsche Gesellschaft für Chemisches Apparatewesen, Chemische Technik und Biotechnologie e.V., Frankfurt (Hrsg)

DECHEMA (eds) (1996) Kurzfassungen der Jahrestagungen, Band II Umwelttechnik, Deutsche Gesellschaft für Chemisches Apparatewesen, Chemische Technik und Biotechnologie e.V., Frankfurt (Hrsg)

Der Rat von Sachverständigen für Umweltfragen (1995) Sondergutachten Altlasten II. Metzler-Poeschl Stuttgart

Der Bundesminister für Forschung und Technologie (1990) Technologieregister zur Sanierung von Altlasten. Umweltbundesamt (Hrsg), Projektträgerschaft Abfallwirtschaft und Altlastensanierung, Bismarckplatz 1, D-13585 Berlin

Dixon B (1995) Der Pilz, der John F. Kennedy zum Präsidenten machte. Spektrum Akademischer Verlag, Heidelberg Berlin Oxford, S 250

Emberger J (1993) Kompostierung und Vergärung. Vogel Würzburg

Emery DD, Faessler PC (1996) First production-level bioremediation of explosives-contaminated soil in the US. Erhältlich unter der Internetadresse: http://www.teleport.com/~bsi/report1.html

Eschenbach A, Kästner M, Wienberg R, Mahro B (1995) Bilanzierung des Verbleibs ^{14}C-markierter polyzyklischer aromatischer Kohlenwasserstoffe (PAK) im Boden nach Zugabe des Weißfäulepilzes *Pleurotus ostreatus*. Kurzfassungen der DECHEMA-Jahrestagungen 1995, Band II Umwelttechnik, Deutsche Gesellschaft für Chemisches Apparatewesen, Chemische Technik und Biotechnologie e.V., Frankfurt (Hrsg), S 33

Feitkenhauer H, Hebenbrock S, Antranikian G, Märkl H (1996) Bioremediation of soil by thermophilic microorganisms. Frühjahrstagung der VAAM 1996, Bayreuth

Fieseler C (1995) Bioremediation of dioxin-contaminated soil. In: Bioremediation: the Tokyo ` 94 Workshop. OECD-Publications, Paris, p 169

Friedrich AB, Grote R, Antranikian G (1996) Production of thermostable peptidases by strains of the order *Thermotogales*. Frühjahrstagung der VAAM 1996, Bayreuth

Gesellschaft für Biotechnologische Forschung mbH (1995) Wissenschaftlicher Ergebnisbericht 1994, Walsdorff J-H (Red) Eigenverlag der Gesellschaft für Biotechnologische Forschung, Braunschweig

Glass DJ, Raphael T, Valo R, van Eyk J (1995) International activities in bioremediation: Growing markets and opportunities. Hinchee RE, Kittel JA, Reisinger HJ (eds), Applied bioremediation of petroleum hydrocarbons. p 11 Batelle Press, Columbus, Ohio

Glombitza F, Hummel A, Löffler R (1995) Die mikrobielle Sulfatreduktion zur Reinigung saurer schwermetall- und radionuklidhaltiger Wässer. Kurzfassungen der DECHEMA-Jahrestagungen 1995, Band II Umwelttechnik, Deutsche Gesellschaft für Chemisches Apparatewesen, Chemische Technik und Biotechnologie e.V., Frankfurt (Hrsg) S 181

Groß A, Schepp R, Kaltwasser H (1995) Untersuchungen zur Optimierung des mikrobiellen Mineralölabbaus im Boden. Kurzfassungen der DECHEMA-Jahrestagungen 1995, Band II Umwelttechnik, Deutsche Gesellschaft für Chemisches Apparatewesen, Chemische Technik und Biotechnologie e.V., Frankfurt (Hrsg) S 72

Guttenberger H (1989) Sanierung von Oberflächengewässern. Wasserwirtschaft, Fachzeitschrift für Wasserwesen und Umwelttechnik 79: 3

Hackethal M, Kerkloh I, Tramm-Werner S, Hartmeier W (1996) Photobiologische H_2-Produktion mit schwefelfreien Purpurbakterien. Posterpräsentation Kontaktforum Umweltbiotechnologie, Netzwerk Umweltbiotechnologie, DECHEMA

Hartmann L (1992) Biologische Abwasserreinigung. Springer, Berlin Heidelberg New York

Hebenbrock S, Feitkenhauer H, Müller B, Märkl H, Antranikian G (1996) Isolation and characterization of newly isolated thermophiles degrading aromatic and aliphatic hydrocarbons. Frühjahrstagung der VAAM 1996, Bayreuth

Heller O, Wilhelm R, Tillmann D, Klein I, Schmidt F, Heuser M, Tappe W, Groeneweg J (1996) Determination of individual cell activity in *Pseudomonas fluorescens*. Frühjahrstagung der VAAM 1996, Bayreuth

Herbert RA, Codd GA (1986) Microbes in extreme environments - special publications of the Society for General Microbiology, 17. Academic Press, Orlando Florida

Hinchee RE, Wilson JT, Downey DC (1995) Intrinsic bioremediation. Batelle Press, Columbus Ohio

Imhoff KR (1979) Die Entwicklung der Abwasserreinigung und des Gewässerschutzes seit 1868. GWF 120: 563

Imhoff KR (1979) Taschenbuch der Stadtentwässerung. R. Oldenbourg, München Wien

Janson AF, Mishra PN, Knoblock MD (1993) The ZenoGem process for industrial wastewater treatment: Case study of a 40.000 gpd System. Pollution Control Association of Ontario Conference, Toronto, Ontario

Kästner M, Schäfer G, Breuer M, Mahro B (1992) Microbial degradation of PAH in soil - mineralization, biotransformation and formation of bound residues. Soil decontamination using biological processes. International symposium Karlsruhe, 6.-9. 12. 1992 DECHEMA, S 281

Kaiser H (1994) Jahrbuch Umweltschutz 1994. Helmut Kaiser Unternehmensberatung, Tübingen

Karlson P (1990) Kurzes Lehrbuch der Biochemie. Georg Thieme, Stuttgart New York

Kimmerl P, Schade H, Stank-Plucas U (1996) Biologische Abwasserbehandlung in der Chemieindustrie. ChemieTechnik 25, Nr 1: 40

Klein J (1992) Labormethoden zur Beurteilung der biologischen Bodensanierung. 2. Bericht des interdisziplinären Arbeitskreises "Umweltbiotechnologie - Boden". DECHEMA-Fachgespräche-Umweltschutz, Frankfurt am Main

Kleine R, Achenbach S, Thoß S (1994) Umweltfreundliche Entsorgung von Molkereiabwässern. BioEngineering 4/94: 8

Kondo J (1994) Solving global environmental problems through biotechnology).
In: Bioremediation: the Tokyo ` 94 Workshop. OECD-Publications, Paris, p 55

Kunz P (1992) Umweltbioverfahrenstechnik. Vieweg, Braunschweig Wiesbaden

Landesanstalt für Umweltschutz Baden-Württemberg (1991) Materialien zur Altlastenbearbeitung, Bd 7: Handbuch Mikrobiologische Bodenreinigung, Landesanstalt für Umweltschutz Baden-Württemberg, Karlsruhe (Hrsg)

Lehninger AL (1975) Biochemistry, the molecular basis of cell structure and function. Worth Publications, New York

Markossian S, Becker P, Abu-Reesh I, Antranikian G, Märkl H (1996) Production and characterization of thermoactive lipolytic enzymes. Frühjahrstagung der VAAM 1996, Bayreuth

Maurer G (1988) Parallelversuch zur mikrobiologischen on-site Sanierung auf dem Raffineriegelände der Deurag-Nerag in Hannover-Misburg. Vortrag im Rahmen der BIG TECH 1988 in Berlin "Sanierung kontaminierter Standorte", S 156

Michaelsen M (1995) Sanierung kontaminierten Wüstenbodens in Kuwait. Biologische On-Site Sanierung von Rohöl kontaminiertem Wüstenboden mit anschließenden Pflanzversuchen. Kurzfassungen der DECHEMA - Jahrestagungen 1995, Band II Umwelttechnik, Deutsche Gesellschaft für Chemisches Apparatewesen, Chemische Technik und Biotechnologie e.V., Frankfurt (Hrsg) S 127

Morling S, Nyhuis G (1996) Betriebserfahrungen mit einer SBR-Anlage für 45.000 EG. Korrespondenz Abwasser, 43. Jhg 4: 541

Myers N (1994) A biological paradigm for a better relationship between humans and their environment. In: Bioremediation: the Tokyo ` 94 Workshop. OECD-Publications, Paris, p 63

OECD Organisation for Economic Co-Operation and Development (eds) (1994) Biotechnology for a clean environment, prevention, detection, remediation. Hrsg,: OECD, 2, rue André-Pascal, 75775 Paris cedex 16, France

Oosting R, Urlings LGCM, van Riel PH, Tammes TH (1994) Erfahrungen mit einem neuen Typ Rieselbettreaktor. Vortrag Abluftreinigung: Theorie und Praxis biologischer alternativer Technologien. November 1994, Innsbruck

Präve P, Faust, U, Sittig W, Sukatsch, DA (1982) Handbuch der Biotechnologie. Akademische Verlagsgesellschaft, Wiesbaden

Raphael Th, Sprenger B, Janzen St (1993) Environmental biotechnology in the metal-processing industry. 12th Process Technology Conference 28.03.1993, Dallas, Texas

Raphael Th, Rohns HP, Eckert P (1995) Bioremediation of BTEX-contaminated groundwater. Kurzfassungen der DECHEMA-Jahrestagungen 1995, Band II Umwelttechnik, Deutsche Gesellschaft für Chemisches Apparatewesen, Chemische Technik und Biotechnologie e.V., Frankfurt (Hrsg), S 166

Röckelein M (1994) Bodensanierung mit Weißfäulepilzen. In: Mikrobiologische Bodensanierung - Theorie und Praxis, Tagungsbericht. Österreichisches Umweltbundesamte, Wien (Hrsg), S 153

Rohns HP, Dörk B, Eckert P, Raphael Th (1995) Zur Wirtschaftlichkeit einer biotechnologischen On-site-Sanierung von Grundwasser. TerraTech 4: 57

Sack U, Martens R, Fritsche W (1995) Abbau von Phenanthren durch Pilzen. Kurzfassungen der DECHEMA-Jahrestagungen 1995, Band II Umwelttechnik, Deutsche Gesellschaft für Chemisches Apparatewesen, Chemische Technik und Biotechnologie e.V., Frankfurt (Hrsg), S 85

Schalk P, Wagner F (1995) Neue Verfahrensentwicklungen zur reststoffarmen Sickerwasserreinigung. Wasser, Luft und Boden 6: 40

Schlegel HG (1992) Allgemeine Mikrobiologie. 7. Aufl. Georg Thieme, Stuttgart

Schmitz HJ, Laun MK (1995) Die Jagd nach dem Boden hat begonnen. TerraTech 3: 34

Schneider U, Weingran C, Wolf M (1996) Einstieg in die Bodensanierung an den hessischen Rüstungsaltstandorten. TerraTech 2: 40

Schön G (1994) Biologische Phosphorentfernung bei der Abwasserreinigung im Belebungsverfahren. BioEngineering 4: 23

Schwarting-Uhde GmbH (1995) Firmenprospekt Umwelt- und Bioverfahrenstechnik. Schwarting-Uhde GmbH, Flensburg

Seyfried CF (1992) Verfahrenstechnischer Überblick zur Festbettechnik. ATV-Seminar für die Abwasserpraxis. Einsatz von Festbettreaktoren. ZAWA, Essen

Shin CY, Crawford DL (1995) Biodegradation of trinitrotoluene (TNT) by a strain of *Clostridium bifermentans*. In: Bioaugmentation for site remediation, Hinchee RE, Fredrickson J, Alleman BC (eds), Batelle Press, Columbo, Ohio

Soyez K (1990) Biotechnologie. Birkhäuser, Basel

Statistisches Bundesamt Wiesbaden (1991) Veröffentlichung 19 "Umweltschutz", Öffentliche Wasserversorgung und Abwasserbeseitigung. Metzler-Poeschl, Stuttgart

Stryer L (1990) Biochemie. Spektrum der Wissenschaft, Heidelberg

Stucki G, Reisinger M, Thüer M (1995) Fortschritte in der großtechnischen Anwendung von CKW-abbauenden Bakterien zur Reinigung von CKW-kontaminierten Grundwässern. Kurzfassungen der DECHEMA-Jahrestagungen 1995, Band II Umwelttechnik, Deutsche Gesellschaft für Chemisches Apparatewesen, Chemische Technik und Biotechnologie e.V., Frankfurt (Hrsg) S 164

Takano H, Matsunaga T (1995) "CO^2 Fixation by Artificial Weathering of Waste Concrete and Coccolithophorid Algae Cultures", Energy Conversion & Management, im Druck

198

Trösch W (1993) Bereitstellung von Energie und Massenrohstoffen für eine den stationären, biogenen Stoffkreisläufen nachempfundene, umweltkompatible Stoffwirtschaft. Eine neue Herausforderung für die Biotechnik? BioEngineering 3: 20

Tyagi RD, Kluepfel D, Couillard D (1991) Bioconversion of cheese whey to organic acids. In: A.M. Martin (ed), Bioconversion of waste materials to industrial products. Editor: Elsevier Applied Science, p 313

Uhde GmbH (1994) Der BIOHOCH-Reaktor, Hoechst/Uhde-Technologie zur Abwasserreinigung. Firmenprospekt, Friedrich-Uhde-Str. 15, Dortmund

Ulrich M (1995) Anlagen zur Bioabfallbehandlung in Deutschland. AbfallwirtschaftsJournal 6: 344

Umweltschutz Nord (1995) Pilotsanierung Hessisch-Lichtenau. Firmenprospekt Umweltschutz Nord GmbH & Co. KG, Industriepark 12., D-27777 Ganderkesee

VDI-Nachrichten (1995) Maßgeschneiderte Bakterien knacken PCB. 3.11.1995, Ausgabe 44

von Weizsäcker EU (1990) Erdpolitik: Ökologische Realpolitik an der Schwelle zum Jahrhundert der Umwelt. Wissenschaftliche Buchgesellschaft, Darmstadt

Visser WJF (1994) Contaminated land policies in some industrialized countries. Technical Soil Protection Committee, The Hague

Wagner F, Staab KF (1995) Druckbeaufschlagte Membranbioreaktortechnologie BIOMEMBRAT-Verfahren - Vorteile von Überdruck und Membrantechnik konsequent genutzt. Firmenschrift der Wehrle Werk AG, Emmendingen, Ausgabe 2

Warrelmann J, Lenke H, Daun G, Walter U, Hund K, Knackmuss H-J (1996) Mikrobiologische Sanierung Explosivstoff-belasteter Böden. TerraTech 2: 44

Weißenfels WD, Klewer H-J, Berger F (1993) Mikrobielle Abbaubarkeit und Biotoxizität von polyzyklischen aromatischen Kohlenwasserstoffen (PAK) in Böden. BioEngineering 4: 29

Wilke D (1993) Chemie, Biotechnologie und nachwachsende Rohstoffe. BioEngineering 5: 13

Witte H (1995) Heutige und zukünftige Entsorgungswege des Klärschlamms. ATV-Kongress `95, Berichte der Abwassertechnischen Vereinigung e.V. 45: 135

11.1 Übersichtsliteratur

Bodensanierung

Third International In Situ and On-Site Bioreclamation Symposium.
10bändige Serie, Batelle Press, Columbus, Ohio
Band 1 Intrinsic Bioremediation
Band 2 In Situ Aeration: Air Sparging, Bioventing, and Related Remediation Processes
Band 3 Bioaugmentation for Site Remediation
Band 4 Bioremediation of Chlorinated Solvents
Band 5 Monitoring and Verification of Bioremediation
Band 6 Applied Bioremediation of Petroleum Hydrocarbons
Band 7 Bioremediation of Recalcitrant Organics
Band 8 Microbial Processes for Bioremediation
Band 9 Biological Unit Processes for Hazardous Waste Treatment
Band 10 Bioremediation of Inorganics

Landesanstalt für Umweltschutz Baden-Württemberg (1991) Handbuch Mikrobiologische Bodenreinigung. Materialien zur Altlastenbearbeitung Bd 7

Bakterien

Canby TY (1993) Bacteria. National Geographic 184 (2), S. 26 -61

Abwasserreinigung

Hartmann L (1992) Biologische Abwasserreinigung. Springer, Berlin Heidelberg New York

Allgemeine Mikrobiologie

Schlegel HG (1992) Allgemeine Mikrobiologie. 7. Aufl. Georg Thieme, Stuttgart

Biotechnologie

Soyez K (1990) Biotechnologie. Birkhäuser, Basel
Rehm HJ, Reed G (eds) (1988ff) Biotechnology, A comprehensive treatise in 8 volumes, VCH Verlagsgesellschaft, Weinheim

Kompostierung und Vergärung

Emberger J (1993) Kompostierung und Vergärung: Bioabfall, Pflanzenabfall, organische Produktionsrückstände. Vogel Buchverlag, Basel

Anhang

A. Kontaktadressen und Informationsquellen

Eine umfassende Adressensammlung nicht nur von Forschungsinstitutionen, sondern auch von Universitäten und Fachhochschulen mit Schwerpunkten auf dem Gebiet Umweltbiotechnologie, findet sich in:

BioTechnologie - Das Jahr- und Adressbuch 95-96, polycom, Berlin

1. Netzwerk Umweltbiotechnologie - eine Arbeitsgemeinschaft von vier Transferstellen, die die Anwendung der Biotechnologie in der Umwelttechnik fördern:

Koordinierungsstelle Netzwerk Umweltbiotechnologie DECHEMA e.V.
Theodor-Heuss-Allee 25
Ansprechpartner: Dr. Dieter Sell
D-60486 Frankfurt/Main
Tel.: 069/7564-370
Fax: 069/7564-388
E-Mail: sell@dechema.de

Netzwerk Umweltbiotechnologie/Ruhr-Universität Bochum
Ansprechpartner: Dr. Karl Grosse
D-44780 Bochum
Tel.: 0234/700-2687
Fax: 0234/7094-194
E-Mail: ts-ubt@rz.ruhr-uni-bochum.de

Transferstelle Umweltbiotechnologie/TUUH-Technologie GmbH
Ansprechpartner: Dr. Eckhard Renken
Schellerdamm 4
D-21073 Hamburg
Tel.: 040/766180-14
Fax: 040/766180-18
E-Mail: renken@tu-harburg.d400.de

Umweltbiotechnologisches Zentrum/Umweltforschungszentrum Leipzig-Halle
GmbH
Ansprechpartner: Dr. Thomas Münker
Permoser Str. 15
D-04318 Leipzig
Tel.: 0341/235-2054
Fax: 0341/235-2885
E-Mail: muenker@san.ufz.de

2. Großforschungseinrichtungen mit Schwerpunkten auf dem Gebiet der
Umweltbiotechnologie

GBF Gesellschaft für Biotechnologische Forschung mbH
Mascheroder Weg 1
D-38124 Braunschweig
Tel.: 0531/6181-0
Fax: 0531/6181-515

KFA Forschungszentrum Jülich GmbH
Institut für Biotechnologie
D-52425 Jülich
Tel.: 02461/61-0
Fax: 02461/61-8100

Fraunhofer-Institut für Grenzflächen- und Bioverfahrenstechnik
Nobelstr. 12
D-70569 Stuttgart
Tel.: 0711/970-00
Fax: 0711/970-4200

Umweltforschungszentrum Leipzig-Halle GmbH
Sektion Umweltmikrobiologie
Permoser Str. 15
D-04318 Leipzig
Tel.: 0341/235-2225
Fax: 0341/231-3950

3. Verbände mit Bezug zur Umweltbiotechnologie:

DECHEMA
Deutsche Gesellschaft für Chemisches Apparatewesen, Chemische Technologie und Biotechnologie e.V.
Theodor-Heuss-Allee 25
D-60486 Frankfurt/Main
Tel.: 069/7564-0
Fax: 069/7564-201

VAAM
Vereinigung für Allgemeine und Angewandte Mikrobiologie e.V.
Ringstr.2
D-06120 Lieskau
Tel.: 0345/5509318
Fax: 0345/5501392

ASM
American Society for Microbiology
1325 Massachusetts Ave., N.W.
Washington D.C., 20005-4171, USA
Tel.: 001 202 737 3600
Subscriptions Hotline: 001 202 942 9346
Fax: 001 202 942 9346
E-Mail: WEBMASTER@ASMUSA:ORG
E-Mail: SUBSCRIPTIONS@ASMUSA:ORG

BIO
Biotechnology Organization
1625 K Street N.W. Suite 110
Washington D.C. 20006, USA
Tel.: 001 202 857-0244
Fax: 001 202 857 0237

EFB
European Federation of Biotechnology
Task Group on Public Perceptions of Biotechnology
Prof. John Durant
Assistant Director, Research and Information Services
National Museum of Science and Industry
GB-SW7 2DD London
Tel.: 0044 171 9388 201
Fax: 0044 171 9388 213

204

4. Sonstige internationale Adressen

Biotreatment News
Monatliche Zeitschrift mit aktuellen Informationen
DEVO Enterprises Inc., 1003 K Street N.W., Suite 570
Washington D.C. 20001-4425, USA
Tel.: 001 202 393 7545
Fax: 001 202 393 7546
Probehefte erhältlich über:
Umweltberatung Dr. Raphael
Am Truxhof 20, D-44229 Dortmund
Fax: 0231 7273958
E-Mail: Bio@Raphael.do.eunet.de

The Bioremediation Report
King Communications Group
627 National Press Building
Washington D.C. 20045, USA
Tel.: 001 202 683 4260

D. Glass Associates
International Consulting (speziell zum Thema Marktstudien "Bioremediation ")
124 Bird Street
Needham, M.A. 02192, USA

Mike Griffiths Associates
(Koordinierung der OECD-Studie "Biotechnology for a Clean Environment")
The Pantiles, Ivy Lane
Woking , Surrey Gu 22 7BY, England

Batelle
(Veranstalter der weltweit größten Tagung (im Zweijahresrhythmus))
505 King Avenue
Columbus, Ohio 43201-2693, USA
E-Mail: sheldric@batelle.org.
Battelle Symposium: biorecl@batelle.org.

B. Datenbanken

VISITT 4.0 (1995)
Vendor Information System on Innovative Treatment Technologies
Erhältlich kostenlos über EPA`s Technology Innovation Office
U.S. EPA./NCEPI
P.O. Box 42419
Cincinnati, OH, 45242, USA.
Fax: 001 513 891 6685
Hotline: 001 800 245 4504 oder 001 703 883 8448

BFSS 2.0 (1995)
Datenbank auf Diskette, enthält Daten und Informationen über den Stand der
praktischen Erfahrungen mit Schadstoffen, Böden, Grundwässern und
Verfahren
"Bioremediation in the Field Search System"
U.S. Environmental Protection Agency
Office of Research and Development
Cincinnati, OH, 45268, USA.
Tel.: 001 513 569 7562

C. Internetadressen

Netzwerk Umweltbiotechnologie Ruhr-Uni-Bochum:

http://www.ruhr-uni-bochum.de/rub-unikontakt/ts-ubt/ts-ubt.html

Deutsche Gesellschaft für Chemisches Apparatewesen, Chemische Technologie und Biotechnologie e.V. - **DECHEMA**, Ausrichter von jährlichen Veranstaltungen zum Thema Umweltbiotechnologie, Zentrale Koordinationsstelle des Netzwerks Umweltbiotechnologie

http://www.dechema.de

Netzwerk Umweltbiotechnologie DECHEMA e.V.

http://www.dechema.de/netzwerk1/html

Kishimoto International Technology Institute - KITI, Internationale Angebote zum Technologietransfer aus den USA und Japan mit Schwerpunkten auf dem Gebiet der Umweltbiotechnologie

http://www.kiti.com/gem

Informationen über die Zusammensetzung, Arbeitsgebiete und Ergebnisse der **Fraunhofer Gesellschaften** - FHG

http://www.fhg.de

American Society for Microbiology, Allgemeine Informationen über Aufgaben und Ziele der weltweit größten Vereinigung von Lebenswissenschaftlern. Ausgangspunkt für die Suche nach allen anderen Gebieten der Mikrobiologie, es finden sich Verknüpfungen zu vielen anderen Internetadressen

http://www.asmusa.org

Bioremediation Services Inc., Selbstdarstellung der Aktivitäten einer großen Sanierungsfirma

http://www.teleport.com/~bsi/index.html

University of Minnesota, **Biocatalysis/biodegradation database**, Datenbank über Abbauwege von Mikroorganismen, insbesondere für Xenobiotika

http://www.nmsr.labmed.umn.edu/~lynda/index.html

Bugs in the News, University of Kansas, Aktuelle Neuigkeiten aus der Welt der Mikroorganismen

http://falcon.cc.ukans.edu/~jbrown/bugs.html

Internet Directory of Biotechnology, Zentrale Informationsstelle für biotechnologische Informationen

http://biotech.chem.indiana.edu/

The Digital Learning Center for Microbial Ecology, das Kommunikationstechnologielabor der Michigan State University, USA, ermöglicht eine spannende Auseinandersetzung mit der Welt der mikrobiellen Ökologie. Neben aktuellen Informationen können bei Besuchen in unterschiedlichen Lebensräumen wichtige und interessante Gruppen von Mikroorganismenkennengelernt werden. Die Internetseiten bieten eine Fülle von Informationen, sowohl für eine oberflächliche Betrachtung als auch für ein tiefergehendes Studium von Studenten und Lehrern.

Die Michigan State University ist bekannt für ihre hohe Qualifikation auf dem Sektor der mikrobiellen Ökologie.

Folgende Unterkapitel des Internetangebotes bieten neben qualifizierter Unterhaltung didaktisch ansprechend aufgearbeitete Informationen

- Bugs in the News
- Microbe Zoo
- Microbe of the week
- Meet the Scientists
- Microbial Ecology Resources

http://commtechlab.msu.edu/CTLprojects/dlc-me

Sanierungsfirma, die ein **Kommunikationsforum** für den Bereich "Bioremediation" errichtet hat. Es besteht die Möglichkeit in einen Nachrichtenverteiler aufgenommen zu werden und Nachrichten mit einer großen Anzahl von Teilnehmern
auszutauschen.

http://www.gzea.com/biolist.html

US Environmental Protection Agency, Informationen der zentralen
US-Umweltbehörde

http://www.epa.gov

D. Bildnachweis

Für Bereitstellung von Abbildungen und/oder die freundliche Genehmigung zur Veröffentlichung sei gedankt:

1, 11, 20, 21, 22, 28, 29, 31 und 50 Forschungszentrum Jülich KFA
4   L. Hartmann, Karlsruhe
5   HGN Hydrogeologie Nordhausen GmbH, Dortmund
6, 17, 243   Landesanstalt für Umweltschutz Baden-Württemberg 1991
7   Nach Maurer 1988
8   Nach Schlegel 1992
12   Carl J. Soeder, Jülich
14   Aus Curtiss et al. 1969
15   G. Schön, Freiburg
16   Philipp Müller GmbH, Stuttgart
18   TAUW Infra Consult bv, Deventer
19, 20   Preussag Noell Wassertechnik, Essen
23   Nach Hinchee et al. 1995
26   H.-P. Rohns, Düsseldorf
32   biodetox GmbH, Ahnsen
33, 34, 35   Schwarting-Uhde GmbH, Flensburg
35   Uhde GmbH, Dortmund
36   Air Products GmbH, Hattingen
37, 38   Wehrle Werk AG, Emmendingen
39, 44, 45   Transferstelle Umweltbiotechnologie, Universität Bochum
40   Thyssen Engineering, Essen
41   MAT Müll- und Abfalltechnik GmbH, Stuttgart
46   ClairTech GmbH, Köln
48, 51   Cognis GmbH, Düsseldorf
49   Ch. Schippers und Th. Schepper, Universität Hannover
52, 53   Deutsche Perlite GmbH, Dortmund
54   Nach Guttenberger 1989
55   Gesellschaft für Biotechnologische Forschung mbH, Braunschweig
56, 57, 58, 59 und 60   Stadtwerke Düsseldorf AG
25, 61, 62, 63 und 64   Umweltschutz Nord GmbH, Ganderkesee
65   Nach Ciba Umwelttechnik, Schweizerhalle
66   R. Kleine, Köthen
67   TEKNO Associates, Salt Lake City, Utah,USA
68   Eisenmann, Böblingen
69   Nach Kondo 1994

Sachverzeichnis

MIX
Papier aus verantwortungsvollen Quellen
Paper from responsible sources
FSC® C105338

If you have any concerns about our products,
you can contact us on
ProductSafety@springernature.com

In case Publisher is established outside the EU,
the EU authorized representative is:
Springer Nature Customer Service Center GmbH
Europaplatz 3, 69115 Heidelberg, Germany

Printed by Libri Plureos GmbH
in Hamburg, Germany